T0219955

Pfade durch die Theoretische Mechanik 1

Tobias Henz · Gerald Langhanke

Pfade durch die Theoretische Mechanik 1

Die Newtonsche Mechanik und
ihre mathematischen Grundlagen:
anschaulich – axiomatisch – abstrakt

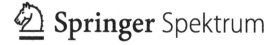

Springer Spektrum

Tobias Henz
Heidelberg, Deutschland
pfade_mechanik@posteo.de

Gerald Langhanke
Heidelberg, Deutschland

ISBN 978-3-662-48263-6   ISBN 978-3-662-48264-3 (eBook)
DOI 10.1007/978-3-662-48264-3

Die Deutsche Nationalbibliothek verzeichnet diese Publikation in der Deutschen Nationalbibliografie;
detaillierte bibliografische Daten sind im Internet über http://dnb.d-nb.de abrufbar.

Springer Spektrum
© Springer-Verlag Berlin Heidelberg 2016

Planung: Margit Maly

Gedruckt auf säurefreiem und chlorfrei gebleichtem Papier.

Springer-Verlag GmbH Berlin Heidelberg ist Teil der Fachverlagsgruppe Springer Science+Business
Media (www.springer.com)

Vorwort

Sucht man im Katalog der Bibliothek der Universität Heidelberg, an der wir beide Physik studiert haben, die Begriffe „Theoretische Mechanik", „Newtonsche Mechanik" oder „Klassische Mechanik", erhält man jeweils mehr als 500 Treffer. Warum also bringen wir ein weiteres Lehrbuch zu diesem Thema heraus, wenn es doch eine große Vielzahl von Büchern gibt, die die Newtonsche Mechanik in unterschiedlichster Art und Weise behandeln, von anschaulich bis mathematisch abstrakt?

Darüber hinaus – warum sollte man sich überhaupt mit Newtonscher Mechanik beschäftigen? Mit einer inzwischen fast 350 Jahre alten Theorie, die zwar das Alltagsleben gut beschreibt, aber deren mathematische und physikalische Grenzen wohlbekannt sind und die längst durch elegantere und physikalisch viel weiter reichende Theorien abgelöst wurde?

Der Grund liegt darin, dass bei der Formulierung der Newtonschen Gesetze zum ersten Mal Naturbeobachtungen umfassend und systematisch in der Sprache der Mathematik aufbereitet wurden. Ausgehend von den Untersuchungen von Kepler, Galilei und anderen hat Newton Ende des 17. Jahrhunderts erstmals das damalige Wissen über Mechanik axiomatisiert und damit die Methode der Theoretischen Physik geprägt.

Will man über die konkrete Formulierung von Gesetzen hinaus die Denk- und Arbeitsweise der Theoretischen Physik kennenlernen, ist die Newtonsche Mechanik daher der natürliche Ausgangspunkt. Es lassen sich an ihr wesentliche Züge und Merkmale physikalischer Theoriebildung in einem der eigenen Vorstellung vergleichsweise einfach zugänglichen Umfeld verstehen. Das ist auch der Grund, warum im Studium die Newtonsche Mechanik immer Stoff der ersten Vorlesung zur Theoretischen Physik ist. Die Entstehung der Theoretischen Physik fiel dabei zusammen mit der Entwicklung der modernen Mathematik, insbesondere der Differential- und Integralrechnung, sodass diese beiden Wissenschaften heute noch sehr eng miteinander verknüpft sind.

Warum aber ein weiteres Lehrbuch zur Netwontschen Mechanik? Unsere Motivation, dieses Lehrbuch herauszubringen, beruht auf zwei Beobachtungen, die wir während unseres vor Kurzem abgeschlossenen Physikstudiums und insbesondere als Übungsgruppenleiter gemacht haben.

Zum einen stellt die unumgängliche mathematische Abstraktion immer wieder eine große Hürde beim Verständnis der Theoretischen Physik dar – insbesondere am Anfang des Studiums. Wir wollen mit diesem Buch eine Möglichkeit bieten, die anfangs oft als schwer zugänglich empfundene Abstraktion stückchenweise zu begreifen. Zu diesem Zweck zeigen wir neben grundlegenden Begriffen und Rechenmethoden vor allem den Nutzen und die Vorteile, die durch die Verwendung von höherer Mathematik und durch Formalisierung für das Verständnis der Physik entstehen – ohne dass dafür in ein anderes Buch mit anderen Bezeichnungen und Themenschwerpunkten gewechselt werden muss.

Wir behandeln dazu alle Themen nicht nur einmal, sondern jeweils auf drei unterschiedlichen Abstraktionsniveaus, die wir Pfade nennen. Wir haben dabei besonderen Wert darauf gelegt, die Verbindungen zwischen den verschiedenen Pfaden aufzuzeigen. In der Einleitung wird dieses Konzept näher beschrieben.

Zum anderen hat unsere Erfahrung gezeigt, dass es insbesondere am Anfang des Studiums unmöglich ist, die schiere Masse an Literatur zu einem Themengebiet zu überblicken. Daher ist es auch schwierig, diejenigen Lehrbücher zu finden, die den eigenen Anforderungen an die behandelten Themen und ihre Aufbereitung am besten entsprechen. Dieser Schwierigkeit begegnen wir, indem wir viele Hinweise auf verschiedenartige weiterführende Literatur geben – angepasst an den sprachlichen, inhaltlichen und mathematischen Hintergrund des jeweiligen Abschnitts.

Unser Buch soll damit ein **Leitfaden durch die ersten Semester in Theoretischer Physik** sein, ein Ratgeber, den man immer wieder zur Hand nimmt: zum erstmaligen Lesen, zum Wiederholen und auch zum Nachschlagen bei konkreten Fragen, der dabei gleichzeitig den persönlichen Anforderungen und Vorlieben gerecht wird. Dieses Buch ersetzt also nicht die bereits vorhandene Literatur. Vielmehr möchten wir einen von unserer Perspektive – direkt nach dem Studienabschluss – inspirierten Blick auf die Mechanik geben und damit sowohl die Schönheit mathematischer Abstraktion als auch die vielfältigen Darstellungsweisen in der vorhandenen Literatur gleich zu Beginn des Studiums zugänglich machen.

Vor diesem Hintergrund freuen wir uns über Rückmeldungen, Anregungen und Meinungen per E-Mail an pfade_mechanik@posteo.de und wünschen viel Vergnügen bei der Lektüre des Buches und vor allem beim Entdecken des eigenen Wegs durch die Theoretische Mechanik und das ganze Physikstudium!

Danksagung

Wir danken Margit Maly und Vera Spillner vom Springer-Verlag für die Gelegenheit unsere Ideen in diesem Buch umsetzen zu können und das geduldige Lektorat.

Ohne unsere unermüdlichen Korrekturleser wäre dieses Buch ein anderes. Besonderer Dank gilt hier insbesondere Andreas, Katharina und Rima.

Wir danken Prof. Arthur Hebecker dafür, dass er uns am Anfang unseres Studiums für die klassische Mechanik begeistert hat.

Nicht zuletzt möchten wir uns bei unserem Heidelberger Umfeld – am Philosophenweg und anderswo – und insbesondere bei Rima für die große Unterstützung bedanken.

Heidelberg und Darmstadt im August 2015,
Tobias Henz und Gerald Langhanke

Inhaltsverzeichnis

Einleitung – Zum Gebrauch dieses Buches

Gemeinsam mit dem zweiten Band HENZ/LANGHANKE 2 zur Analytischen Mechanik umfassen die **Pfade durch die Theoretische Mechanik** alle Themen, die in Vorlesungen zur Theoretischen Mechanik üblicherweise vermittelt werden. Unser Buch geht aber durch seine Darstellungsvielfalt über die üblichen Einführungen hinaus.

Entlang dreier verschieden abstrakter Pfade A, B und C kann sich der Leser anhand der klassischen Mechanik mit grundsätzlichen Ideen und Arbeitsweisen der Theoretischen Physik vertraut machen. Außerdem legen wir großen Wert darauf, einen Überblick über die vorhandene Literatur zu geben. Sämtliche benötigte Mathematik wird in eigenen Abschnitten kurz eingeführt, es werden keine Vorkenntnisse vorausgesetzt.

Die Pfade zeichnen sich dabei durch verschiedene Zugänge und Blickwinkel aus:

- **Pfad A: anschaulich-intuitiver Zugang**
  Anknüpfung an die Alltagserfahrung, Einführung zentraler Begriffe und Vorstellungen der Theoretischen Mechanik und erste einfache Rechnungen.
- **Pfad B: axiomatisch-formaler Zugang**
  Axiomatischer Aufbau der Newtonschen Mechanik und Einführung wichtiger Rechentechniken zum eigenständigen Bearbeiten physikalischer Probleme.
- **Pfad C: geometrisch-abstrakter Zugang**
  Abstrakte Formulierung mit Fokus auf geometrische Aspekte und die Darstellung der engen Verknüpfung von Mathematik und Physik.

Die drei Pfade unterscheiden sich auch sprachlich voneinander und stellen so schrittweise verschiedene Darstellungsstile der Physik vor. Darüber hinaus schafft die fortschreitende Abstraktion ein Verständnis für die immer präzisere Formalisierung der Newtonschen Mechanik, und damit für die **Arbeitsweise der Theoretischen Physik**.

Das folgende Schaubild gibt einen Überblick über den **Aufbau des Buches**. Die Kapitel 1, 2 und 3 gibt es jeweils in jedem der Pfade A, B und C. In den gemeinsamen Kapiteln 4 und 5 werden die Pfade in Anwendungen und Aufgaben zusammengeführt. Die Orientierung zwischen den Pfaden wird durch eine **einheitliche Nummerierung der Kapitel und Abschnitte in den Pfaden** gewährleistet. In den Abschnitten A 2.2, B 2.2 und C 2.2 beispielsweise wird in allen drei Pfaden die Formulierung der Newtonschen Gesetze beziehungsweise Axiome behandelt, jeweils aus dem Blickwinkel des jeweiligen Pfades. Auf der Ebene der Unterabschnitte lösen sich diese Übereinstimmungen auf, da bei jedem Zugang andere Schwerpunkte gesetzt werden.

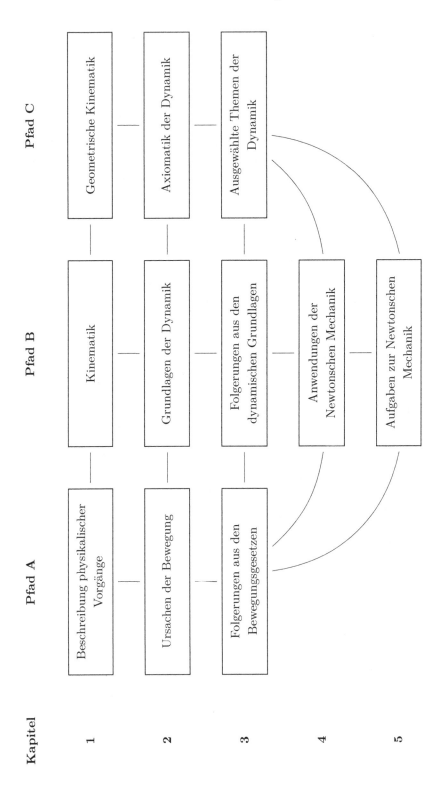

Jeder Pfad ist einzeln für sich lesbar und deckt alle Themen ab. Sinn und Zweck dieses Buches ist es aber insbesondere, die Gemeinsamkeiten und Unterschiede verschiedener Zugänge in kompakter Form zusammenzuführen. Wir geben daher noch einige Beispiele für weitere **mögliche Wege durch das Buch**:

Beispiel 1:

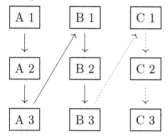

Die lineare Leseweise der Kapitel in der abgedruckten Reihenfolge hintereinander eignet sich für alle **Ersteinsteiger** in die Theoretische Mechanik, insbesondere für Studierende im ersten Semester. Der Umfang des Buches geht über den Stoff eines Semesters hinaus, gerade Pfad C kann später angeschlossen werden.

Beispiel 2:

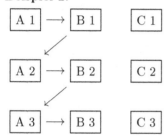

Eng verzahnt sind die jeweiligen Kapitel in den Pfaden A und B. Deshalb kann es auch sinnvoll sein, diese gemeinsam zu lesen. Auch diese Leseweise eignet sich gut für alle **Einsteiger**. Um sich den Anwendungen und Aufgaben zu widmen, kann auf ein Durcharbeiten von Pfad C zunächst auch verzichtet werden, um später im Studium darauf zurückzukommen.

Beispiel 3:

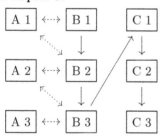

Für **Fortgeschrittene**, insbesondere mit mathematischen Vorkenntnissen, empfiehlt sich ein Einstieg in Kapitel B 1. Hin und wieder mag dann ein Zurückblättern in den Pfad A sinnvoll sein. Im Anschluss kann Pfad C gelesen werden.

Beispiel 4:

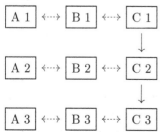

Für **Experten**, die die Theoretische Mechanik zu Beginn des Studiums bereits kennengelernt haben und eine neue Sicht auf die Mechanik gewinnen wollen, bietet es sich an, gleich in Pfad C einzusteigen und nur bei Bedarf einen Blick in die anderen Pfade zu werfen.

Individueller Weg:

| A 1 | B 1 | C 1 |

Natürlich sind auch viele andere sinnvolle Leseweisen und Wege durch das Buch denkbar.
Wie sieht **der eigene Weg** durch die Theoretische Mechanik entlang der Pfade aus?

| A 2 | B 2 | C 2 |

| A 3 | B 3 | C 3 |

Mathematische Abschnitte

Die Sprache der Physik ist die Mathematik. In vielen Physikstudiengängen ist es heute üblich, im ersten Semester mit den Vorlesungen zur Theoretischen Physik zu beginnen, ohne vorher die mathematischen Grundlagen gelegt zu haben. Dieses Buch legt daher besonderen Wert auf die **Entwicklung der benötigten Mathematik aus der Physik** heraus, da es eine ganz eigene Herausforderung ist, gleichzeitig unbekannte Inhalte sowie die dazugehörige Sprache neu zu erlernen.

Zu diesem Zweck gibt es Matheabschnitte, in denen genau die für das Verständnis eines physikalischen Themengebiets benötigte Mathematik **kompakt und vollständig** zusammengefasst ist. In den Pfaden A und B sind sie jeweils am Ende der Kapitel zu finden, um den Lesefluss beim Erarbeiten der physikalischen Theorie nicht zu stören. Im Pfad C sind sie in den Text eingebettet. So wird die enge Verbindung zwischen der Entwicklung der Physik und der Mathematik deutlich.

Mit der über die Pfade A, B und C **steigenden Abstraktion** nimmt auch die Menge an benötigter Mathematik zu, daher bauen die Matheabschnitte im Wesentlichen linear aufeinander auf. Das heißt insbesondere, dass die in Pfad A eingeführte Mathematik Voraussetzung für das Verständnis sowohl von Pfad B als auch der Matheabschnitte in Pfad B ist. Analoges gilt für Pfad C. Die Matheabschnitte aus Kapitel 4 entwickeln dann noch weitere mathematische Konzepte, die zum Verständnis der Anwendungen nötig sind.

Die Matheabschnitte ersetzen also nicht eine Mathematikvorlesung, sondern entwickeln nur genau die Begriffe, Vorstellungen und Rechentechniken, die für die physikalische Theorie nötig sind. Zum Verständnis werden keine Vorkenntnisse benötigt.

Literaturhinweise

Nicht nur das Erlernen der Mathematik stellt insbesondere Studienanfänger häufig vor Herausforderungen – auch einen Überblick über die schiere Masse an vorliegender Literatur zur klassischen Mechanik zu bekommen, ist alles andere als einfach.

Im Unterschied zur Schule gibt es im Studium immer eine **Vielzahl von Büchern** zu einem bestimmten Thema, deren Besonderheiten sich häufig nicht auf den ersten Blick erschließen.

Dabei gibt es durchaus deutliche Unterschiede. Entscheidend sind dabei nicht so sehr die behandelten Themen, die insbesondere in der klassischen Physik der ersten Studiensemester mehr oder weniger standardisiert sind, sondern vielmehr die **Sprache**, die **Darstellungsform** und der **Abstraktionsgrad**. Außerdem misst nicht jeder Autor jedem Thema gleich viel Bedeutung zu.

„Physik betreiben" kann man jedoch nur auf seine eigene Weise – jede Vorlesung, jede Übungsgruppe, jede Diskussion mit den Kommilitonen und vor allem jedes Skript oder Lehrbuch sind nur **Hilfsmittel**. Das heißt aber auch, dass nicht für alle Studierenden die gleichen Hilfsmittel gleich nützlich und sinnvoll sein können.

Dieses Buch soll daher einen **Überblick** nicht nur über die Theoretische Mechanik, sondern ebenso in einheitlicher Sprache und Notation über die gesamte, aktuelle (deutschsprachige) Lehrbuchliteratur bieten. Das gleiche gilt auch für die notwendigen Mathematikbücher. Dabei haben wir uns aber auf solche beschränkt, die sich explizit an Studierende der Physik richten.

Es ist natürlich weder möglich noch sinnvoll, alle erwähnten Bücher zu kaufen. Die eigene **Universitätsbibliothek** stellt nahezu alle vorgestellten Werke gedruckt oder als E-Book zur Verfügung. Insbesondere **E-Books** erleichtern das parallele Lesen und Arbeiten mit mehreren Büchern. Dieses Buch selbst ist durch die vielen Links hervorragend dazu geeignet, als E-Book genutzt zu werden.

Darüber hinaus lebt die Wissenschaft vom Diskurs unterschiedlicher Ansätze, die durch die Vielzahl existierender Bücher repräsentiert werden. Es ergibt daher auch für das spätere wissenschaftliche Arbeiten Sinn, sich bereits zu Studienbeginn mit verschiedenen Ansätzen zum gleichen Thema auseinanderzusetzen.

Anwendungen und Übungsaufgaben

Nachdem in den Kapiteln 1 bis 3 die Newtonsche Mechanik auf den drei verschieden abstrakten Pfaden A, B und C entwickelt wurde, werden diese verschiedenen Zugänge zur Theorie durch Anwendungen und Aufgaben in den gemeinsamen Kapiteln 4 und 5 zusammengeführt.

In **Kapitel 4** behandeln wir als **Anwendungen** die wichtigsten **Modellsysteme** in der klassischen Mechanik und entwickeln diese ausführlich vor den Augen des Lesers. In vielen Büchern werden diese Modellsysteme in den Text eingestreut – uns ist es wichtig, sie unabhängig vom Abstraktionsgrad gemeinsam für alle Pfade zu betrachten. Das Anwendungskapitel gehört zum vollständigen Studium der Newtonschen Mechanik auf jeden Fall dazu.

Während der Leser in Kapitel 4 eingeladen ist, die Rechnungen anhand des Textes nachzuvollziehen, werden in **Aufgabenkapitel 5** sowohl einfache als auch fortgeschrittene physikalische Probleme gestellt. Durch den gewählten Aufbau und zahlreiche Tipps wird dem Leser ermöglicht, die Aufgaben selbstständig zu bearbeiten.

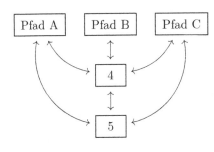

Nur durch das eigenhändige Lösen von Aufgaben ergibt sich auch ein eigenes Verständnis für die zugrundeliegende Theorie. Zu jeder Aufgabe lassen sich **unterschiedliche Lösungswege** finden bzw. kann ein und dieselbe Lösungsidee sehr unterschiedlich ausformuliert werden. Anstatt Musterlösungen vorzugeben, verweisen wir daher zur Selbstkontrolle auf vielfältige passende Literatur. So kann nicht nur die zunächst anzufertigende eigene Lösung einer Aufgabe überprüft, sondern auch ein Gefühl für verschiedene Lösungswege und Darstellungen sowie eigene Vorlieben beim Lösen von Aufgaben entwickelt werden. Abschnitt 5 bietet eine **Checkliste für das Lösen von Übungsaufgaben** und einen **Literaturüberblick zu Übungsaufgaben** zum eigenen Entdecken vieler weiterer Aufgaben (und Lösungen).

Pfade durch die Theoretische Mechanik 2 – Analytische Mechanik

Im zweiten Band unserer **Pfade durch die Theoretische Mechanik**, HENZ/LANGHANKE 2, behandeln wir die **Analytische Mechanik**, welche die **Lagrangesche Mechanik** und die **Hamiltonsche Mechanik** umfasst. Dabei wird es nicht um die Beschreibung neuer physikalischer Phänomene gehen – vielmehr behandelt die Analytische Mechanik die gleiche Physik wie die Newtonsche, aber mit einem wesentlich kompakteren und abstrakteren Axiomensystem. Das erlaubt ein noch tieferes Verständnis der klassischen Mechanik. Außerdem lassen sich physikalische Systeme in der Analytischen Mechanik standardisierter beschreiben und mehr Probleme konkret lösen. Die Begriffsbildungen der Analytischen Mechanik sind auch wesentlich für die moderne Physik.

Im zweiten Band behandeln wir zusätzlich die Mechanik ausgedehnter, starrer Körper und widmen uns ausführlich der Physik des Kreisels. Um das vorliegende Buch und den zweiten Band kompakt zu halten, gibt es auch Gebiete aus dem Umfeld der Theoretischen Mechanik, die wir nicht behandeln, wie die Kontinuumsmechanik, die Hydrodynamik, die Nichtlineare Dynamik und die Spezielle Relativitätstheorie.

Pfad A

Anschauliche und intuitive Newtonsche Mechanik

Pfad A – anschaulich und intuitiv

In Pfad A lernst du in Kapitel A 1 zunächst die **Grundlagen der physikalischen Sprache** und Methode kennen. Wir behandeln den Rahmen von **Raum und Zeit**, in dem klassische Mechanik überhaupt stattfindet, und wie man Bewegungen in diesem beschreibt. Hand in Hand damit gehen die ersten dazu notwendigen mathematischen Werkzeuge wie **Funktionen, Vektoren** und die Grundlagen der **Differentialrechnung**. Ohne viel Formalismus wird deutlich, wie man eine physikalische Aussage präzise ausdrückt und wozu das gut ist. Du lernst auch die wichtigsten **speziellen Koordinatensysteme** zur Beschreibung des Raums kennen.

In Kapitel A 2 leiten wir die **Newtonschen Gesetze** heuristisch aus der Erfahrung ab. Der Ablauf von Bewegungen lässt sich komplett aus diesen Gesetzen bestimmen. In diesem Kapitel beschränken wir uns auf die Darstellung von **Einteilchensystemen**. Du lernst dabei wichtige Begriffe wie **Inertialsystem, Impuls, Kraft, Potential** und **Energie** kennen und mit den **Differentialgleichungen** auch die Rechenmethoden zur konkreten Beschreibung von physikalischen Systemen. Zu deren Lösung führen wir die Grundlagen der **Integralrechnung** ein und erläutern einfache Lösungsmethoden.

Im abschließenden Kapitel A 3 siehst du, dass **Gesamtenergie und Impulse** eines Systems unter gewissen Bedingungen **im Laufe der Zeit unverändert** bleiben. Zuletzt betrachten wir kurz nicht-inertiale, **beschleunigte Bezugssysteme**, in denen die Newtonschen Gesetze eine andere Form annehmen, und **Systeme von zwei Teilchen**.

A 1 Beschreibung physikalischer Vorgänge

A 1.1   Sprache der Physik

Wie alle Wissenschaften benutzt die Physik zahlreiche Fachwörter oder gibt alltäglichen Worten eine neue Bedeutung. Die Physik – insbesondere die Theoretische Physik – legt die Bedeutung der Worte in der Regel sehr klar und eindeutig fest und benutzt dabei meist mathematische Definitionen.

> Sinn und Zweck von Mathematik und Theoriebildung in der Naturwissenschaft Physik werden im EMBACHER 1, Kapitel 1.2, gut motiviert und im FALK/RUPPEL, §2, sehr grundlegend betrachtet. Im Rahmen der abstrakten Formulierung in Abschnitt C 1.1.2 gehen wir auch noch einmal ausführlicher auf dieses Thema ein.

A 1.1.1   Raum und Zeit

In der klassischen Mechanik brauchst du nur wenige Begriffe, um viele interessante Phänomene untersuchen zu können – im Wesentlichen drei: ein **Objekt**, mit dem etwas passiert (dafür gibt es viele Namen, zum Beispiel Körper, Materie, Teilchen oder Masse), den **Raum**, in dem etwas passiert, und die verstreichende **Zeit**.

Du musst dabei unterscheiden zwischen dem Raum an sich und dem **Ort** eines Objekts in diesem Raum. Alle diese Begriffe lassen sich je nach Einsatzzweck durchaus verschieden definieren. In der Philosophie werden sie intensiv diskutiert, aber die Physik als empirische Wissenschaft braucht vor allem leicht verständliche und in der Praxis anwendbare Definitionen.

In der klassischen Mechanik hält man sich an die Festlegungen dieser Begriffe, die **Isaac Newton** vor über 300 Jahren getroffen hat.

Die einfachste Definition für den Begriff des Raums ist der **absolute Raum**. Der Raum existiert in diesem Verständnis aus sich heraus, unabhängig von den in ihm vielleicht enthaltenen Objekten. Du kannst dir den absoluten Raum als in jede Richtung unendlich fortgesetzt und mit der **Euklidischen Geometrie** versehen vorstellen, die du aus der Schule und dem Alltag kennst und in der man Längen und Winkel wie in Abbildung A 1.1 messen kann. Zur Erinnerung: Ein Raum ist genau dann Euklidisch, wenn der Satz des Pythagoras in allen rechtwinkligen Dreiecken gilt.

Der absolute Raum ist außerdem **homogen** und **isotrop**. Homogenität meint hier, dass keine Stelle im Raum in irgendeiner Weise von den anderen zu unterscheiden ist. Isotropie bedeutet, dass alle Richtungen von gleicher Art sind. Der leere, absolute Raum ist also überall vollkommen gleich, unabhängig davon, an welcher Stelle man ihn betrachtet und in welche Richtung man schaut. Er hat keinen Anfang, keine Grenzen und keine Löcher.

Der menschlichen Erfahrung nach hat der physikalische Raum drei Raumrichtungen oder **drei Dimensionen**. Jeden **Punkt** im Raum, also jedes Objekt ohne räumliche Ausdehnung, kannst du deshalb durch Angabe von drei Zahlen, die **Koordinaten** genannt werden, eindeutig von jedem anderen Punkt unterscheiden. Dazu musst du vorher ein System für die Koordinaten festgelegen, wie dies in Abschnitt A 1.3 beschrieben wird.

Um auch der Erfahrungstatsache, dass neben den drei Raumdimensionen auch noch die Zeit eine Rolle spielt, gerecht zu werden, definiert man ebenso eine **abso-**

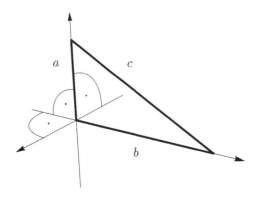

Abb. A 1.1
Der dreidimensionale Euklidische Raum, gekennzeichnet durch die drei rechten Winkel. Für die Längen der Kanten im beispielhaft eingezeichneten rechtwinkligen Dreieck gilt der Satz des Pythagoras, $a^2 + b^2 = c^2$. Die Lage der dargestellten Achsen ist beliebig

lute Zeit. Sie verfließt unabhängig von den Objekten und Ereignissen, erstreckt sich unendlich weit in Vergangenheit und Zukunft und ist ebenfalls homogen. Die klassische Physik kennt also keinen Unterschied zwischen dem Zeitalter der Entstehung der Erde, der griechischen Antike und dem 22. Jahrhundert. Isotropie spielt hier keine Rolle, denn die Zeit hat nur eine Dimension.

Wichtig ist weiterhin das **Prinzip der Gleichzeitigkeit**: Zwei baugleiche Uhren, die einmal synchronisiert wurden, zeigen immer dieselbe Zeit an, unabhängig davon, wo sie sich befinden und wie sie sich bewegen.

Etwas ausführlicher sind diese Vorüberlegungen bei REBHAN 1, Kapitel 2.1, beschrieben. Begriffsbildungen ergeben nur dann einen Sinn, wenn man weiß, wie sie mit Leben zu füllen sind, das heißt wie man die mit den Begriffen bezeichneten Sachverhalte messen kann. Dies ist Gegenstand der Experimentalphysik. Mehr zu **Messvorschriften** steht zum Beispiel bei DEMTRÖDER 1, Kapitel 1.6.

A 1.1.2   Vereinfachung und Idealisierung

Die klassische Mechanik ist eine sehr universelle Theorie. Im Prinzip kannst du nach der Lektüre dieses Buches alle Vorgänge in der alltäglichen Umwelt beschreiben und begründen, solange sie nichts mit den inneren Eigenschaften der Materie wie Magnetismus oder elektrischer Ladung zu tun haben. Allerdings sind die Geschehnisse in der Natur eigentlich immer kompliziert, und viele Ereignisse beeinflussen sich gegenseitig. Das wohl wichtigste Prinzip der Physik ist daher die **Idealisierung**. Sehr häufig lassen sich verwickelte natürliche Gegebenheiten auf viel einfachere Systeme zurückführen, die sich ganz ähnlich verhalten wie die ursprünglichen. Solche **Modellsysteme** aber kannst du im Experiment sehr genau vermessen und mathematisch exakt berechnen. Diesen Schritt bezeichnet man als **Modellbildung**. Der Trick ist also zu erkennen, was an einem Problem wirklich wichtig ist und in einem guten Modell berücksichtigt werden sollte und was nicht. Mit **Problem** bezeichnet man die vorliegende Situation. Aus den einfachen Modellen lassen sich dann allgemeine Gesetze und damit eine **physikalische Theorie** ableiten.

Ein zentraler Modellbegriff der klassischen Mechanik ist der **Massepunkt**, auch **Punktmasse** genannt, also ein Punkt im Euklidischen Raum, der eine bestimmte Masse hat. In der Natur sind nur Elementarteilchen echte Punktmassen, die aber mit der Quantenmechanik beschrieben werden müssen. Alle klassischen Objekte haben hingegen in der Realität eine endliche Ausdehnung. Der Massepunkt ist für uns also bereits eine **Idealisierung** und stellt immer dann eine gute **Annäherung an die Wirklichkeit** dar, wenn die Strecke, die ein Objekt zurücklegt, deutlich größer als das Objekt selbst ist und die Form des Objekts keinen entscheidenden Einfluss auf seine Bewegung hat, zum Beispiel bei einem durch die Luft fliegenden Stein.

Bei EMBACHER 1, Kapitel 1.1 bis 1.3, findest du ausführlichere Gedanken zum Thema Idealisierung.

Das vorliegende Buch beschäftigt sich nur mit der Bewegung von einzelnen oder **Systemen von mehreren Massepunkten**, die aber in einer festen Beziehung zueinander stehen. Ausgedehnte Objekte, die sich nicht mehr sinnvoll als aus Massepunkten zusammengesetzt näherbar sind, werden in der Mechanik als starre Körper bezeichnet. Wir behandeln diese im zweiten Band, HENZ/LANGHANKE 2.

Den **Weg**, den eine Punktmasse beim Verstreichen der Zeit im Raum zurücklegt, nennt man **Bahnkurve** oder häufig auch **Trajektorie**. Die Bahnkurve ist ein wichtiger Begriff, denn ihre genaue Kenntnis ermöglicht dir, den Aufenthaltsort eines Massepunkts zu jedem Zeitpunkt in Vergangenheit und Zukunft zu berechnen. Dies ist Gegenstand von Kapitel A 2.

A 1.2   Bewegungen mathematisch beschreiben

Ein wesentliches Ziel der klassischen Mechanik ist es, die Bewegung eines Objekts, also seine Bahnkurve, für alle Zeiten exakt vorhersagen zu können. Dazu musst du diese Bahnkurve in der exakten Sprache der Mathematik beschreiben können. Diese Beschreibung nennt man **Kinematik**. Für die Theoretische Mechanik benötigst du daher an Mathematik einige Grundkenntnisse der Analysis. Die Beschreibung der Bewegung in mehreren Dimensionen benutzt zusätzlich auch noch Methoden der Linearen Algebra. Das Wichtigste dazu haben wir jeweils in den Matheabschnitten in A 1.M zusammengefasst, und wir werden im Laufe der nächsten Abschnitte immer wieder auf einzelne Matheabschnitte verweisen. Grundlegende Begriffe und Konzepte der Mathematik lernst du zum Beispiel in Matheabschnitt 1 kennen.

A 1.2.1   Bewegung in einer Dimension

Am einfachsten ist die Beschreibung von Bewegungen eines Objekts in nur einer räumlichen Richtung oder Dimension, zum Beispiel eines Zuges auf schnurgerader Strecke. Idealisiert kannst du diesen problemlos als Massepunkt beschreiben, indem du dir die gesamte Masse des Zuges auf einen Punkt lokalisiert vorstellst und die Reibung an Schienen und an der Luft vernachlässigst. Das Objekt ist dabei immer zu einer bestimmten Zeit t an einem bestimmten Ort $r(t)$.

Für die Beschreibung der Bewegung ist interessant, wie schnell der Massepunkt von einem Ort zum anderen kommt, das heißt, in welcher Zeitspanne Δt er die Strecke:

$$\Delta r := r(t + \Delta t) - r(t)$$

zurücklegt. Δr ist gerade der räumliche Abstand zwischen dem Ort des Massepunkts zu einer Zeit t und einer späteren Zeit $t + \Delta t$, mit $\Delta t > 0$.

Die experimentelle Beobachtung der Natur und die alltägliche Erfahrung zeigen dir, dass der Ort eines klassischen Objekts sich nur wenig ändert, wenn die Zeitspanne kurz ist. Man sagt daher auch, „die Natur macht keine Sprünge". In einer gedachten, sehr kurzen Zeitspanne Δt wird sich daher der Aufenthaltsort Δr auch nur sehr geringfügig ändern. Wir können daher Bahnkurven als **stetige Funktionen des Ortes von der Zeit** idealisieren, wie sie in Matheabschnitt 2 eingeführt werden.

Um die Ortsveränderung eines Massepunkts exakt zu beschreiben, musst du ein Maß dafür einführen, wie schnell sich der Ort ändert. Dazu kannst du den Quotienten aus Strecke und Zeitspanne bilden und dann diese Zeitspanne (und damit auch die Strecke) immer kleiner werden lassen – auf diese Weise erhältst du die Steigung oder Ableitung der Bahnkurve $r(t)$. Aus der Zeitspanne Δt wird dabei eine nur gedachte „unendlich kleine" Größe dt. Das Gleiche gilt für die Änderung des Orts dr. Man bezeichnet diese Größen in der Physik üblicherweise als **infinitesimale Größe** oder als **Differentiale**. Diesen Gedankengang bezeichnet man als Grenzwertbildung, er ist die Grundlage der **Differentialrechnung**, die historisch genau parallel zur Newtonschen Mechanik entstanden ist. Wir fassen ihre Grundlagen in Matheabschnitt 3 kurz zusammen.

Man nennt die erste Ableitung des Ortes nach der Zeit,

$$v(t) := \dot{r}(t) := \lim_{\Delta t \to 0} \frac{r(t + \Delta t) - r(t)}{\Delta t} = \frac{dr(t)}{dt},$$

die **Geschwindigkeit** des Teilchens zur Zeit t.

Da auch die Geschwindigkeit häufig veränderlich ist, lohnt es sich, auch dafür ein Maß einzuführen. Die **Beschleunigung** eines Teilchens ist ganz analog definiert als die zweite Ableitung des Ortes nach der Zeit:

$$a(t) := \ddot{r}(t) := \frac{d^2 r(t)}{dt^2}.$$

Wie kann es aber überhaupt dazu kommen, dass zwei Körper sich in der gleichen Situation unterschiedlich bewegen? Wenn wir von ihrer genauen Form und auch den damit verbundenen Reibungseffekten absehen, bleibt letztlich nur **eine fundamentale Eigenschaft** übrig, die **Masse** genannt wird. Sie ist unabhängig von der Form des Körpers und eine skalare Größe, das heißt du durch eine reelle Zahl ausdrücken. Diese ist im Falle der Masse sogar positiv. Diese Erkenntnis ist die Grundlage dafür, dass du einen realen Körper als Massepunkt idealisieren kannst, ohne wesentliche Informationen zu verlieren. Häufig spricht man deshalb auch nur von „der Masse" $m \in \mathbb{R}_{>0}$ und meint damit den Massepunkt selbst.

A 1.2.2 Bewegung in mehreren Dimensionen

Der bisher entwickelte Formalismus reicht nicht aus, wenn du beliebige Bewegungen im **dreidimensionalen Raum** beschreiben möchtest. Der Ort eines Massepunkts ist dann allgemein durch drei Zahlen, seine **Koordinaten**, festzulegen, für jede Raumdimension eine. Die Koordinaten legen dabei die Lage und den Abstand bezüglich eines vorher bestimmten Punkts, Ursprung genannt, fest. Am einfachsten ist es, du fasst alle Koordinaten in einem **Vektor** zusammen, wofür es mehrere, das Gleiche bedeutende Schreibweisen gibt:

$$\mathbf{r}(t) := \big(x(t), y(t), z(t)\big)^T = \begin{pmatrix} x(t) \\ y(t) \\ z(t) \end{pmatrix} = x(t)\,\mathbf{e}_x + y(t)\,\mathbf{e}_y + z(t)\,\mathbf{e}_z. \quad \text{(A 1.1)}$$

Zur Festlegung, wie die Abstände gemessen werden, benutzen wir hier die Standardbasis des $\mathbb{R}^3$ aus den Einheitsvektoren $\{\mathbf{e}_x, \mathbf{e}_y, \mathbf{e}_z\}$. Sie definiert das sogenannte **kartesische Koordinatensystem**. Man sagt, x, y und z sind die kartesischen Koordinaten des Punkts. Du findest mehr dazu und allgemein zum wichtigen Thema Koordinatensysteme am Ende dieses Kapitels in Abschnitt A 1.3.

Vektoren sind ein sehr wichtiges Konzept in der Physik, mit dem du dich grundsätzlicher auseinandersetzen musst, sie sind Gegenstand der Linearen Algebra. Wir fassen in den Matheabschnitten 4 und 5 das zum ersten Verständnis Notwendigste zusammen.

Die physikalische Bewegung wird in der Regel durch eine Funktion des Ortes von der Zeit angegeben, man sagt die Zeit **parametrisiert** die Bahn im Raum.

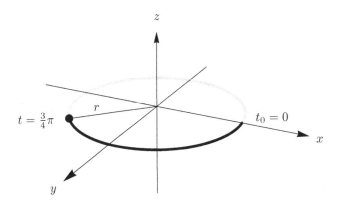

Abb. A 1.2 Parametrisierung der Bewegung eines Massepunkts auf einer Kreisbahn in der x-y-Ebene. Zum Zeitpunkt t hat er den schwarzen Teil des Kreises durchlaufen

Zum Beispiel beschreibt $\mathbf{r}(t) = (0, t, 0)$ eine **geradlinige** Bewegung in Richtung der y-Achse. Wenn du durch komponentenweises Ableiten die zugehörige Geschwindigkeit ausrechnest, $\dot{\mathbf{r}}(t) = (0, 1, 0)$, siehst du, dass sie zeitlich konstant ist. Man nennt die Bewegung dann **gleichförmig**.

Interessanter wird es bei „krummen" Bewegungen. Um diese zu beschreiben, benutzt man häufig die **Winkelfunktionen** Sinus und Kosinus. Wir haben in Matheabschnitt 6 einige Informationen zu ihnen zusammengestellt.

Um eine **Kreisbahn** mit Radius r in der $(z = 0)$-Ebene zu beschreiben, sind die Winkelfunktionen sehr praktisch. Mit den Festlegungen aus Abbildung A 1.2 kann man schreiben:

$$\mathbf{r}(t) = (r\cos(t),\ r\sin(t),\ 0).$$

Wenn ein Teilchen bei $t_0 = 0$ startet, hat es bei $t = 2\pi$ den Kreis einmal durchlaufen.

Du kannst wieder die Geschwindigkeit ausrechnen:

$$\dot{\mathbf{r}}(t) = (-r\sin(t),\ r\cos(t),\ 0).$$

Diesmal ist sie nicht konstant, aber ihr Betrag ist es, denn

$$|\dot{\mathbf{r}}(t)|^2 = (-r\sin(t),\ r\cos(t),\ 0) \cdot \begin{pmatrix} -r\sin(t) \\ r\cos(t) \\ 0 \end{pmatrix} = r^2\sin^2(t) + r^2\cos^2(t) = r^2.$$

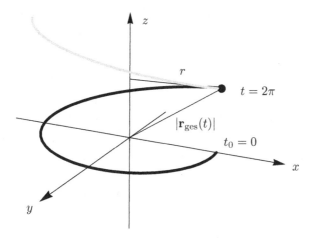

Abb. A 1.3 Parametrisierung der Bewegung eines Massepunkts auf einer auseinandergezogenen Schraubenlinie. Zum Zeitpunkt t hat er den schwarzen Teil der Bahn durchlaufen. Die konstante Beschleunigung in z-Richtung zieht die Spirale dabei immer schneller auseinander

Das Teilchen flitzt also zwar immer „gleich schnell" auf seiner Kreisbahn, aber es ist dennoch beschleunigt, denn auch die ständige Änderung der Richtung bedeutet eine zeitliche Änderung des Geschwindigkeitsvektors. Eine Beschleunigung, die sich nur auf die Richtung, nicht aber auf den Betrag der Geschwindigkeit auswirkt, ist erst in mehr als einer Dimension möglich. Es ist also notwendig, zwischen Betrag und Richtung eines Vektors zu unterscheiden, vergleiche Matheabschnitt 4.

Wichtig zu bemerken ist auch noch, dass dir die Beschreibung durch Vektoren ermöglicht, komplexe Bewegungen als **Überlagerung** mehrerer einfacherer Bewegungen auszudrücken. Eine Bewegung auf einer sich auseinanderziehenden **Schraubenlinie** wie in Abbildung A 1.3 kannst du daher praktischerweise in die Kreisbahn und eine konstant beschleunigte Bewegung in Richtung der z-Achse, $\hat{\mathbf{r}}(t) = (0,\ 0,\ t^2)$, zerlegen. Es ergibt sich als Gesamtbahnkurve:

$$\mathbf{r}_{\text{ges}}(t) = \mathbf{r}(t) + \hat{\mathbf{r}}(t) = (r\cos(t),\ r\sin(t),\ t^2).$$

In Aufgabe 5.2.2 kannst du selbst noch weitere ähnliche Bahnen untersuchen.

Diese und andere Beispiele für Bahnparametrisierungen findest du auch bei NOLTING 1, Kapitel 2.1.2, und KIRCHGESSNER/SCHRECK 1, Kapitel 2, sowie besonders schön bei DREIZLER/LÜDDE 1, Kapitel 2.2.

A 1.3   Wichtige Koordinatensysteme

Es gibt verschiedene Möglichkeiten die Position eines Massepunkts im Raum zu beschreiben. Zum Beispiel kannst du, wie in Abschnitt A 1.2.2, die Entfernung der Position von einem fest gewählten Punkt des Raums, **Ursprung** genannt, entlang vorher festgelegter, gerader Achsen einzeln angeben. Gleichberechtigt ist es aber genauso, den absoluten Abstand vom Ursprung sowie den Winkel, um den sich der Massepunkt von seiner Ausgangslage fortbewegt hat, anzugeben. Dies ist zum Beispiel bei der Beschreibung einer Kreisbewegung sinnvoll.

Wichtig bei der Wahl verschiedener **äquivalenter Beschreibungen**, genannt **Koordinatensysteme**, ist einzig, dass die Richtungen, in denen du die Abstände misst, in einem bestimmten Sinne unabhängig voneinander sind. Mathematisch kannst du das beispielsweise immer erreichen, indem du die **Basisvektoren**, die die Richtungen festlegen, orthogonal zueinander wählst. Du brauchst dann immer gleich viele Zahlen, um einen Punkt eindeutig festzulegen. Außerdem ist es häufig sinnvoll, die Maßsysteme in den verschiedenen Richtungen einander anzupassen, die Basisvektoren also auf Länge 1 zu **normieren**. Man sagt dann, sie sind **orthonormal** zueinander. Einen Vektor normierst du immer dadurch, dass du den nicht-normierten Vektor durch seinen Betrag teilst.

Eine genauere Klärung dieser aus der Linearen Algebra stammenden Begriffe findest du in Matheabschnitt 4 oder etwas formalisierter in Pfad B, Matheabschnitt 11.

Im Folgenden stellen wir die gebräuchlichsten Koordinatensysteme und ihre Anwendung vor. In Abschnitt B 1.3 wirst du lernen, wie man mit allgemeinen Koordinaten arbeiten kann – und in Pfad C sogar ganz ohne!

Ausführliche, sehr anwendungsbezogene Erläuterungen zu verschiedenen Koordinatensystemen und deren Anwendung finden sich bei DREIZLER/LÜDDE 1, Kapitel 2.4. Schön sind sie auch bei GREINER 1, Kapitel 10, beschrieben. Bei NOLTING 1, Kapitel 1.7, ist ihre Diskussion dagegen mathematisch anspruchsvoll. Bei KIRCHGESSNER/SCHRECK 1, Kapitel 2.5-6, sind viele Rechnungen detailliert durchgeführt.

A 1.3.1   Kartesische Koordinaten

Bei den kartesischen Koordinaten kannst du dir den physikalischen Raum wie in Abbildung A 1.4 mit einem Gitternetz aus gleichgroßen Würfeln überzogen vorstellen, deren Kantenlängen als 1 definiert werden. Die Koordinaten eines Punkts findest du, indem du angibst, wie viele Würfelkanten du in jede Richtung vom Ursprung aus gehen musst, um zu dem Punkt zu gelangen.

Mathematisch ausgedrückt wird dieses Vorgehen, indem du für einen zum gewünschten Punkt zeigenden Vektor $\mathbf{r}$ schreibst

$$\mathbf{r} := \left(x, y, z\right)^T = \begin{pmatrix} x \\ y \\ z \end{pmatrix} = x\,\mathbf{e}_x + y\,\mathbf{e}_y + z\,\mathbf{e}_z,$$

wobei $\mathbf{e}_x$, $\mathbf{e}_y$ und $\mathbf{e}_z$ jeweils entlang einer Würfelkante zeigen und die orthogonalen Basisvektoren sind, während das Tripel (x, y, z) die konkreten Koordinaten des Punktes bezeichnet.

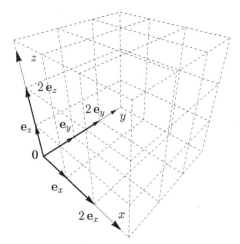

Abb. A 1.4

Kartesische Koordinaten als Überdeckung des Raums mit Einheitswürfeln. Basisvektoren und ihre Vielfachen im Abstand von einem gewählten Ursprung **0**

Die kartesischen Basisvektoren werden dargestellt als:

$$
\mathbf{e}_x = \begin{pmatrix} 1 \\ 0 \\ 0 \end{pmatrix}, \ \mathbf{e}_y = \begin{pmatrix} 0 \\ 1 \\ 0 \end{pmatrix} \text{ und } \mathbf{e}_z = \begin{pmatrix} 0 \\ 0 \\ 1 \end{pmatrix}.
$$

Die Besonderheit der kartesischen Koordinaten ist, dass die **Basisvektoren räumlich und zeitlich konstant** sind. Die Konsequenzen dessen werden bei den krummlinigen Koordinaten deutlich.

A 1.3.2 Krummlinige Koordinaten

In der Physik gibt es sehr viele Probleme, bei denen die so anschaulichen kartesischen Koordinaten weder für das physikalische Verständnis noch fürs bloße Rechnen die beste Wahl sind. Wenn das betrachtete System bestimmte Symmetrien aufweist, ist es oft ratsam, keine geraden, sondern krummlinige Koordinaten zu verwenden.

Vereinfacht gesagt weit ein System eine **Symmetrie** auf, wenn du – rein gedanklich – etwas an ihm verändern kannst, ohne dass diese Änderung eine Auswirkung hat. Diese saloppe Definition lässt sich am besten durch Beispiele verstehen: Es ändert sich nichts an den Eigenschaften eines Rades, wenn du es dir um einen beliebigen Winkel gedreht vorstellst. Daher wird es **dreh- oder rotationssymmetrisch** genannt. Dass jede Bewegung genau gleich abläuft, egal ob sie jetzt oder morgen stattfindet, bei ansonsten gleichen Bedingungen, nennt man in der Physik eine **zeitliche Symmetrie**. Der Symmetriebegriff in der Physik ist also viel allgemeiner als die alltägliche Spiegelsymmetrie.

Aus den Symmetrien eines Systems kannst du häufig schon viel über das System herausfinden, bevor du etwas ausrechnest. Symmetrien spielen in der Physik daher eine sehr große Rolle, wir kommen noch öfter auf sie zu sprechen.

Ebene Polarkoordinaten

Das einfachste Beispiel für ein krummliniges Koordinatensystem sind die Polarkoordinaten in einer Ebene. Es bietet sich an sie zu benutzen, wenn das betrachtete System eine **Rotationssymmetrie** in einer Ebene aufweist oder aber wenn der interessante Teil der Bewegung sich dann leichter beschreiben lässt, weil sich dadurch nur noch eine Koordinate zeitlich ändert. Dies ist zum Beispiel bei der Bewegung eines Fadenpendels im Schwerefeld der Erde der Fall.

Du kannst dann die fragliche Ebene mit „Würfeln" ausfüllen, deren Kanten nicht gerade sind, sondern vom Ursprung aus zum einen auf einer Geraden nach außen und zum anderen entlang einer gedachten Kreislinie um den Ursprung und

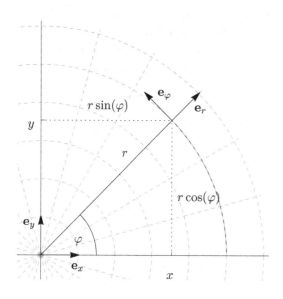

Abb. A 1.5
Ebene Polarkoordinaten

durch den jeweiligen Raumpunkt zeigen. So kannst du jeden Punkt wieder durch Abzählen der Würfelkanten charakterisieren – diesmal ist das Maß jedoch der Abstand zum Ursprung und eine Strecke entlang einer Kreislinie, die üblicherweise als Winkel angegeben wird.

Aus Abbildung A 1.5 ist ersichtlich, dass sich zweidimensionale kartesische Koordinaten beziehungsweise Basisvektoren und ebene Polarkoordinaten gemäß

$$\begin{pmatrix} x \\ y \end{pmatrix} = \begin{pmatrix} r\cos(\varphi) \\ r\sin(\varphi) \end{pmatrix} \quad \text{und} \quad \begin{aligned} \mathbf{e}_r &= \cos(\varphi)\mathbf{e}_x + \sin(\varphi)\mathbf{e}_y, \\ \mathbf{e}_\varphi &= -\sin(\varphi)\mathbf{e}_x + \cos(\varphi)\mathbf{e}_y \end{aligned} \qquad \text{(A 1.2)}$$

verknüpfen lassen. Die Gültigkeit der Beziehungen zwischen den Basisvektoren kannst du dir in diesem Fall noch leicht mithilfe der Abbildung klarmachen, wenn du die Gleichungen mit r multiplizierst.

Allerdings musst du den Wertebereich für φ und r einschränken, damit diese Zuordnung eindeutig ist, zum Beispiel als

$$\varphi \in [0, 2\pi) \text{ und } r \in [0, \infty),$$

denn ab $\varphi = 2\pi$ wiederholen sich die Funktionswerte von Sinus und Kosinus, und negative Radien sind offensichtlich nicht sinnvoll. Im Ursprung ($r = 0$) ist der Winkel beliebig, meist wird $\varphi = 0$ festgelegt.

An dieser Stelle wird bereits deutlich, dass die Basisvektoren bei ebenen Polarkoordinaten nicht konstant sind, sondern ortsabhängig. Je nachdem, welchen Punkt du betrachtest, zeigen die Basisvektoren in andere Richtungen, sie drehen sich gewissermaßen mit, daher spricht man auch von einem **lokalen Koordinatensystem**. Basisvektoren zeigen also immer in diejenige Richtung, in der du dich im Raum bewegst, wenn du die zugehörige Koordinate in positiver Richtung änderst. Dieses Prinzip kennst du bereits von der Standardbasis.

Mathematisch wird diese Ortsabhängigkeit der Basisvektoren durch die Ableitung des Ortsvektors nach den „neuen" Koordinaten ausgedrückt. Diese Ableitungsvektoren sind tangential zu den in Abbildung A 1.5 gestrichelt dargestellten Koordinatenlinien. Da Einheits- oder Basisvektoren immer auf 1 normiert sein sollten, ergeben sich durch eine Rechnung wieder die Zusammenhänge von oben,

$$\mathbf{e}_r = \frac{\mathrm{d}\mathbf{r}(r,\varphi)}{\mathrm{d}r} = \begin{pmatrix} \cos(\varphi) \\ \sin(\varphi) \end{pmatrix},$$

$$\mathbf{e}_\varphi = \frac{1}{r}\frac{\mathrm{d}\mathbf{r}(r,\varphi)}{\mathrm{d}\varphi} = \frac{1}{r}\begin{pmatrix} -r\sin(\varphi) \\ r\cos(\varphi) \end{pmatrix} = \begin{pmatrix} -\sin(\varphi) \\ \cos(\varphi) \end{pmatrix}, \quad\quad \text{(A 1.3)}$$

denn $\cos^2(\varphi) + \sin^2(\varphi) = 1$. Du kannst leicht selbst überprüfen, dass diese zwei Vektoren auch orthogonal zueinander sind, sie erfüllen also alle unsere Forderungen an ein orthonormales Koordinatensystem.

Die Einschränkungen der Wertebereiche ermöglichen auch die eindeutige Rücktransformation, die du dir leicht anhand von Abbildung A 1.5 erschließen kannst:

$$r = \sqrt{x^2 + y^2},$$

$$\varphi = \begin{cases} 0 & \text{für } x = y = 0 \\ \arccos\left(\frac{x}{r}\right) & \text{für } y \geq 0 \\ 2\pi - \arccos\left(\frac{x}{r}\right) & \text{für } y < 0. \end{cases}$$

In Abschnitt B 1.3.2 lernst du, die mathematischen Zusammenhänge des Wechsels zwischen Koordinatensystemen tiefer zu verstehen.

Eine ausführlichere Rechnung findest du zum Beispiel bei Nolting 1, Kapitel 1.7.2.

Natürlich ist es nicht unbedingt erforderlich, die „Würfel", oder allgemeiner gesagt Volumenelemente, durch Geraden und Kreise zu erzeugen. Bei den **elliptischen Koordinaten** etwa, die bei Fragen der Planetenbewegung nützlich sind, wird die Fläche mit aus Ellipsen und Hyperbeln erzeugten Volumenelementen überdeckt.

Zylinderkoordinaten

Die bisher vorgestellten ebenen Polarkoordinaten müssen zur Beschreibung der physikalischen Realität in vielen Fällen noch von ebenen zu **räumlichen Koordinatensystemen**, das heißt von zwei auf drei Dimensionen, erweitert werden.

Bei den Zylinderkoordinaten wird dabei das System von „Würfeln" der ebenen Polarkoordinaten entlang einer weiteren, zur Ebene senkrechten Achse (üblicherweise mit z-Achse bezeichnet) in der dritten Raumrichtung hin- und hergeschoben, sodass aus den beiden Koordinaten (r, φ) das 3-Tupel (r, φ, z) wird. Beachte, dass r dabei den Abstand des Punktes von der z-Achse misst. Nur für $z = 0$ ist dies gleichbedeutend mit dem Abstand vom Ursprung.

Als Basisvektoren ergeben sich dann, analog zu denen der Polarkoordinaten:

$$\mathbf{e}_r = \begin{pmatrix} \cos(\varphi) \\ \sin(\varphi) \\ 0 \end{pmatrix}, \mathbf{e}_\varphi = \begin{pmatrix} -\sin(\varphi) \\ \cos(\varphi) \\ 0 \end{pmatrix} \text{ und } \mathbf{e}_z = \begin{pmatrix} 0 \\ 0 \\ 1 \end{pmatrix}. \tag{A 1.4}$$

Zylinderkoordinaten sind häufig eine gute Wahl bei Systemen, die zwar eine Rotationssymmetrie in einer zweidimensionalen Ebene haben, bei denen sich diese Symmetrie jedoch nicht in der dritten Dimension fortsetzt.

Kugelkoordinaten

Im Unterschied zu den Zylinderkoordinaten sind die sphärischen Koordinaten oder kurz Kugelkoordinaten eine sinnvolle Möglichkeit, die ebenen Polarkoordinaten in die dritte Dimension zu erweitern, wenn eine **Kugelsymmetrie** in allen drei Dimensionen besteht.

Ein physikalisches System ist kugelsymmetrisch, wenn es sich nicht verändert, wenn du dich auf einer gedachten Kugeloberfläche bewegst. Diese Bewegung kannst du darstellen, in dem du den Vektor, der den Mittelpunkt der Kugel mit deinem Aufenthaltsort auf der Kugeloberfäche verbindet, um zwei Winkel drehst bzw. kippst.

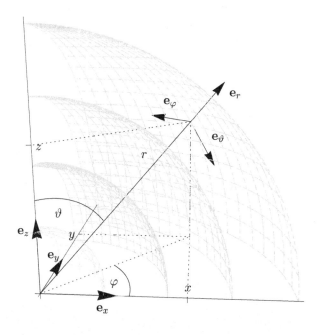

Abb. A 1.6
Sphärische Kugelko-
ordinaten

Als Volumenelemente, die den ganzen Raum ausfüllen, benutzt du in diesem Koordinatensystem Kugelschalensegmente. Ausgehend von den ebenen Polarkoordinaten erweiterst du dazu das Koordinatenpaar (r, φ) durch einen weiteren Winkel zu (r, φ, ϑ), wobei ϑ den Kippwinkel der Polarkoordinatenebene zur z-Achse misst.

Mit Bezeichnungen wie in Abbildung A 1.6 erhältst du die folgenden Zusammenhänge zwischen kartesischen und Kugelkoordinaten:

$$x = r\cos(\varphi)\sin(\vartheta),$$
$$y = r\sin(\varphi)\sin(\vartheta),$$
$$z = r\cos(\vartheta).$$

Bei der Festlegung dieser Winkel und des Radius hast du zunächst eine gewisse Wahlfreiheit. Um die Beschreibung durch Kugelkoordinaten eindeutig zu machen, musst du daher wieder die Definitionsbereiche der Winkelfunktionen einschränken. Dabei ist es gebräuchlich, dass bei $\vartheta = \pi/2$ durch $(r, \varphi, \vartheta = \pi/2)$ genau die $(x, y)-$Ebene (also $z = 0$) parametrisiert wird. Als Definitionsbereiche kannst du dann

$$\varphi \in [0, 2\pi), \ \vartheta \in [0, \pi] \text{ und } r \in [0, \infty)$$

wählen, für Werte auf der z-Achse wird der Einfachheit halber $\varphi = 0$ festgelegt. Im Ursprung ($r = 0$) selbst ist auch der Kippwinkel beliebig, hier kannst du $\vartheta = 0$ festlegen. Alternativ wird häufig auch $\varphi \in [-\pi, \pi)$ verwendet; entscheidend ist allein, dass es sich um ein Intervall der Länge 2π handeln muss.

Mit den obigen Festlegungen ist die Abbildung von kartesischen auf Kugelkoordinaten eine eindeutige Funktion und daher auch umkehrbar. Mit einigen Umformungen erhältst du unter Zuhilfenahme von Abbildung A 1.7 die **Rücktransformationen**, die einige Fallunterscheidungen enthalten, um sicherzustellen, dass $\varphi \in [0, 2\pi)$ gilt:

$$r = \sqrt{x^2 + y^2 + z^2},$$

$$\vartheta = \begin{cases} 0 & \text{wenn } x = y = z = 0 \\ \arccos\left(\frac{z}{r}\right) & \text{sonst}, \end{cases}$$

$$\varphi = \begin{cases} \arctan\left(\frac{y}{x}\right) & \text{wenn } x > 0 \text{ und } y \geq 0 \\ \arctan\left(\frac{y}{x}\right) + 2\pi & \text{wenn } x > 0 \text{ und } y < 0 \\ \arctan\left(\frac{y}{x}\right) + \pi & \text{wenn } x < 0 \\ \frac{3\pi}{2} & \text{wenn } x = 0 \text{ und } y < 0 \\ \frac{\pi}{2} & \text{wenn } x = 0 \text{ und } y > 0 \\ 0 & \text{wenn } x = 0 \text{ und } y = 0. \end{cases}$$

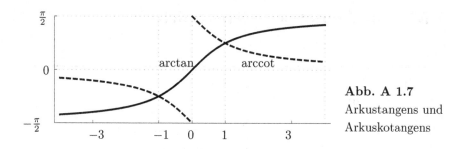

Abb. A 1.7

Arkustangens und
Arkuskotangens

Die Einheitsvektoren der Kugelkoordinaten ergeben sich dann mit ähnlichen Überlegungen wie im Fall der Polarkoordinaten zu:

$$\mathbf{e}_r = \begin{pmatrix} \cos(\varphi)\sin(\vartheta) \\ \sin(\varphi)\sin(\vartheta) \\ \cos(\vartheta) \end{pmatrix} , \; \mathbf{e}_\varphi = \begin{pmatrix} -\sin(\varphi) \\ \cos(\varphi) \\ 0 \end{pmatrix}$$

$$\text{und } \mathbf{e}_\vartheta = \begin{pmatrix} \cos(\varphi)\cos(\vartheta) \\ \sin(\varphi)\cos(\vartheta) \\ -\sin(\vartheta) \end{pmatrix} . \tag{A 1.5}$$

Die komplette Rechnung zur Herleitung der Basisvektoren findest du zum Beispiel gut erklärt bei NOLTING 1, Kapitel 1.7.4, aber es selbst analog zu Gleichung (A 1.3) zu versuchen, ist eine sehr empfehlenswerte Übung.

Kugelsymmetrien treten bei der Beschreibung der Natur sehr häufig auf, denke zum Beispiel an die runden Himmelskörper, deren innerer Aufbau sich nur mit dem Radius verändert, und ihre gegenseitige Anziehung.

Manchmal hat ein Körper auch keine Kugelform, aber dennoch (festgelegte) Symmetrieachsen, man nennt das System dann rotationssymmetrisch. Ein Beispiel dafür ist wieder die Zylindersymmetrie mit einer Symmetrieachse (eben der Zylinderachse). Wir werden weitere solche Fälle im zweiten Band HENZ/LANGHANKE 2 behandeln.

A 1.M   Mathematische Abschnitte

Matheabschnitt 1:
Mathematische Sprache

Wir haben den Gebrauch mathematischer Sprache und Symbole in diesem
Buch auf die wichtigsten und geläufigsten Konzepte beschränkt, die wir hier
kurz zusammenfassen. Diese Schreib- und Sprechweisen werden dir schnell in
Fleisch und Blut übergehen und das präzise Arbeiten vereinfachen.

Häufig arbeitet man mit einer Anzahl von Objekten, zum Beispiel Zahlen.
Diese fasst man in **Mengen** zusammen. Will man zum Beispiel die Menge
bestehend aus x und y mit M bezeichnen, so schreibt man $M = \{x, y\}$, wobei
x und y zunächst beliebige Objekte sein können. Um auszudrücken, dass x
ein Teil der Menge M ist, schreibt man kurz $x \in M$, x liegt in M. Ist dagegen
z kein Teil von M, schreibt man $z \notin M$.

Wenn du nur einen Teil einer Menge betrachten möchtest, kannst du ei-
ne **Teilmenge** X durch $X \subset M$ bezeichnen. Ob die Teilmenge der ganzen
Menge entspricht, kannst du durchaus offenlassen, $X \subseteq M$. Schnitte und
Vereinigungen von Mengen werden wie in Abbildung A 1.8 notiert.

Die messbaren Größen der Physik sind immer **reelle Zahlen**, das sind
vereinfacht gesagt alle Zahlen des Zahlenstrahls, also zum Beispiel Brüche
oder auch Dezimalzahlen. Für die Menge aller reellen Zahlen wird das Symbol
$\mathbb{R}$ verwendet.

Wollen wir einen bestimmten Teilbereich des reellen Zahlenstrahls betrachten, so benutzen wir zur Bezeichnung **Intervalle**. Das Intervall $[a, b]$ enthält
dabei alle rellen Zahlen zwischen $a \in \mathbb{R}$ und $b \in \mathbb{R}$, inklusive der Zahlen a
und b selbst. Ein solches Intervall nennt man auch **abgeschlossen**. Sollen
beide Grenzen nicht zum Intervall gehören, schreibt man runde Klammern,
(a, b), das Intervall heißt dann **offen**. Auch Intervalle, die einseitig offen sind
können entsprechend notiert werden, man nennt sie **halboffen**.

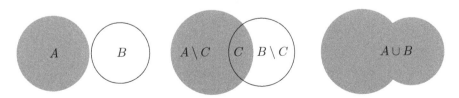

Abb. A 1.8 Schnitt und Vereinigung zweier Mengen. $C := A \cap B$ bezeichnet
hier die Schnittmenge aus A und B

Ferner werden wir das Symbol $\mathbb{N}$ für die **natürlichen Zahlen** verwenden, $\mathbb{N} = \{1, 2, 3 \ldots\}$. Möchtest du zum Ausdruck bringen, dass n eine natürliche Zahl ist, kannst du kurz $n \in \mathbb{N}$ schreiben.

Um mathematisch präzise Definitionen zu erlauben, beziehen wir uns wo immer möglich auf bereits bekannte Objekte. Dies bringen wir zum Ausdruck, indem wir statt eines einfachen Gleichheitszeichens das Symbol „:=" verwenden, zum Beispiel $f(x) := x + 2$. Das Objekt $f(x)$ entsteht also durch die Addition einer beliebigen Zahl x mit der natürlichen Zahl 2.

Möchtest du festhalten, dass eine logische Aussage aus einer anderen folgt, kannst du den **Folgerungspfeil** „$\Rightarrow$" verwenden. So gilt zum Beispiel:

$$f(x) := x + 2 \quad \Rightarrow \quad f(2) = 4.$$

Dagegen gilt die umgekehrte Richtung „$\Leftarrow$" aber nicht unbedingt. Nur weil $f(2) = 4$ ist, muss $f(x)$ nicht als $x+2$ definiert sein. Gelten beide Folgerungsrichtungen, kannst du dies durch den **Äquivalenzpfeil** „$\Leftrightarrow$" zum Ausdruck bringen, man nennt die Aussagen dann äquivalent:

$$x^2 = 4 \Leftrightarrow x = \pm 2.$$

Bei äquivalenten logischen Aussagen gilt die eine Seite „genau dann, wenn" die andere Seite gilt.

Hast du es mit einer Reihe von ähnlichen Objekten zu tun, ist es häufig nicht sinnvoll, jedem einen eigenen Namen zuzuweisen. In diesem Fall kann man besser **Indizes** nutzen. Zur Beschreibung zweier Massen beispielsweise kannst du sie m_1 und m_2 nennen. Einerseits drückst du damit aus, dass es ähnliche Objekte sind, andererseits kannst du sie nun aufzählen oder summieren, um zum Beispiel die Gesamtmasse M zu erhalten, $M = m_1 + m_2 = \sum_{k=1}^{2} m_k$. Dabei haben wir das **Summenzeichen** „$\sum$" eingeführt, das allgemein definiert ist als

$$\sum_{k=1}^{n} a_k := a_1 + a_2 + \cdots + a_{n-1} + a_n,$$

für beliebige Objekte a_k, für die du in der Lage bist, eine Summe auszuführen. Dabei durchläuft ein Index immer die natürlichen Zahlen, es sei denn, es wird explizit anders verlangt, zum Beispiel durch $\sum_{\substack{k=1 \\ k=2j}}^{n} a_k$, für $j \in \mathbb{N}$, sodass nur die a_k summiert werden, bei denen k gerade ist. Sind Anfang und Ende einer Summe aus vorangegangenen Überlegungen klar oder spielen sie keine Rolle, werden diese Angaben am Summenzeichen manchmal zur Vereinfachung der Notation ausgelassen.

Ein Objekt kann auch mehr als einen Index tragen, a_{jk}. In diesem Fall ist es nach zwei unabhängigen Kriterien nummeriert und natürlich auch über beide Indizes summierbar, auch in Kombination mit weiteren, zum Beispiel:

$$\sum_{j,k=1}^{n} a_{jk}\, x_k := \sum_{j=1}^{n}\sum_{k=1}^{n} a_{jk}\, x_k = \sum_{j=1}^{n} a_{jk}\, x_k.$$

Im zweiten Schritt haben wir die in der Physik beliebte **Einsteinsche Summenkonvention** genutzt: Tritt ein Index (hier k) zweimal auf, impliziert dies automatisch eine Summe über diesen Index, die nicht mehr gesondert notiert wird. Die Grenzen sind dann aus dem Umfeld der Rechnung „klar".

> Vielleicht ist es für dich hilfreich, diese Dinge noch einmal in einem sogenannten mathematischen Vorkurs nachzuschlagen, wir empfehlen dazu HEFFT, KORSCH(VORKURS) oder HOEVER(VORKURS). Das verschafft einen Überblick, welche Teile der Mathematik wirklich wichtig für die Theoretische Physik sind.

Matheabschnitt 2:
Stetige Funktionen über den reellen Zahlen

Als **Funktion** f bezeichnet man eine Vorschrift, die jedem Element x einer **Definitionsmenge** $D \subseteq$ genau ein Element $y = f(x)$ einer **Zielmenge** Z zuweist. Wir betrachten dabei meistens $D, Z \subseteq \mathbb{R}$ und schreiben:

$$f \colon D \to Z,\ x \mapsto y = f(x).$$

Beachte, dass das Umgekehrte in der Regel nicht gilt – ein Element der Zielmenge kann auch mehreren Elementen der Definitionsmenge zugeordnet sein. Daher führt man eine Klassifikation dieser Eigenschaften ein und nennt eine Funktion **surjektiv**, wenn jedes $y \in Z$ durch Einsetzen irgendeines $x \in D$ in die Funktion f getroffen werden kann, falls es also für jedes $y \in Z$ mindestens ein $x \in D$ gibt mit $f(x) = y$. Dies kann natürlich durch passende Verkleinerung der Zielmenge Z immer erreicht werden. Im Gegensatz dazu ist der Begriff der **Injektivität** enger an die Funktion selbst geknüpft. Damit f injektiv genannt wird, darf es für jedes $y \in Z$ höchstens ein $x \in D$ geben, sodass $f(x) = y$.

Ist eine Funktion sowohl surjektiv als auch injektiv, gibt es also zu jedem $y \in Z$ genau ein $x \in D$ mit $f(x) = y$, nennt man die Funktion **bijektiv**. In diesem Fall ist die Funktion eindeutig **umkehrbar**. Beispiele für die drei Typen sind in Abbildung A 1.9 dargestellt. Insbesondere sind **streng monotone Funktionen** immer injektiv.

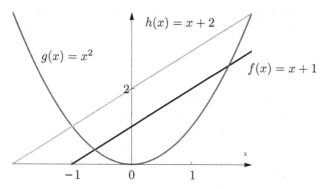

Abb. A 1.9 Graph dreier Funktionen zwischen zwei Intervallen, also Teilmengen der reellen Zahlen, von $D := \{-2, 2\}$ nach $Z := \{0, 4\}$. Die Funktion $f(x)$ ist injektiv, denn jeder Zahl der Bildmenge ist nur höchstens eine aus der Wertemenge zugeordnet, aber sie ist nicht surjektiv, denn sie trifft nicht ganz B. Bei der Funktion $g(x)$ ist es umgekehrt, jeder Wert in B wird angenommen, aber jedem sind zwei Werte aus A zugeordnet, daher ist $g(x)$ surjektiv und nicht injektiv. Die Funktion $h(x)$ ist hingegen bijektiv, jedem Wert aus B ist genau einer aus A zugeordnet

Die **Stetigkeit** einer Funktion lässt sich mithilfe des Begriffs des Grenzwerts einer Funktion definieren. Unter der **Grenzwertbildung** an x_0,

$$\lim_{x \searrow x_0} f(x) \text{ beziehungsweise } \lim_{x \nearrow x_0} f(x),$$

kannst du dir vorstellen, dass du dich auf dem reellen Zahlenstrahl, von rechts beziehungsweise links kommend, kontinuierlich beliebig nahe x_0 annäherst und dabei die Funktion auswertest.

Eine Funktion $f(x)$ ist genau dann stetig im Punkt $x_0 \in D$, wenn beide Grenzwerte von f für $x \to x_0$ existieren, das heißt wieder reelle Zahlen (also

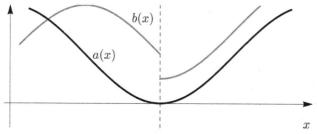

Abb. A 1.10 Skizze einer stetigen Funktion $a(x)$ und einer an der gestrichelten Linie unstetigen Funktion $b(x), x \in \mathbb{R}$

zum Beispiel nicht etwa ∞!) und zudem gleich der direkten Auswertung $f(x_0)$ sind. Mathematisch ausgedrückt schreibt man:

$$f(x) \text{ stetig in } x_0 \Leftrightarrow \lim_{x \searrow x_0} f(x) = \lim_{x \nearrow x_0} f(x) = f(x_0).$$

Gilt das für alle $x \in D$, dann nennt man f überall stetig.

Stimmen diese beiden Grenzwerte überein, ändert sich das Ergebnis also nicht, egal ob man sich der Stelle x_0 von links oder rechts nähert, ersetzt man die beiden Symbole $\lim_{x \searrow x_0}$ und $\lim_{x \nearrow x_0}$ auch einfach durch $\lim_{x \to x_0}$.

In Abbildung A 1.10 siehst du anschauliche Beispiele für stetige und unstetige Funktionen, wie sie in der Physik vorkommen. Anschaulich gesprochen bedeutet die Stetigkeit einer Funktion über den reellen Zahlen $\mathbb{R}$ also, dass die Funktion keine abrupten Sprünge macht. Genau dies erwartet man erfahrungsgemäß von einer physikalischen Bahnkurve.

> Es gibt auch noch andere äquivalente Definitionen des Begriffs der Stetigkeit, zum Beispiel bei NOLTING 1, Kapitel 1.1.5, oder in allen Analysis-Lehrbüchern. Für die Zwecke der Physik reicht die gegebene aber erst einmal vollkommen aus.

Matheabschnitt 3:
Differentialrechnung

Eine Funktion $f \colon D \to Z$, $x \mapsto y = f(x)$ heißt **differenzierbar** an der Stelle $x_0 \in D$, wenn der (beidseitige) Grenzwert des sogenannten **Differenzenquotienten**

$$f'(x_0) := \frac{\mathrm{d}f}{\mathrm{d}x}(x_0) := \lim_{x \to x_0} \frac{f(x) - f(x_0)}{x - x_0},$$

existiert. Du kannst dir den Differenzenquotienten als Steigungsdreieck am Graphen der Funktion vorstellen, das mit dem Bilden des Grenzwerts auf einen Punkt x_0 zusammenschrumpft. Dieser Grenzwert gibt dir also die Steigung des Graphen im Punkt x_0 an, und man nennt ihn den Wert der **Ableitung** $f'(x)$ der Funktion $f(x)$ an der Stelle x_0, vergleiche Abbildung A 1.11.

Es gibt aber Fälle, in denen dieser Grenzwert nicht existiert, die Funktion ist dann an der betreffenden Stelle nicht differenzierbar. Beispiele dafür sind Punkte, an denen die Funktion nicht stetig ist oder an denen der Graph eine „Spitze" hat, sodass sich keine eindeutige Steigung angeben lässt. Existiert der Grenzwert für alle $x \in D$, dann nennt man $f(x)$ überall differenzierbar.

Höhere Ableitungen, f'', f''', ..., können einfach durch Wiederholung der Grenzwertbildung des Differenzenquotienten gebildet werden. Manche Funk-

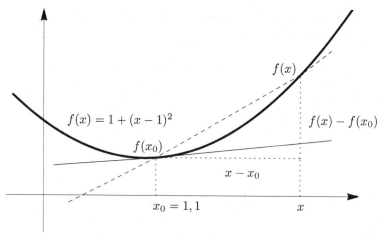

Abb. A 1.11 Steigungsdreieck am Graphen einer Funktion $f(x)$ mit einer Sekante durch $f(x_0)$ und $f(x)$ (gestrichelte Linie). Im Limes $\lim x \to x_0$ ergibt sich die Ableitung von f und mit $f'(x_0) = 2x_0 - 2$ die Steigung der Tangente an f am Punkt $f(x_0)$ zu $0,2$

tionen sind in einem Punkt ein- oder zweimal differenzierbar, aber die höheren Ableitungen existieren nicht mehr.

Du findest mit der Definition über den Differenzenquotienten folgende Rechenregeln für Ableitungen von aus differenzierbaren Funktionen g und h zusammengesetzten Funktionen:

	$f(x)$	$f'(x)$
Monome	x^b	$b\,x^{b-1}$ für alle $b \in \mathbb{R}$,
Produktregel	$g(x) \cdot h(x)$	$g'(x) \cdot h(x) + g(x) \cdot h'(x)$,
Quotientenregel	$\dfrac{g(x)}{h(x)}, \ h(x) \neq 0$	$\dfrac{g'(x) \cdot h(x) - g(x) \cdot h'(x)}{h^2(x)}$,
Kettenregel	$g(h(x))$	$g'(h(x)) \cdot h'(x)$.

Die **Umkehrfunktion** $f^{-1}(y) = x$ einer umkehrbaren differenzierbaren Funktion $f(x) = y$ ist genau dann an der Stelle $y_0 = f(x_0)$ differenzierbar, wenn $f'(x_0) \neq 0$ ist.

Wenn die Ableitung von f wieder stetig ist, nennt man die Funktion **stetig differenzierbar**.

In der Physik ist es üblich, Ableitungen nach der Zeit durch

$$\dot{x}(t) := \frac{\mathrm{d}x(t)}{\mathrm{d}t}$$

zu kennzeichnen. Außerdem können Funktionen auch von **mehreren Argumenten** abhängen, zum Beispiel:

$$f\colon D \to Z,\ (r,t) \mapsto y = f(r,t),\ \text{mit } D \subseteq (\mathbb{R} \times \mathbb{R}) \text{ und } Z \subseteq \mathbb{R}.$$

Häufig hängen physikalisch relevante Größen mehrerer Argumente dann von der Zeit t sowohl explizit, als auch implizit über ihre Abhängigkeit vom ebenfalls zeitabhängigen Ort $r(t)$, also $f(r(t),t)$, ab. Um eine Ableitung wie

$$\frac{\mathrm{d}f(r(t),t)}{\mathrm{d}t}$$

sauber zu definieren, werden wir in Matheabschnitt 12 den Begriff der totalen Ableitung einführen. Bis dahin solltest du dir vorstellen, dass eine Ableitung $\frac{\mathrm{d}}{\mathrm{d}t}$ immer alle expliziten und impliziten Abhängigkeiten der Funktion von t einbezieht.

> Gute Einführungen in die Differentialrechnung gibt es sehr viele, für die Zwecke der Mechanik erst einmal ausreichend sind beispielsweise OTTO, Kapitel 4, HOEVER(VORKURS), Kapitel 3.1, oder auch NOLTING 1, Kapitel 1.1.

Matheabschnitt 4:
Vektoren im Euklidischen Raum

Ein **Vektor v** in einem 3-dimensionalen Euklidischen Raum $\mathbb{R}^3$ ist ein durch seinen Betrag und seine Richtung festgelegtes Objekt. Wie in vielen Physikbüchern werden Vektoren auch hier durch Fettdruck von skalaren Zahlen unterschieden. Andernorts wird auch die Schreibweise $\vec{v}$ verwendet.

Meistens gibt man für jede Raumrichtung oder Komponente eine reelle Zahl als Koordinate an. Du musst also den absoluten Raum mit einem Koordinatensystem versehen, um die Lage verschiedener Vektoren zueinander angeben zu können.

Zur konkreten Darstellung eines Vektors **v** aus $\mathbb{R}^3$ sind **3-Tupel** üblich,

zum Beispiel $\mathbf{v} = \begin{pmatrix} x \\ y \\ z \end{pmatrix}$ oder $\mathbf{v}^T = (x,y,z)$. Du kannst Vektoren also in

Zeilen- oder in Spaltenform darstellen. Die Operation, die einen Spalten- in einen Zeilenvektor umwandelt und umgekehrt nennt man **Transposition**, $\mathbf{v}^T = (x,y,z)$. Solange du einen Vektor als 3-Tupel von Zahlen verstehst, ist diese Unterscheidung natürlich künstlich. Wir werden daher zwischen Spalten- und Zeilenvektoren nur unterscheiden, wenn es mathematisch notwendig ist, und dann explizit darauf hinweisen.

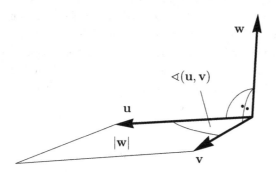

Abb. A 1.12 Zwei Vektoren $\mathbf{u}$ und $\mathbf{v}$ schließen den Winkel $\sphericalangle(\mathbf{u}, \mathbf{v})$ ein. Ihr Kreuzprodukt $\mathbf{w} := \mathbf{u} \times \mathbf{v}$ steht senkrecht auf der durch sie festgelegten Ebene. Der Betrag von $\mathbf{w}$ entspricht dem Flächeninhalt des von ihnen aufgespannten Parallelogramms

Mit Vektoren zu rechnen erfordert eine neue Definition der Grundrechenarten. Zwei Vektoren $\mathbf{u} = (u_1, u_2, u_3)^T$, $\mathbf{v} = (v_1, v_2, v_3)^T \in \mathbb{R}^3$ werden komponentenweise addiert:

$$\mathbf{u} + \mathbf{v} := \begin{pmatrix} u_1 + v_1 \\ u_2 + v_2 \\ u_3 + v_3 \end{pmatrix} \in \mathbb{R}^3.$$

Es gibt aber verschiedene Arten der Multiplikation:

Vektorprodukt $\mathbf{u} \times \mathbf{v} := \begin{pmatrix} u_2 v_3 - u_3 v_2 \\ u_3 v_1 - u_1 v_3 \\ u_1 v_2 - u_2 v_1 \end{pmatrix} \in \mathbb{R}^3$,

Skalarprodukt $\mathbf{u}^T \cdot \mathbf{v} := u_1 v_1 + u_2 v_2 + u_3 v_3 \in \mathbb{R}$,

sowie noch eine Multiplikation, die eine Zahl $\lambda \in \mathbb{R}$ mit einem Vektor $\mathbf{v} = (v_1, v_2, v_2)^T \in \mathbb{R}^3$ verknüpft mittels

$$\lambda \, \mathbf{v} := \begin{pmatrix} \lambda v_1 \\ \lambda v_2 \\ \lambda \, v_3 \end{pmatrix} \in \mathbb{R}^3.$$

Das Skalarprodukt wird mithilfe des transponierten Vektors $\mathbf{u}^T$ definiert, es ist ein Spezialfall der Matrixmultiplikation aus Matheabschnitt 10.

Das Vektorprodukt wird häufig auch **Kreuzprodukt** genannt. Der Vektor $\mathbf{w} := \mathbf{u} \times \mathbf{v}$ steht im Raum senkrecht auf $\mathbf{u}$ und $\mathbf{v}$, vergleiche Abbildung A 1.12. Wenn bereits $\mathbf{u}$ und $\mathbf{v}$ einen rechten Winkel einschließen, bilden die drei Vektoren ein **Rechtssystem**, das heißt, $\mathbf{u}$, $\mathbf{v}$ und $\mathbf{w}$ stehen zueinander wie Daumen, Zeigefinger und abgespreizter Mittelfinger der rechten Hand („Rechte-Hand-Regel"). Wie wir prüfen können, ob zwei Vektoren zueinander senkrecht stehen, führen wir weiter unten ein.

Addition und Skalarprodukt sind wie gewohnt **kommutativ**,

$$\mathbf{u} + \mathbf{v} = \mathbf{v} + \mathbf{u} \text{ und } \mathbf{u} \cdot \mathbf{v} = \mathbf{v} \cdot \mathbf{u},$$

aber beim Vektorprodukt kommt es auf die Reihenfolge an:

$$\mathbf{u} \times \mathbf{v} = -\mathbf{v} \times \mathbf{u}.$$

Den **Betrag** $|\mathbf{u}|$ und damit die Länge eines Vektors $\mathbf{u}$ kannst du mit dem Satz des Pythagoras berechnen als $|\mathbf{u}| = \sqrt{u_1^2 + u_2^2 + u_3^2}$ oder allgemeiner über das Skalarprodukt $|\mathbf{u}| = \sqrt{\mathbf{u}^T \cdot \mathbf{u}}$. Vektoren mit Betrag 1 heißen **Einheitsvektoren**, einen Vektor der Länge 0 nennt man **Nullvektor**.

Zwei Vektoren sind genau dann senkrecht oder **orthogonal** zueinander, wenn ihr Skalarprodukt verschwindet, das heißt $\mathbf{u}^T \cdot \mathbf{v} = 0$. Allgemeiner gilt:

$$\mathbf{u}^T \cdot \mathbf{v} = |\mathbf{u}||\mathbf{v}| \cos(\sphericalangle(\mathbf{u}, \mathbf{v})).$$

Der Euklidische Raum ist ein Beispiel für das mathematische Konzept eines **Vektorraums**, auf das wir in Matheabschnitt 11 näher eingehen.

Hier wollen wir aber doch bereits den Begriff der **Basis** eines Vektorraums einführen, um die eingangs erwähnte Charakterisierung eines Vektors durch Betrag und Richtung zu konkretisieren. Eine Basis kannst du dir vorstellen als eine minimale Menge von unabhängigen (zum Beispiel orthogonalen) Vektoren, aus denen du dann alle anderen Vektoren durch Addition und Multiplikation mit Skalaren erzeugen kannst. Jede Basis eines Vektorraums hat die gleiche Anzahl von Vektoren. Für den dreidimensionalen Euklidischen Raum sind es immer genau 3, wir wollen sie mit $\mathbf{e}_1$, $\mathbf{e}_2$ und $\mathbf{e}_3$ bezeichnen.

Eine einfache spezielle Basis, die sogenannte **Standardbasis**, besteht aus den drei **Standard-Einheitsvektoren** $\mathbf{e}_x, \mathbf{e}_y, \mathbf{e}_z$, mittels derer sich alle anderen Vektoren eindeutig darstellen lassen. Wir definieren sie als

$$\mathbf{e}_x = \begin{pmatrix} 1 \\ 0 \\ 0 \end{pmatrix}, \mathbf{e}_y = \begin{pmatrix} 0 \\ 1 \\ 0 \end{pmatrix} \text{ und } \mathbf{e}_z = \begin{pmatrix} 0 \\ 0 \\ 1 \end{pmatrix},$$

sodass zum Beispiel $\begin{pmatrix} 3 \\ -5 \\ 1 \end{pmatrix} = 3\mathbf{e}_x - 5\mathbf{e}_y + \mathbf{e}_z$ eindeutig festgelegt ist. Das 3-

Tupel $(3, -5, 1)^T$ bezeichnet also einen Vektor, der in x-Richtung 3 Einheiten lang ist, in y-Richtung 5 Einheiten in Richtung der negativen y-Achse zeigt und in z-Richtung eine Länge von einer Einheit hat.

Die Zahlen x, y und z (im obigen Beispiel 3, -5 und 1) nennt man **Koordinaten** bezüglich der Standardbasis. Die Wahl einer Basis zeichnet also ein Koordinatensystem aus, wie in Abschnitt A 1.3 eingeführt.

> Ausführlicheres zu Vektoren findest du am besten erklärt bei OTTO, Kapitel 1, HOEVER(VORKURS), Kapitel 4, WELTNER 1, Kapitel 1-2, oder auch bei NOLTING 1, Kapitel 1.3.

Matheabschnitt 5:
Vektorwertige Funktionen

Als Verallgemeinerung der in Matheabschnitt 2 besprochenen Funktionen über $\mathbb{R}$ erweitern wir nun unsere Untersuchung auf Funktionen, die eine reelle Zahl auf einen Vektor abbilden:

$$\mathbf{f} : D \subseteq \mathbb{R} \to Z \subseteq \mathbb{R}^3.$$

Für $t \in D$ besteht f dann aus 3 **Komponentenfunktionen** f_k, die sich in einem Vektor zusammenfassen lassen:

$$t \mapsto \mathbf{f}(t) = (f_1(t), f_2(t), f_3(t)).$$

Viele der Begriffe, die wir bereits im Zusammenhang mit Funktionen über den reellen Zahlen kennengelernt haben, lassen sich sehr einfach mithilfe der Komponentenfunktionen auf vektorwertige Funktionen übertragen. So ist $\mathbf{f}$ genau dann stetig, wenn alle Komponentenfunktionen f_k stetig sind. Die Ableitung nach t lässt sich durch Differentiation aller Komponentenfunktionen ausführen. Streng genommen gilt dies nur, falls die Basis (siehe Matheabschnitt 4), in der der Vektor der Komponentenfunktionen angegeben wird, von t unabhängig ist. Ist dies nicht der Fall, müssen auch die Basisvektoren differenziert werden.

Klassische Beispiele für in der Physik auftretende vektorwertige Funktionen sind **Parametrisierungen von Bahnkurven**. Dabei wählst du einen reellen Parameter, häufig zum Beispiel die Zeit t oder einen Winkel φ, und nutzt ihn, um die Koordinaten eines Punktes im Raum zu beschreiben. Wenn du in der Polarkoordinatendarstellung,

$$\mathbf{r} := \begin{pmatrix} x \\ y \end{pmatrix} = \begin{pmatrix} r\cos(\varphi) \\ r\sin(\varphi) \end{pmatrix},$$

den Radius r konstant hältst, erhältst du eine Parametrisierung der Kreisbahn durch einen Winkel φ:

$$\mathbf{r}(\varphi) = (r\cos(\varphi), r\sin(\varphi)).$$

Du könntest statt des Winkels zum Beispiel auch die kartesische x-Komponente zur Parametrisierung nutzen und wegen $r^2 = x^2 + y^2$ schreiben:

$$\mathbf{r}(x) = (x, \pm\sqrt{r^2 - x^2}).$$

Dabei gilt das positive Vorzeichen für $y \geq 0$ und das negative für $y < 0$. Auch wenn du unendlich viele verschiedene Parametrisierungsmöglichkeiten hast, ist es ebenso wie bei der Wahl des Koordinatensystems sehr sinnvoll, die Parametrisierung der gegebenen Symmetrie des Systems anzupassen.

Grundsätzlich ist es in der Mechanik immer möglich, eine Bahnkurve durch die Zeit t zu parametrisieren, das heißt

$$\mathbf{r}(t) = (x(t), y(t), z(t)).$$

Weitere Beispiele für Parametrisierungen, zum Beispiel von Schraubenlinien, findest du bei KIRCHGESSNER/SCHRECK 1, Kapitel 2.1.

Natürlich gibt es auch vektorwertige Funktionen, die nicht von reellen Zahlen, sondern von Vektoren abhängen, also Funktionen

$$\mathbf{f} : D \subseteq \mathbb{R}^m \to Z \subseteq \mathbb{R}^n,$$

wobei man in der Physik häufig $n = m = 3$ hat. In diesem Fall kann man die Differentiation nicht einfach komponentenweise erklären, wir werden darauf in Pfad B in Matheabschnitt 13 zurückkommen.

Matheabschnitt 6:

Trigonometrische Funktionen

Winkelfunktionen, auch **trigonometrische Funktionen** genannt, geben die geometrischen Zusammenhänge zwischen Winkeln und Seitenverhältnissen im Dreieck an.

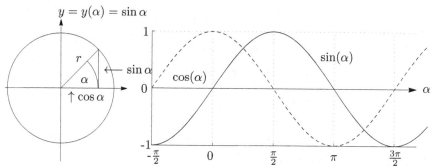

Abb. A 1.13 Sinus und Kosinus am rechtwinkligen Dreieck im Einheitskreis ($r = 1$) und entsprechend aufgetragen als Funktionen mit α als Variable. Die Periodizität der Winkelfunktionen ist gut erkennbar

Die Definitionen am rechtwinkligen Dreieck sind mit Abbildung A 1.13:

$$\textbf{Sinus} \quad \sin(\alpha) := \frac{\text{Gegenkathete}}{\text{Hypotennuse}} = \frac{b}{h},$$

$$\textbf{Kosinus} \ \cos(\alpha) := \frac{\text{Ankathete}}{\text{Hypotennuse}} = \frac{a}{h},$$

$$\textbf{Tangens} \ \tan(\alpha) := \frac{\sin(x)}{\cos(x)} = \frac{\text{Gegenkathete}}{\text{Ankathete}} = \frac{a}{b}.$$

Aus diesen Definitionen und dem Satz des Pythagoras folgt die sehr nützliche Beziehung:

$$\sin^2(\alpha) + \cos^2(\alpha) = 1.$$

Du wirst die Winkelfunktionen in der Physik aber vor allem zur **Beschreibung periodischer Bewegungen** nutzen, denn auch dafür sind sie grundlegend.

Als Funktionen von x sind sie alle periodisch mit einer **Periode** P, das heißt, es gilt $f(x+P) = f(x)$ für alle x, und somit sind sie insbesondere nicht injektiv. Es ist $P = 2\pi$ für Sinus und Kosinus und $P = \pi$ für den Tangens, siehe Abbildungen A 1.13 und A 1.14a.

In der Theoretischen Physik werden Winkel nicht in Grad, sondern im **Bogenmaß** angegeben, also die Länge des Kreisbogens im Einheitskreis.

Die Umkehrung der trigonometrischen Funktionen sind die **Arkusfunktionen**. Da die trigonometrischen Funktionen alle nicht injektiv sind, kannst du immer nur eingeschränkte Teilbereiche umkehren:

$$\sin(x) \text{ mit } x \in \left[-\frac{\pi}{2}, \frac{\pi}{2}\right] \Rightarrow \textbf{Arkussinus: } \arcsin(x) : [-1, 1] \to \left[-\frac{\pi}{2}, \frac{\pi}{2}\right],$$

$\cos(x)$ mit $x \in [0, \pi]$ $\Rightarrow$ **Arkuskosinus**: $\arccos(x) : [-1, 1] \to [0, \pi]$,

$\tan(x)$ mit $x \in \left[-\dfrac{\pi}{2}, \dfrac{\pi}{2}\right] \Rightarrow$ **Arkustangens**: $\arctan(x) : \mathbb{R} \to \left[-\dfrac{\pi}{2}, \dfrac{\pi}{2}\right]$,

wie auch in Abbildung A 1.14b gezeigt.

Da du genauso gut auch andere Bereiche als Definitionsmenge der Um-
kehrfunktionen gewählt haben könntest, nennt man die hier vorgestellten zur
Unterscheidung **Hauptzweige** der Arkusfunktionen.

> Eine gute Wiederholung der trigonometrischen Grundlagen und auch ei-
> ne Einführung in die nützlichen **Additionstheoreme** bieten zum Beispiel
> JÄNICH 1, Kapitel 1.6, HOEVER(VORKURS), Kapitel 2.5 oder WELTNER 1, Ka-
> pitel 3.3.

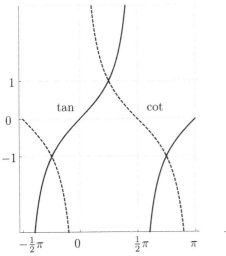

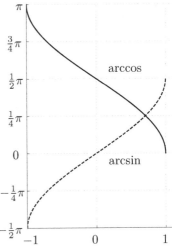

(a) Tangens und Kotangens   (b) Arkussinus und Arkuskosinus

Abb. A 1.14 Die Hauptzweige von Tangens und Kotangens und der Arkusfunktionen

A 2 Ursachen der Bewegung

Ziel der klassischen Mechanik ist nicht nur die kinematische Beschreibung von Bewegungen, sondern vor allem auch die Rückführung auf möglichst wenige, allgemeine Grundsätze, die man dann **Naturgesetze** nennt.

Häufig wird das als die Frage nach dem „Warum" der Bewegung bezeichnet. Das ist aber streng genommen eine Frage, die außerhalb der Möglichkeiten und des Anspruchs der Physik liegt. Dennoch ist die Formulierung möglichst einfacher und – nach aller bisherigen Erfahrung in einem bestimmten Anwendungsbereich – allgemein gültiger Naturgesetze ausgesprochen nützlich, um aus ihnen wiederum Eigenschaften komplizierterer, noch nie untersuchter Naturvorgänge abzuleiten. In diesem Sinne versteht man diese Gesetze dann als die **Ursachen der Bewegung**.

> Mehr erkenntnistheoretische Gedanken findest du bei NOLTING 1, Kapitel 2.2, und bei EMBACHER 1, Kapitel 1.2. Auch die Ausführungen in älteren Werken wie bei GUMMERT/RECKLING, Kapitel 1.1, und bei FALK/RUPPEL, Kapitel 1, können von Interesse sein.

A 2.1 Begriffe für die Untersuchung von Bewegungen

Zusätzlich zu den anschaulichen, aus dem Alltag vertrauten Größen Raum, Zeit und Objekt aus Kapitel A 1 benötigst du zur Formulierung der Naturgesetze noch weitere, **abstraktere Begriffe**, die keine direkte Anschauung haben, sich aber für die Entwicklung der Physik als praktisch erweisen. Im Laufe der Zeit wirst du auch für sie ein Gefühl entwickeln. Sie wurden erstmals von Newton in ihrer heutigen Bedeutung verwendet.

Eine für das konzeptionelle Verständnis bedeutende Größe in der ganzen Physik ist der **Impuls p** eines Objekts. Er ist definiert als das Produkt zweier dir schon bekannter Größen, der Masse und der Geschwindigkeit:

$$\mathbf{p} := m \cdot \mathbf{v}.$$

Diese zusätzliche Begriffsbildung mag dir zunächst überflüssig erscheinen, wird sich aber im Weiteren als ausgesprochen nützlich erweisen. Diese Größe ist so grundlegend, dass sie bei Newton schlicht „Bewegung" heißt. Wir verwenden auch das Wort **Bewegungszustand**.

Die Ursachen für die Bewegung eines Körpers liegen in der Physik immer in der **Wechselwirkung** mit seiner Umgebung, das heißt mit anderen Objekten. Das schließt insbesondere auch die Möglichkeit der Abwesenheit einer solchen Wechselwirkung mit ein.

Diese Wechselwirkungen stellt man sich am einfachsten durch Kräfte vermittelt vor. Der Begriff der **Kraft** ist ebenfalls rein abstrakt. Eine Kraft kann nicht durch direkte Sinneswahrnehmung definiert werden, sondern nur indirekt durch ihre Auswirkungen auf den Bewegungszustand eines Körpers. Die vage Bezeichnung Wechselwirkung wird also als Kraft mathematisch greifbar gemacht.

Eine wichtige Beobachtung dabei ist, dass die Kraft eines Körpers auf einen anderen immer eine **vektorielle Größe** ist, also insbesondere eine Richtung hat. Zieht beispielsweise eine Lokomotive an einem Waggon, ändert sich dessen Bewegung entsprechend in ihre Richtung. Genauso ist die Gravitationskraft der Erde zu ihrem Mittelpunkt gerichtet, sodass unter ihrem Einfluss alle Objekte „nach unten" fallen.

Darüber hinaus ändert sich die Bewegung des Waggons mehr oder weniger, je nachdem wie stark die Lok zieht. Die Stärke der Kraft (mathematisch der Betrag des Kraftvektors) hängt also mit der zeitlichen **Änderung des Bewegungszustands** zusammen, die bei gleichbleibender Masse gerade der Beschleunigung entspricht. Der mathematische Ausdruck für eine Kraft ist aber nichts absolut Festes, je nach Wahl des beschreibenden Koordinatensystems ändert sich nämlich auch die mathematische Beschreibung des Bewegungszustands eines Körpers.

Wichtig zur Charakterisierung des Kraftbegriffs ist daher vor allem auch der **kräftefreie Körper**, der keinerlei äußeren Einflüssen unterliegt und daher seinen Bewegungszustand nicht ändert. Dies ist immer eine Idealisierung, die genau dann sinnvoll ist, wenn die Wechselwirkung mit der Umgebung nur vernachlässigbar kleine Effekte hat, wie zum Beispiel beim (nahezu reibungsfreien) Gleiten von Schlittschuhen auf dem Eis.

Üblicherweise benutzt man das Symbol **F** zur Bezeichnung einer Kraft. Die Kräfte auf einen Körper können im Allgemeinen von den kinematischen Größen

Zeit, Ort und Geschwindigkeit eines sich auf der Trajektorie $\mathbf{r}(t)$ bewegenden Teilchens abhängen:

$$\mathbf{F} = \mathbf{F}(t, \mathbf{r}(t), \dot{\mathbf{r}}(t)).$$

In Abschnitt A 2.2 wirst du sehen, warum es nicht sinnvoll wäre, das Konzept der Kräfte so einzuführen, dass sie von Masse und Beschleunigung des Körpers abhingen, auf den sie einwirken.

Die Überlegung, was eine Kraft denn nun eigentlich ist, stellt auch der berühmte Nobelpreisträger Richard Feynman in seinen beliebten Vorlesungen über Physik, FEYNMAN 1, Kapitel 12.1, an. Diese sind auch generell eine empfehlenswerte Lektüre, wenn du einen lebendigen Einstieg ins Physikstudium suchst. Anschauliche Diskussionen des Begriffs findest du auch bei DREIZLER/LÜDDE 1, Kapitel 3.1.1, und bei DEMTRÖDER 1, Kapitel 2.5.

A 2.2   Newtonsche Bewegungsgesetze

Aus den oben angestellten Überlegungen zum Kraftbegriff und einigen weiteren Naturbeobachtungen kann man bereits auf die Naturgesetze der Mechanik schließen, die **Newtonschen Gesetze**. So kurz unsere folgende Argumentation auch ist, so gewaltig war die gedankliche Leistung Isaac Newtons und seiner Zeitgenossen, die den Beginn der Entwicklung unseres heutigen physikalischen Weltbildes bedeutete. Es ist durchaus interessant, einmal einen Blick in den originalen Text zu werfen, auf deutsch online zum Beispiel in NEWTON, S. 32.

Die berühmte Anekdote, dass ein vom Baum fallender Apfel Newton die **Prinzipien der Mechanik** erkennen ließ, ist tatsächlich ein guter Startpunkt für eigene Überlegungen. Aus der – idealisierten – Existenz der kräftefreien Körper und der Erfahrung, dass zum Beispiel ein ruhig hingelegtes Buch nie plötzlich von alleine anfängt sich zu bewegen, kannst du das Folgende als erstes Gesetz ableiten.

Ein Massepunkt, auf den keine Kraft einwirkt, verbleibt in Ruhe – oder er bewegt sich mit konstantem Impuls! Denn ob ein solcher kräftefreier Massepunkt mit konstanter Masse nun **ruht** oder sich **geradlinig gleichförmig** ($\mathbf{p} = $ const.) bewegt, ist nur eine Frage der Wahl des Koordinatensystems. Eine geradlinig gleichförmige Bewegung ist gleich einer Bewegung mit einer Geschwindigkeit, die weder ihren Betrag noch ihre Richtung ändert, also in beidem konstant ist. Liegt das Buch in einem Zug, wird ein Passagier sagen, es ruhe. Du auf dem Bahnsteig hingegen denkst, es hätte die Geschwindigkeit des Zuges.

Eine exakte Formulierung dieses bereits Galilei bekannten Prinzips heißt

Erstes Newtonsches Gesetz – Trägheitsprinzip

Es gibt Koordinatensysteme, in denen sich jeder kräftefreie Massepunkt **geradlinig gleichförmig bewegt** oder **ruht**. Diese besonders wichtigen Koordinatensysteme werden **Inertialsysteme** genannt.

Die aus dem Lateinischen stammende Bezeichnung Inertialsystem bedeutet nichts anderes als Trägheitssystem. Mit der Trägheit eines Körpers ist sein Beharrungsvermögen gegen Veränderungen seines Bewegungszustands gemeint.

Eine naheliegende Frage ist, was mit dem Buch passiert, wenn nun doch eine Kraft wirkt, du es also zum Beispiel hochhebst. Bei der Lok, die den Waggon zieht, hatten wir bereits gesehen, dass die Stärke der wirkenden Kraft mit der Beschleunigung eines Objekts in Verbindung steht. Die Alltagserfahrung zeigt dir zudem, dass du unterschiedlich schwere Bücher mit der gleichen Anstrengung nicht gleich schnell hochheben kannst. Die **Masse** hat hier also die Rolle eines **Trägheitswiderstands**. Die genaue Form und Beschaffenheit des Buches scheinen hingegen keine wichtige Rolle zu spielen.

Bei genauerer experimenteller Untersuchung dieser Abhängigkeiten, wie zum Beispiel bei BRANDT/DAHMEN 1, Kapitel 2.4, oder in jedem Lehrbuch der Experimentalphysik erläutert, findest du als einfachen Zusammenhang ein

Zweites Newtonsches Gesetz – Aktionsprinzip

Die Bewegung eines Massepunkts und damit sein Impuls ändert sich zeitlich proportional zur wirkenden Kraft und in Richtung ihrer Wirkung,

$$\mathbf{F} = \dot{\mathbf{p}} = \frac{\mathrm{d}}{\mathrm{d}t}(m \cdot \dot{\mathbf{r}}). \tag{A 2.1}$$

Häufig ändert sich die Masse mit der Zeit nicht, dann gilt das vereinfachte Gesetz

$$\mathbf{F} = m\,\ddot{\mathbf{r}} = m\,\mathbf{a}, \tag{A 2.2}$$

das auch als **Hauptsatz der Mechanik** bezeichnet wird, da es den meisten Anwendungen zugrunde liegt.

Besondere Beachtung verdient das Gleichheitseichen „=" in der mathematischen Formulierung, denn experimentell kannst du nur die Proportionalität zwischen der Impulsänderung und der ausgeübten Kraft zeigen. Tatsächlich definiert man gerade die etwaige Proportionalitätskonstante als 1 und legt erst dadurch einen genauen Zahlenwert für die Kraft fest. Diese Wahlfreiheit entsteht, weil du **gleichzeitig Kraft und Masse** einführen musst und dadurch die Beziehung dieser Größen zueinander frei wählbar ist. Sinnvollerweise wählst du diese dann möglichst einfach. Hast du das Verhältnis von Masse und Kraft aber einmal festgelegt, dann definiert der unabhängig davon messbare Wert der Beschleunigung $\mathbf{a} = \frac{\mathbf{F}}{m}$ eine Messskala für Kräfte in Einheiten der Masse.

Da die Masse eines Objekts im Gegensatz zu den Kräften eine feste, absolute Größe ist, sollte es eine gute Theorie ermöglichen, diese auch für sich genommen messen zu können. Dabei hilft eine dritte Beobachtung aus dem Alltag. Betrachten wir noch einmal das Beispiel der Lok, die einen Waggon zieht und so eine Kraft auf ihn ausübt, die seinen Bewegungszustand ändert. Du kannst dich genauso gut fragen, ob nicht auch der Waggon eine Kraft auf die Lok ausübt und sie so daran hindert, bei gleichem Kraftaufwand schneller zu fahren. Dies ist auch tatsächlich der Fall – beide Kräfte sind gleich groß, das heißt, die Kraftvektoren haben den gleichen Betrag, wirken aber in der Richtung einander genau entgegengesetzt. Die zwei Kräfte heben sich also genau auf und machen so aus dem Gesamtzug ein kräftefreies Objekt, das gemäß dem Trägheitsgesetz geradlinig gleichförmig weiterfährt.

Diese dritte Beobachtung ist bekannt als

Drittes Newtonsches Gesetz – Reaktionsprinzip

Übt ein Massepunkt mit Masse m_1 auf einen anderen der Masse m_2 die Kraft $\mathbf{F_{12}}$ aus, so übt auch m_2 auf m_1 eine Kraft $\mathbf{F_{21}}$ aus, für die gilt

$$\mathbf{F_{21}} = -\mathbf{F_{12}}. \qquad (A\ 2.3)$$

Dieses Prinzip ist auch in der lateinischen Formulierung „actio = reactio" bekannt.

Wenn du die Gleichungen (A 2.2) und (A 2.3) kombinierst, erhältst du

$$m_2\mathbf{a_2} = -m_1\mathbf{a_1} \Rightarrow m_2 = m_1 \frac{|\mathbf{a_1}|}{|\mathbf{a_2}|},$$

sodass der Zahlenwert der Masse m_2 vollständig durch die Masse m_1 und die Beträge der Beschleunigungen festgelegt ist, Kräfte kommen keine mehr vor. Durch Festlegung einer **Urmasse** sind also die Zahlenwerte aller anderen Massen eindeutig bestimmbar, wie wir es von einer guten Theorie erwarten.

Die Newtonschen Gesetze sind die Grundlage der ganzen klassischen Mechanik, es lohnt sich, dass du sie dir einprägst, zum Beispiel so:

Das erste Gesetz beschreibt, was los ist, wenn nichts los ist, das zweite, wenn es eine Einwirkung von außen gibt, und das dritte, wie auf diese Einwirkung reagiert wird. Damit sind im Prinzip alle Fälle des (klassischen!) Lebens abgedeckt.

Aus unserer obigen Beobachtung, dass Kräfte sich wie Vektoren verhalten, folgt auch noch sofort ein viertes zum Gesetz erhobenes Prinzip, genannt

Viertes Newtonsches Gesetz – Superpositionsprinzip

Alle auf einen Massepunkt einwirkenden Kräfte $\mathbf{F}_1, \mathbf{F}_2, \ldots, \mathbf{F}_n$ addieren sich zu einer **Gesamtkraft**:

$$\mathbf{F}_{ges} = \mathbf{F}_1 + \mathbf{F}_2 + \ldots + \mathbf{F}_n = \sum_{k=1}^{n} \mathbf{F}_k.$$

Sie überlagern sich, sie „superponieren", was manchmal auch **Prinzip der ungestörten Überlagerung** genannt wird.

Eine gute und sehr ausführliche Einführung und Diskussion der Newtonschen Gesetze findet sich auch bei NOLTING 1, Kapitel 2.2.1. Anschaulich und auch ihre Entstehungsgeschichte beleuchtend sind sie bei DREIZLER/LÜDDE 1, Kapitel 3.1.4-6, dargestellt.

Die Newtonschen Gesetze werden in den meisten Lehrbüchern (auch denen der Experimentalphysik) als Axiome bezeichnet und fallen als Definitionen „vom Himmel". Wenn du aber – wie hier geschehen – ähnlich wie Newton vorgehst, leitest du sie **induktiv** aus der Naturbeobachtung ab, sie sind also Produkt vorheriger Handlungen und daher keine Definitionen.

Die Theoretische Physik entfernt sich meist schnell von den experimentellen Ursprüngen, und auch wir werden die gefundenen Gesetze in den Pfaden B und C als **mathematische Axiome** behandeln. Du solltest aber immer im Hinterkopf behalten, dass diese Grundgleichungen der Mechanik im Gegensatz zu freien Definitionen in der Mathematik eine physikalische Motivation haben.

A 2.3   Lösung einfacher mechanischer Probleme

In der praktischen Anwendung der Newtonschen Mechanik ist meistens das Ziel, aus einer gegebenen Kraft $\mathbf{F}$ für einen Massepunkt m die **Bahnkurve r** zu **bestimmen**. Da du sicherlich bei der Lösung nicht jedes Mal ganz von vorn beginnen willst, ist es sinnvoll, sich vorab einige generelle Gedanken zu machen.

Jede Bahnkurve ergibt sich als Lösung einer **Bewegungsgleichung**, die das Verhalten eines Massepunkts zu allen Zeiten und an allen Orten festlegt. Dieses Verhalten wird von der auf das Teilchen wirkenden Kraft $\mathbf{F}(t, \mathbf{r}, \dot{\mathbf{r}})$ bestimmt. Diese muss dazu auf der konkreten Trajektorie $\mathbf{r}(t)$ ausgewertet werden.

Diese Bewegungsgleichung muss also die bestimmenden Eigenschaften des Massepunkts (Masse, Zeit, Ort und dessen Ableitungen nach der Zeit) und die wirkende Kraft zueinander in Beziehung setzen. Da in ihr folglich Ableitungen vorkommen, ist sie immer eine sogenannte **Differentialgleichung**.

Zur genauen Definition des Begriffs Differentialgleichung kannst du Matheabschnitt 7 nachschlagen. Dort besprechen wir auch erste Lösungsmethoden für einfache Fälle.

Wenn du die Bewegungsgleichung einmal gefunden hast, ist die Bestimmung aller möglichen Bahnkurven dann nur noch eine immer gleich ablaufende mathematische Prozedur. Diese kann sich in der Praxis gleichwohl als schwierig oder sogar undurchführbar herausstellen. Es lohnt sich daher, möglichst **allgemeine Lösungen** zu suchen, um sich keine doppelte Arbeit zu machen. Vorgegebene **Parameter**, wie zum Beispiel m, t_0, $\mathbf{r}_0$ und $\mathbf{v}_0$, solltest du dann erst am Schluss der Rechnung in dein Ergebnis einsetzen, um die ganz bestimmte Bahnkurve zu erhalten, die sich eben aus den Anfangswerten ergibt.

Das Aufstellen der Bewegungsgleichung ist in der Newtonschen Formulierung der Mechanik eine sehr einfache Angelegenheit, es handelt sich naheliegenderweise um das Aktionsgesetz (A 2.1) beziehungsweise (A 2.2), das alle relevanten Größen miteinander verbindet:

$$\mathbf{F}(t, \mathbf{r}, \dot{\mathbf{r}}) = m\ddot{\mathbf{r}}(t).$$

Physikalisch interessant sind natürlich nur die Kräfte, die in der Natur auch auftreten. Sie lassen sich gewissen Typen zuordnen, die dann eine bestimmte mathematische Behandlung erlauben. Ziel ist es also, wie immer in der Physik, viele Einzelfälle auf ihre Gemeinsamkeiten hin zu untersuchen und sich diese zunutze zu machen. Das Vorgehen, mit Kräften die Ursachen für Bewegungen zu beschreiben, ist also ein schönes Beispiel für unseren zu Beginn formulierten Anspruch. Mittels eines möglichst allgemeinen Gesetzes und einer überschaubaren Anzahl von konkreten Ausprägungen (in diesem Fall für $\mathbf{F}$) beschreiben wir physikalische Systeme.

A 2.3.1 Beispiele für Kräfte

Federkraft

Ein einfaches Beispiel einer **ortsabhängig**en Kraft ist die **Federkraft**, die die Wirkung der Verformung vieler elastischer Körper, zum Beispiel von Stahlfedern, gut beschreibt. Wird die Feder ausgelenkt, wirkt eine lineare Kraft entlang der Auslenkungsrichtung:

$$\mathbf{F}_k(\mathbf{r}) := -k\,\mathbf{r},$$

die der Auslenkung entgegenwirkt (daher das „$-$"). Die Federkonstante k ist dabei eine experimentell zu bestimmende Eigenschaft der verwendeten Feder. Die Annahme, dass die Rückstellkraft einfach eine lineare Funktion in $\mathbf{r}$ sei, ist eine grobe Idealisierung, die aber insbesondere für kleine Auslenkungen gut gerechtfertigt ist. Dieser Spezialfall wird auch **Hookesches Gesetz** genannt, zu seiner Anwendung siehe Abschnitt 4.4.

Natürlich bietet es sich an, das Koordinatensystem so zu wählen, dass die Auslenkungsrichtung und eine Koordinatenachse zusammenfallen, sodass zum Beispiel $\mathbf{F}_k(x) = -k\,x\,\mathbf{e}_x$.

Zentralkraft

Eine **Zentralkraft** ist eine Kraft, die radial von einem Mittelpunkt bei $\mathbf{r} = \mathbf{0}$ nach außen oder von dort weg wirkt. Sie wird am einfachsten in Kugelkoordinaten beschrieben,

$$\mathbf{F}_Z(t, \mathbf{r}, \dot{\mathbf{r}}) := f(t, \mathbf{r}, \dot{\mathbf{r}})\,\mathbf{e}_r,$$

wobei f eine beliebige Funktion von Ort, Geschwindigkeit und Zeit ist. In Anwendung 4.5 und Aufgabe 5.3 gehen wir näher auf generelle Eigenschaften von Zentralkräften ein.

Gravitation

Das wichtigste Beispiel einer Zentralkraft, das in der Mechanik eine große Rolle spielt, ist die gegenseitige Anziehung der Massen: **Gravitation** beziehungsweise **Schwerkraft**. Die Masse eines Körpers gibt nämlich neben seinem Trägheitswiderstand auch sein Vermögen an, andere Massen anzuziehen und von ihnen angezogen zu werden. Die **Massenanziehung** ist eine Eigenschaft der Masse, die man aus der Naturbeobachtung abgeleitet hat. Sie kann nicht aus anderen Annahmen gefolgert werden und ist daher ein weiteres Naturgesetz der Mechanik.

Je größer die Massen zweier Körper sind, desto stärker ziehen sie sich an, $\mathbf{F} \sim m_1 m_2$. In unserem Alltag spielt wegen ihrer im Vergleich riesigen Masse M_E nur die Anziehung durch die Erde eine spürbare Rolle, die sogenannte **Erdanziehungskraft**. Experimentell findet man, dass die Masse eines auf die Erde fallenden Körpers die entscheidende Eigenschaft ist und diese proportional eingeht,

$$\mathbf{F}_E := m\,g\,\mathbf{e}_r,$$

wobei m die Masse der angezogenen Objekte bezeichnet und daher der eingeführte Proportionalitätsfaktor $g < 0$ die Dimension einer Beschleunigung hat. Experimente zur Gravitation der Erde zeigen, dass die Erdanziehung immer zum Mittelpunkt der Erde gerichtet ist, du kannst die Erde als Massepunkt idealisieren.

Aus der Beobachtung der Himmelskörper hat Kepler erkannt, dass die Stärke der Gravitation wie $1/r^2$ abnimmt, wobei $r := |\mathbf{r}|$ der Abstand zweier Massen ist. In Aufgabe 5.5.4 gehen wir den umgekehrten Weg und leiten die von ihm experimentell gewonnenen Keplerschen Gesetze, die ihn zu dieser Erkenntnis brachten, aus dem Gravitationsgesetz, siehe Gleichung (A 2.4), her.

Es ergibt sich damit für den **Erdbeschleunigung** genannten Faktor:

$$g\,\mathbf{e}_r := -G\,\frac{M_E}{r^2}\,\frac{\mathbf{r}}{r},$$

wobei das „–" wie bei der Federkraft widerspiegelt, dass die Gravitation einer Entfernung von der Erde entgegenwirkt. G ist die experimentell zu bestimmende, allgemeine **Gravitationskonstante**. Sie gibt dir die relative Stärke der Schwerkraft an, das heißt, welcher Zahlenwert sich für $\mathbf{F_E}$ ergibt, wenn man Zahlenwerte für die Massen wie in Gleichung (A 2.2) festgelegt hat.

Diese Beobachtungen lassen sich ganz generell für die Gravitation zwischen zwei Massepunkten verallgemeinern. Du erhältst das **Newtonsche Gravitationsgesetz**,

$$\mathbf{F}_{12}^{G}(\mathbf{r}_{12}) := -G\,\frac{m_1 m_2}{r_{12}^3}\mathbf{r}_{12}, \tag{A 2.4}$$

wobei $\mathbf{r}_{12}$ den Ortsvektor zwischen den zwei Massepunkten bezeichnet. Hier wird auch die Spiegelsymmetrie der Gravitation deutlich. Eine Vertauschung der Punkte 1 und 2 ändert nichts am Betrag der Kraft zwischen ihnen, sondern spiegelt nur deren Richtung, wie es wegen des Reaktionsprinzips zu erwarten ist.

Die zwei verschiedenen Bedeutungen und Auswirkungen (Trägheit und Gravitation) der Masse klären wir noch einmal eingehender in Abschnitt B 2.2.

> Der Weg zum Gravitationsgesetz wird gut verständlich und detailliert bei Rebhan 1, Kapitel 2.3 beschrieben.

Reibung

Im Allgemeinen kompliziert und wegen geringer Auswirkungen häufig vernachlässigbar sind **Reibungskräfte**, die von der Geschwindigkeit des bewegten Körpers abhängen. Sie sind ihr stets entgegengerichtet, bremsen also seine Bewegung ab,

$$\mathbf{F}_R(t, \mathbf{r}, \dot{\mathbf{r}}) := -f(t, \mathbf{r}) \cdot \dot{\mathbf{r}},$$

wobei f eine beliebige Funktion von Ort und Zeit ist. Je nach Ansatz für f ergeben sich wieder mehrere Typen von Reibungskräften.

> Beispiele dafür und wie du Reibungsphänomene beschreiben kannst, findest du bei Nolting 1, Kapitel 2.3.3, und bei Kuypers, Kapitel 6.1.

Lorentzkraft

Eine Kraft aus dem Bereich der Elektrodynamik ist die rein geschwindigkeitsabhängige **Lorentzkraft**, die auf ein Teilchen mit der elektrischen Ladung q in einem Magnetfeld $\mathbf{B}$ wirkt:

$$\mathbf{F}_L(\dot{\mathbf{r}}) := q(\dot{\mathbf{r}} \times \mathbf{B}). \tag{A 2.5}$$

Sie ist zwar kein Untersuchungsgegenstand der Mechanik, hat aber interessante Eigenschaften, weil sie senkrecht zur Geschwindigkeit des Teilchens wirkt, vergleiche Abschnitt A 3.1.1.

A 2.3.2   Arbeiten mit Bewegungsgleichungen

Lösung einer allgemeinen Bewegungsgleichung

Um zu zeigen, wie nützlich das Rechnen mit allgemeinen Gesetzen ist, führen wir das Aufstellen und die Lösung einer Bewegungsgleichung einer Punktmasse für eine **beliebige, nur ortsabhängige Kraft** vor. Diese Rechnung führt auch einige wichtige neue Begriffe ein und kann dir gut als Muster für eigene Überlegungen, zum Beispiel beim Lösen von Aufgaben in Kapitel 5, dienen.

Sei also $\mathbf{F}(t, \mathbf{r}(t), \dot{\mathbf{r}}(t)) = \mathbf{F}(\mathbf{r}(t))$ eine solche, nur vom Ortsvektor der Bahnkurve abhängige Kraft. Dann lässt sich die Newtonsche Bewegungsgleichung (A 2.2) wie folgt umformen:

$$m\ddot{\mathbf{r}}(t) = \mathbf{F}(\mathbf{r}(t)) \quad \Rightarrow \quad m\ddot{\mathbf{r}}(t) \cdot \dot{\mathbf{r}}(t) = \mathbf{F}(\mathbf{r}(t)) \cdot \dot{\mathbf{r}}(t). \tag{A 2.6}$$

Die skalare Multiplikation mit der Geschwindigkeit ist ein häufig verwendeter Trick, um dann beide Seiten der Gleichung als totale Zeitableitung schreiben zu können, über die man schließlich integrieren kann. Das Lösen von Differentialgleichungen beruht letztlich immer auf Integration, um die Ableitungen „loszuwerden". Mit totaler Zeitableitung ist gemeint, dass ein Ausdruck nach allen Zeitabhängigkeiten abgeleitet wird, auch bei verketteten Funktionen wie $\frac{\mathrm{d}}{\mathrm{d}t}\mathbf{F}(\mathbf{r}(t))$. In Pfad B, Matheabschnitt 12, wird dieser Begriff noch exakter eingeführt.

Zur konkreten Lösung eines Problems mit einer zweiten Ableitung sind immer zwei Anfangsbedingungen nötig, es seien daher für Ort und Geschwindigkeit zu Beginn der Bewegung diese festen Werte angenommen:

$$\mathbf{r}(t_0) = \mathbf{r}_0 \quad \text{und} \quad \dot{\mathbf{r}}(t_0) = \mathbf{v}_0.$$

Wir beschränken uns hier auf eine räumliche Dimension und ersetzen $\mathbf{r}(t) \mapsto x(t)$. Die Verallgemeinerung auf drei Dimensionen benötigt etwas mehr Sorgfalt und wird in Abschnitt B 2.3.2 behandelt. Am besten formst du Gleichung (A 2.6) weiter um, indem du auf der linken Seite die Kettenregel anwendest und rechts die Bahnkurve mit der Zeit parametrisierst. Schließlich wendest du den Hauptsatz der Differential- und Integralrechnung an, siehe Matheabschnitt 7, und erhältst

$$\begin{aligned} m\ddot{x}(t)\frac{\mathrm{d}x(t)}{\mathrm{d}t} &= F\left(x(t)\right)\frac{\mathrm{d}x(t)}{\mathrm{d}t} \\ \Rightarrow \frac{1}{2}m\frac{\mathrm{d}}{\mathrm{d}t}\dot{x}^2(t) &= \frac{\mathrm{d}}{\mathrm{d}t}\int_{t_0}^{t} F\left(x(t')\right)\frac{\mathrm{d}x(t')}{\mathrm{d}t'}\mathrm{d}t'. \end{aligned} \tag{A 2.7}$$

Wir führen noch die folgende geschickte Definition ein:

$$V(x(t)) := -\int_{t_0}^{t} F\left(x(t')\right) \frac{\mathrm{d}x(t')}{\mathrm{d}t'} \mathrm{d}t' + V(x(t_0))$$

$$= -\int_{x_0}^{x(t)} F(x')\mathrm{d}x' + V(r_0), \tag{A 2.8}$$

bei der wir die Substitutionsregel verwendet haben und rechts das Integral über die konkrete Bahnkurve statt über die Zeit parametrisiert wurde. Die Addition des konstanten Terms $V(r_0)$ ergibt sich aus dem Hauptsatz der Differential- und Integralrechnung und ermöglicht später eine einfachere, mathematische Anpassung von V an spezifische Gegebenheiten. Da uns nur die Ableitung von V interessiert, fällt er in der physikalischen Bewegungsgleichung ohnehin wieder heraus.

Damit kannst du dann Gleichung (A 2.7) in eine sehr kompakte Form bringen, nämlich

$$\frac{m}{2}\frac{\mathrm{d}}{\mathrm{d}t}\dot{x}^2(t) = -\frac{\mathrm{d}}{\mathrm{d}t}V(x(t)). \tag{A 2.9}$$

Die zwei Minuszeichen könntest du genauso gut auch weglassen, aber es ist aus historischen Gründen üblich, V mit dem „$-$" zu definieren. Das Ziel dieser Umformungen ist, auf beiden Seiten eine Zeitableitung stehen zu haben. Den sich dadurch auf der rechten Seite ergebenden komplizierten Ausdruck haben wir vorübergehend in $V(x(t))$ „versteckt".

Zur konkreten Lösung fehlen nur noch wenige Schritte. Aus Gleichung (A 2.9) folgt zunächst

$$\frac{\mathrm{d}}{\mathrm{d}t}\left(\frac{m}{2}\frac{\mathrm{d}}{\mathrm{d}t}\dot{x}^2(t)\right) = -\frac{\mathrm{d}}{\mathrm{d}t}V(x(t)), \tag{A 2.10}$$

$$\text{mit } V(x(t)) := -\int_{x(t_0)}^{x(t)} F\left(x'\right)\mathrm{d}x' + V(x(t_0)).$$

Im eindimensionalen Fall ist V also einfach eine Stammfunktion von F, was die Rechnung sehr vereinfacht.

Gleichung (A 2.10) kannst du jetzt leicht über die Zeit von einem beliebigen Startzeitpunkt t_0 bis zur Zeitvariablen t integrieren, denn auf beiden Seiten steht vorne eine totale Zeitableitung,

$$\Rightarrow \frac{m}{2}\int_{t_0}^{t}\frac{\mathrm{d}}{\mathrm{d}t'}\dot{x}^2(t')\mathrm{d}t' = -\int_{t_0}^{t}\frac{\mathrm{d}}{\mathrm{d}t'}V(x(t'))\mathrm{d}t'$$

$$\Leftrightarrow \frac{m}{2}\left(\dot{x}^2(t) - \dot{x}^2(t_0)\right) = -V(x(t)) + V(x(t_0)),$$

$$\Leftrightarrow \frac{m}{2}\left(\frac{\mathrm{d}x}{\mathrm{d}t}\right)^2 = E - V(x(t)), \tag{A 2.11}$$

wobei

$$E := \frac{m}{2}\dot{x}^2(t_0) + V(x(t_0)) =: \frac{m}{2}v_0^2 + V(x_0)$$

die Integrationskonstante bezeichnet. Diese Differentialgleichung enthält nur noch die erste Zeitableitung, daher kannst du sie mittels der nützlichen Methode der **Trennung der Variablen** lösen (vergleiche Matheabschnitt 8), indem du so umformst, dass auf der einen Seite nur noch Ausdrücke von t und dt stehen und auf der anderen entsprechend von x und dx.

Es ergibt sich:

$$dt = \frac{dx}{\sqrt{\frac{2}{m}(E - V(x))}} \Rightarrow t - t_0 = \int\limits_{x_0}^{x(t)} \frac{dx'}{\sqrt{\frac{2}{m}(E - V(x'))}},$$

wobei im letzten Schritt die verkürzte Schreibweise aus Matheabschnitt 8 verwendet wurde.

Aus Sicht der Physik hast du das Problem damit gelöst, denn das konkrete Ausrechnen des Integrals für ein bestimmtes V, und damit eine bestimmte Kraft, ist „nur" noch Rechenarbeit. Du erhältst einen Ausdruck $t(x)$, den du für konkretes V in die gesuchte Bahnkurve $x(t)$ umkehren kannst:

$$t(x) = t_0 + \int\limits_{x_0}^{x} \frac{dx'}{\sqrt{\frac{2}{m}(E - V(x'))}}. \tag{A 2.12}$$

Es ist also nicht nötig, bei jeder physikalischen Problemstellung von vorn zu beginnen, dein Ziel sollte immer sein, so lange wie möglich den allgemeinsten Fall zu lösen, denn auf das Zwischenergebnis, in unserem Fall (A 2.12) für eindimensionale Bewegungen, kannst du dann immer wieder zurückgreifen.

Die hier eingeführten Größen V und E sind keine reinen Rechentricks, sie haben auch eine physikalische Bedeutung und werden dir beim Lösen konkreter Probleme sehr helfen, wie im Folgenden deutlich wird.

Dieses Beispiel wird sehr gut und ausführlich bei REBHAN 1, Kapitel 4.1.1, und auch bei NOLTING 1, Kapitel 2.3.9, behandelt. In Pfad B verallgemeinern wir das Vorgehen weiter.

Das Konzept der Arbeit und konservative Kräfte und ihre Potentiale

Wenn auf ein oder mehrere Teilchen, deren Bewegung du untersuchen möchtest, viele verschiedene Kräfte wirken, kann die Situation schnell unübersichtlich werden. Es wurden daher noch weitere Begriffe und Methoden zur Beschreibung von Bewegungen entwickelt. Zu ihrer Herleitung stellen wir uns die Frage, wie man den „Aufwand" oder die „Anstrengung" beim Ausführen einer Bewegung quantifizieren könnte.

Damit du dabei keine Effekte übersiehst, solltest du dir immer überlegen, welche Körper und Kräfte zu berücksichtigen sind, also Teil deines **physikalischen Systems** (der Menge aller Objekte und der Wechselwirkungen zwischen ihnen) sind. Wenn auf das System keine weitere Kraft von außen wirkt, oder anders gesagt, wenn du wirklich alle Kräfte zwischen allen Teilchen betrachtest, dann nennt man es ein **abgeschlossenes System**.

Ist das nicht der Fall, spricht man von offenen Systemen. Im Folgenden werden nur explizit zeitunabhängige Kräfte betrachtet, denn nur solche treten in abgeschlossenen mechanischen Systemen auf.

Da die klassische Mechanik den inneren Aufbau der Materie nicht berücksichtigt, ist kein klassisches physikalisches System tatsächlich abgeschlossen. Es handelt sich immer um näherungsweise abgeschlossene Modelle. Im Experiment lässt sich zum Beispiel nie komplett verhindern, dass Bewegung durch Reibung auch Wärme erzeugt, was sich nur mithilfe der Thermodynamik komplett beschreiben ließe. Da das aber meist sehr kleine Effekte sind, ist unsere Idealisierung dennoch sinnvoll.

Um die Frage nach dem Aufwand einer Bewegung beantworten zu können, führen wir den Begriff der **Arbeit** W ein, die geleistet werden muss, um einen Massepunkt unter Einfluss einer Kraft entlang eines Weges zu bewegen. Sie ist abschnittsweise definiert als das Skalarprodukt der Kraft und des betreffenden Wegstücks:

$$dW := -\mathbf{F}\left(t, \mathbf{r}(t), \dot{\mathbf{r}}(t)\right) \cdot d\mathbf{r}.$$

Das „$-$" sorgt dafür, dass die Arbeit, die man gegen eine Kraft verrichtet, eine positive Größe ist. Falls hingegen der Massepunkt durch seine Bewegung unter Krafteinfluss selbst Arbeit verrichtet, wird diese negativ gezählt.

Die insgesamt verrichtete Arbeit, wenn du einen Massepunkt auf einem bestimmten Weg S von $\mathbf{r_1}$ nach $\mathbf{r_2}$ verschiebst, ergibt sich dann als das **Kurvenintegral** entlang des Weges zu

$$W_S = -\int_S \mathbf{F}\left(t, \mathbf{r}, \dot{\mathbf{r}}\right) \cdot d\mathbf{r}. \qquad \text{(A 2.13)}$$

Was genau unter einem Kurven- oder Linienintegral zu verstehen ist und wie man es ausrechnet, klärt Matheabschnitt 9.

Eine interessante Frage der Physik in mehr als einer Raumdimension ist, ob die Arbeit vom genauen Weg S von $\mathbf{r_1}$ nach $\mathbf{r_2}$ abhängt, den das Teilchen nimmt. Sobald deine Kraft ortsabhängig ist, könnte das auf den ersten Blick immer der Fall sein. Interessanterweise verhält es sich aber oft nicht so, wir vertiefen das in Abschnitt B 2.3.2 weiter. Immer dann aber, wenn die Arbeit nicht vom Weg abhängt, kannst du eine Funktion $V(\mathbf{r})$ wie in Gleichung (A 2.8) finden, und die geleistete Arbeit ergibt sich zu

$$W_S = V(\mathbf{r}_2) - V(\mathbf{r}_1),$$

sodass der genaue Weg im Raum keine Rolle mehr spielt. Bei eindimensionalen Problemen gibt es natürlich auch nur einen möglichen Weg, und du hast in unserer Rechnung zu Beginn von Abschnitt A 2.3.2 gesehen, dass es dann auch immer eine Stammfunktion $V(x)$ gibt.

Die Funktion $V(\mathbf{r})$ wird das zugehörige **Potential** oder auch **potentielle Ener-gie** genannt, denn ein Massepunkt kann potentiell Arbeit leisten, wenn er am Ort $\mathbf{r}$ ein Potential verspürt. Beachte auch den Unterschied, dass das Potential $V(\mathbf{r})$ als Funktion für alle $\mathbf{r}$ im ganzen Raum $\mathbb{R}^3$ definiert ist, statt wie bisher nur auf einer bestimmten physikalischen Bahnkurve $\mathbf{r}(t)$.

Kräfte, für die ein Potential existiert und die nicht zeitabhängig sind, werden **konservativ** genannt.

Das Potential ist analog zu Stammfunktionen nur bis auf eine additive Kon-stante $V(\mathbf{r}_0)$ bestimmt, die bei der Ableitung nach dem Ort verschwindet, siehe Gleichung (A 2.8). Je nachdem, wo du den Nullpunkt deiner Messskala, also den Punkt, an dem $V(\mathbf{r}) = 0$ gelten soll, hinlegst, kann das Potential beliebige Zah-lenwerte haben. Daran siehst du, dass V keine messbare Größe sein kann. Die **Arbeit als Potentialdifferenz** ist hingegen eindeutig.

Ausführlich und mit schönen Beispielen beschäftigen sich DREIZLER/LÜDDE 1, Ka-pitel 3.2.3.2, und BRANDT/DAHMEN 1, Kapitel 2.8, mit dem Begriff der Arbeit.

A 2.3.3   Energie und Leistung

Was passiert mit dem Potential oder der potentiellen Energie eines Körpers, wenn er unter Krafteinwirkung Arbeit verrichtet? Die dreidimensionale Version von Glei-chung (A 2.9) für konservative Kräfte

$$\frac{m}{2}\frac{\mathrm{d}}{\mathrm{d}t}\dot{\mathbf{r}}^2(t) = -\frac{\mathrm{d}}{\mathrm{d}t}V(\mathbf{r}(t)),$$

hilft dir, diese Frage zu beantworten. Wenn sich das Potential $V(\mathbf{r})$ mit der Zeit ändert, dann entsprechend auch die linke Seite. Es ist daher sinnvoll, eine **kine-tische Energie** oder **Bewegungsenergie** als

$$T := \frac{m}{2}\dot{\mathbf{r}}^2 \tag{A 2.14}$$

zu definieren. Die potentielle Energie ändert sich also parallel zur kinetischen Ener-gie im Verlauf der Zeit. Man sagt auch, dass potentielle in kinetische Energie umgewandelt wird (oder umgekehrt). Ein solcher Vorgang verrichtet Arbeit, be-ziehungsweise im umgekehrten Fall muss Arbeit verrichtet werden.

Beim Betrachten von Gleichung (A 2.11) wird jetzt auch die Bedeutung der Konstanten E klar, sie ist gerade die Summe aus kinetischer und potentieller Energie:

$$E = \frac{m}{2}\dot{\mathbf{r}}^2 + V(\mathbf{r}). \tag{A 2.15}$$

Man spricht meist in Kurzform von der **Gesamtenergie** $E = T + V$.

Für experimentelle Betrachtungen ist oft noch der Begriff der **Leistung** P nütz-lich. Er bezeichnet die momentane Arbeit, die beim Verschieben eines Massepunkts entlang eines Weges S verrichtet wird, geteilt durch die dazu benötigte Zeitspanne Δt, also im Grenzwert

$$
\begin{aligned}
P := \frac{\mathrm{d}W}{\mathrm{d}t} &= -\frac{\mathrm{d}}{\mathrm{d}t} \int_S \mathbf{F}(t, \mathbf{r}, \dot{\mathbf{r}}(t')) \cdot \mathrm{d}\mathbf{r} \\
&= -\frac{\mathrm{d}}{\mathrm{d}t} \int_{t_0}^t \mathbf{F}\left(t', \mathbf{r}(t'), \dot{\mathbf{r}}(t')\right) \cdot \frac{\mathrm{d}\mathbf{r}(t')}{\mathrm{d}t'} \mathrm{d}t' \\
&= -\mathbf{F}\left(t, \mathbf{r}(t), \dot{\mathbf{r}}(t)\right) \cdot \dot{\mathbf{r}}(t),
\end{aligned}
\tag{A 2.16}
$$

wobei du wieder die Bahnkurve mit der Zeit parametrisierst und den Hauptsatz anwendest.

Die Leistung ist im Gegensatz zur Arbeit für alle Kräfte vom genauen Ablauf der Bewegung abhängig.

> Der Begriff der Energie wird besonders schön bei KIRCHGESSNER/SCHRECK 1, Kapitel 3.1-3, eingeführt.

A 2.M   Mathematische Abschnitte

Matheabschnitt 7:
Differentialgleichungen und Integration

Als **Differentialgleichung** wird eine Gleichung bezeichnet, die eine Funktion $x(t)$ und ihre Ableitungen miteinander verknüpft. Als **Ordnung der Differentialgleichung** bezeichnet man die höchste enthaltene Ableitung $x^{(n)}(t)$. x und t können dabei, müssen aber nicht, dem physikalischen Ort und der Zeit entsprechen. Allgemein schreiben wir mit einer Funktion G:

$$
G\left(x^{(n)}, \ldots, \ddot{x}, \dot{x}, x, t\right) = 0.
$$

Wir verwenden dabei je nach Kontext einen Punkt oder einen Strich als Kennzeichen der Ableitung, und schreiben das Argument der Funktion zwecks besserer Übersichtlichkeit nicht immer explizit aus. Beispiele für Differentialgleichungen sind etwa

$$
\begin{aligned}
\ddot{x}(t) - x(t) + \beta &= 0, \\
\dot{x}(t) + x^2(t) - \cos(t) &= 0, \\
\dddot{x}(t) - \ddot{x}(t) + x(t) \cdot \alpha(t) &= 0.
\end{aligned}
$$

Gesucht sind dabei immer diejenigen Funktionen $x(t)$, die die Gleichung erfüllen. Es gibt grundsätzlich immer unendlich viele Lösungen.

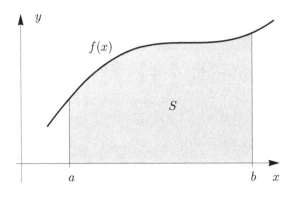

Abb. A 2.1
Darstellung des Riemann-
Integrals $\int\limits_a^b f(x)\,\mathrm{d}x$. Die Flä-
che $S = F(b) - F(a)$ unter
der Kurve entspricht dem
Wert des Integrals

Als **allgemeine Lösung** ergibt sich daher eine ganze Schar von Lösungen:

$$x = x(t, a_1, a_2, \ldots, a_n),$$

die außer von t noch von genau n voneinander unabhängigen Konstanten a_k, den sogenannten **Anfangs- oder Randbedingungen**, abhängt. Willst du zum Beispiel aus einer Geschwindigkeit $\dot{x}(t)$ den Ort $x(t)$ bestimmen, so musst du angeben, an welchem Ort du deine Bewegung wann startest, zum Beispiel an $x_0 := x(t_0)$.

Wenn du genau n Konstanten vorgibst, erhältst du genau eine **spezielle** oder auch **partikuläre Lösung**.

Als Beispiel wollen wir eine einfache Differentialgleichung zweiter Ordnung mit $G(\ddot{x}, \dot{x}, t) = \ddot{x}$ betrachten, also die Gleichung:

$$\ddot{x}(t) = 0.$$

Physikalisch ist dies die Newtonsche Bewegungsgleichung eines kräftefreien Massepunkts in einer Dimension.

Zur Lösung brauchen wir eine Methode, aus der Ableitung einer Funktion die Funktion selbst zu berechnen. Diese Methode ist die **Integralrechnung**, das Berechnen von Integralen über Funktionen nennt man Integration.

Eine Funktion $F(x)$ heißt **Stammfunktion** von $f(x)$, wenn die Ableitung von $F(x)$ wieder $f(x)$ ergibt:

$$F'(x) = f(x) \text{ für alle } x.$$

Der **Hauptsatz der Differential- und Integralrechnung** besagt dann anschaulich gesprochen, dass die Stammfunktion im eindimensionalen Fall im Grenzwert mit der Summation unendlich kleiner Flächenelemente zur Gesamtfläche unter dem Graphen der Funktion $f(x)$ zwischen den Punkten a und b zusammenhängt, wie in Abbildung A 2.1 skizziert.

Diesen Prozess bezeichnet man als Bildung des **Riemann-Integral**s und schreibt für die entstehende Fläche kurz $\int_a^b f(x)\,\mathrm{d}x$. Das **Differential** $\mathrm{d}x$ gibt dir dabei an, entlang welcher Variable du die Fläche aufzusummieren hast. Präziser lautet der Hauptsatz:

$$\int_a^b f(x)\,\mathrm{d}x = F(b) - F(a).$$

Nach Umbenennung der Integrationsvariablen von x in t (dies kannst du immer tun, da sie auf der anderen Seite nicht mehr auftritt) ergibt sich:

$$F(x) = F(a) + \int_a^x f(t)\,\mathrm{d}t.$$

Der Term $F(a)$ ist eine konstante Zahl und fällt daher bei der Differentiation von $F(x)$ weg. Für die Bildung der Stammfunktion, die wir ja mittels $F'(x) = f(x)$ für alle x definiert hatten, ist die untere Grenze a daher beliebig. Sie ist also immer nur bis auf eine additive Konstante bestimmt. Genau dies führt dazu, dass du bei der Lösung einer Differentialgleichung genauso viele zusätzliche Rand- oder Anfangsbedingungen wie die Ordnung der Differentialgleichung angeben musst.

Eine Differentialgleichung zusammen mit ihren Rand- oder Anfangsbedingungen nennt man auch **Anfangswertproblem**. Wir werden die Begriffe Anfangswertproblem und Differentialgleichung in diesem Buch gleichbedeutend verwenden.

Man schreibt als Ausdruck für alle Stammfunktionen auch manchmal symbolisch ein **unbestimmtes Integral** über f ohne Grenzen als:

$$\int f(x)\,\mathrm{d}x = F(x).$$

Das Finden einer Stammfunktion ist nicht immer leicht, es gibt keine so explizite Vorschrift wie den Differenzenquotienten beim Ableiten. Daher musst du dazu oft etwas knobeln, dabei helfen dir aber einige Sätze und Regeln. Für reellwertige Funktionen $f(x), g(x)$ und Konstanten $a, b, \alpha, \beta \in \mathbb{R}$ gilt

die **Linearität** des Integrals:

$$\int_a^b \alpha\, f(x) + \beta\, g(x)\,\mathrm{d}x = \alpha \int_a^b f(x)\,\mathrm{d}x + \beta \int_a^b g(x)\,\mathrm{d}x,$$

die **partielle Integration** für Produkte:

$$\int_a^b f(t)\, g(t) = \Big[F(t)\, g(t) \Big]_{t=a}^{t=b} - \int_a^b F(t)\, g'(t)\,\mathrm{d}t,$$

und die **Integration durch Substitution** für verkettete Integranden:

$$\int_a^b f(g(t))\, g'(t)\, \mathrm{d}t = \int_{g(a)}^{g(b)} f(x)\, \mathrm{d}x.$$

Die Integration durch Substitution wird häufig einfach als Substitutions-regel bezeichnet.

Die Lösung unseres obigen Beispiels

$$\ddot{x}(t) = 0$$

findest du also durch die zweimalige unbestimmte Integration der Gleichung auf beiden Seiten über die Zeit t.

Verlangen wir noch als physikalisch motivierte Anfangsbedingungen, dass unser Massepunkt sich zum Zeitpunkt $t = t_0$ am Ort $x(t_0) = x_0$ befindet und sich mit der Geschwindigkeit $\dot{x}(t_0) = v_0$ bewegt, erhalten wir nach Umbenennung der Integrationsvariablen durch zweimalige Integration:

$$\int_{t_0}^t \frac{\mathrm{d}^2 x(t')}{\mathrm{d}t'^2}\, \mathrm{d}t' = \int_{t_0}^t 0\, \mathrm{d}t'$$

$$\Rightarrow \qquad \dot{x}(t) - \dot{x}(t_0) = 0$$

$$\Rightarrow \qquad \int_{t_0}^t \left(\frac{\mathrm{d}x(t')}{\mathrm{d}t'} - v_0 \right) \mathrm{d}t' = \int_{t_0}^t 0\, \mathrm{d}t'$$

$$\Rightarrow x(t) - x(t_0) - v_0(t - t_0) = 0$$

$$\Leftrightarrow \qquad x(t) = x_0 + v_0(t - t_0).$$

Es ergibt sich die physikalisch erwartete geradlinig gleichförmige Bewegung, denn die Beschleunigung ist ja gerade gleich null.

Natürlich gibt es auch Differentialgleichungen, die du nicht so einfach integrieren kannst. Eine weitere wichtige Klasse von linearen Differentialgleichungen besprechen wir daher im folgenden Matheabschnitt 8.

Eine ausführlichere Einführung in die Integrationsrechnung mit vielen Beispielen und weiterführenden Erläuterungen findest du bei NOLTING 1, Kapitel 1.2.

Von den Analysis-Lehrbüchern können wir für die Zwecke der Mechanik und zum Lösen einfacher Differentialgleichungen als sanften Einstieg besonders JÄNICH 1, Kapitel 3, 4 und 5, und OTTO, Kapitel 5 und 7, empfehlen. Deutlich mathematisch-abstrakter ist die Herangehensweise in den meisten anderen „Mathematik für Physiker"-Büchern, beispielsweise bei GOLDHORN/HEINZ 1, Kapitel 3 und 4.

Matheabschnitt 8:
Einfache Lösungsmethoden für Differentialgleichungen

Es gibt leider keine allgemeinen Lösungsrezepte für alle Differentialglei-chungen. Für sehr wichtige Spezialfälle, unter anderem für **lineare Diffe-rentialgleichungen**, in denen die Ableitungen nur linear und nicht etwa in Potenzen vorkommen, lassen sich aber gut Lösungen finden.

Lineare Differentialgleichungen lassen sich allgemein mit Koeffizienten α_k und Funktionen $\beta(t)$ schreiben als:

$$\sum_{k=0}^{n} \alpha_k \, \frac{\mathrm{d}^k x(t)}{\mathrm{d}t^k} = \beta(t).$$

Prinzipiell können die Koeffizienten α_k auch selbst von der Variable t ab-hängen – wir betrachten diesen selteneren Fall hier allerdings nicht und ver-weisen zum Beispiel auf die gute Darstellung bei LANG/PUCKER, Kapitel 6.3.4.

Wenn $\beta(t) = 0$ ist, heißt die Gleichung homogen, sonst inhomogen. **Ho-mogene lineare Differentialgleichungen** gehorchen dem **Superpositi-onsprinzip**, das heißt, falls $x_1(t)$ und $x_2(t)$ Lösungen sind, dann auch $a_1 x_1(t) + a_2 x_2(t)$, für alle $a_1, a_2 \in \mathbb{R}$. Du kannst dies durch Einsetzen der Lösung in die ursprüngliche Gleichung leicht nachprüfen.

Dadurch ergibt sich als allgemeine Lösung die Überlagerung aller linear unabhängigen Lösungen $x_k(t)$ (zu linearer Unabhängigkeit siehe Matheab-schnitt 11):

$$x(t) = \sum_{k=1}^{n} a_k x_k(t).$$

Die allgemeine Lösung hängt also von genau n Parametern a_k ab. Hast du die allgemeine Lösung gefunden, kannst du die a_k durch die n **Anfangswerte**

$$x(t_0), \ \dot{x}(t_0), \ \ldots, \ x^{(n-1)}(t_0),$$

bestimmen und so eine spezielle Lösung erhalten. Anfangswerte sind also diejenigen Werte, die die Funktion $x(t)$ und ihre Ableitungen zum Zeitpunkt t_0 angenommen haben. In der Physik sind sie häufig durch Messung bekannt, oder du legst sie selbst fest.

Neben der direkten Integration aus Matheabschnitt 7 gibt es noch ein wei-teres einfaches Verfahren zur Lösung von linearen homogenen Differentialglei-chungen, das wir zur Lösung von physikalischen Problemen nutzen werden, die sogenannte Methode der **Trennung der Variablen**.

Eine Trennung der Variablen ist häufig möglich, wenn nur eine Ableitung in deiner Differentialgleichung vorkommt.

Beim radioaktiven Zerfall von Atomkernen zeigt die Erfahrung beispielsweise, dass die Anzahl der pro Zeiteinheit zerfallenen Kerne $\dot{N}$ negativ proportional zur Anzahl der noch vorhandenen Kerne N ist:

$$\dot{N}(t) = -\lambda\,N(t).$$

In der oben gegeben Schreibweise liest sich das als:

$$\sum_{k=0}^{1} \alpha_k\,\frac{\mathrm{d}^k N(t)}{\mathrm{d}t^k} = 0, \quad \text{mit} \quad \alpha_0 = \lambda \text{ und } \alpha_1 = 1.$$

Zur Lösung trennen wir die Variablen N und t, das heißt, wir bringen alle Terme mit N und Ableitungen von N auf die linke und alle Terme, die nicht von N abhängen (aber zum Beispiel durchaus implizit oder explizit von t abhängen könnten), auf die rechte Seite der Gleichung. Dies ist nicht immer möglich, daher ist diese Lösungsmethode nicht immer anwendbar. Differentialgleichungen, die sich so lösen lassen, heißen **separabel**. Separable Differentialgleichungen können immer in der Form

$$\frac{\mathrm{d}}{\mathrm{d}t}y(t) = f(t)\,g(y(t))$$

geschrieben werden. In unserem Beispiel ist $y(t) = N(t)$, $f(t) = 1$ und $g(y(t)) = -\lambda\,N(t)$.

Beim radioaktiven Zerfall finden wir nach Integration über die Zeit:

$$\int_{t_0}^{t} \frac{\dot{N}}{N}\,\mathrm{d}t' = \int_{t_0}^{t} (-\lambda)\,\mathrm{d}t'$$

$$\Rightarrow \int_{N(t_0)}^{N(t)} \frac{1}{N'}\,\mathrm{d}N' = -\lambda\,(t - t_0),$$

wobei wir auf der linken Seite die Technik der Integration durch Substitution verwendet haben. Die Lösung der Differentialgleichung ist also nun reduziert auf das Auffinden einer Stammfunktion für die Funktion $f(N) = N^{-1}$, also auf eine einfache Integration. Wir werden die benötigte Stammfunktion in Matheabschnitt 26 kennenlernen.

Zum gleichen Ergebnis kommst du übrigens auch, wenn du $\dot{N} = \frac{\mathrm{d}N}{\mathrm{d}t}$ schreibst und dann die Differentiale $\mathrm{d}N$ und $\mathrm{d}t$ einzeln auf die linke beziehungsweise rechte Seite bringst:

$$\frac{\mathrm{d}N}{N} = -\lambda\,\mathrm{d}t$$

und schließlich über N beziehungsweise t integrierst. Daher wird diese Variante häufig als verkürzte Schreibweise verwendet.

In Matheabschnitt 27 werden wir noch weitere Methoden zur Lösung von Differentialgleichungen kennenlernen.

Zu Eigenschaften und Lösungen von linearen Differentialgleichungen sind ganze Bücher geschrieben worden, unsere Darstellung ist nur eine Zusammenfassung des elementarsten. Wir empfehlen daher die ausführlicheren, aber dennoch überschaubaren Darstellungen bei NOLTING 1, Kapitel 2.3.2, oder auch bei EMBACHER 1, Kapitel 1.4.5. Wirklich ausreichend und umfassend bieten das allerdings nur Lehrbücher zur Mathematik der Physik, gut sind hier zum Beispiel in aufsteigender Reihenfolge der mathematischen Tiefe, OTTO, Kapitel 7, WELTNER 1, Kapitel 9, GROSSMANN, Kapitel 9, und GOLDHORN/HEINZ 1, Kapitel 4.

Matheabschnitt 9:
Integration entlang einer Kurve

Die in Matheabschnitt 7 eingeführte eindimensionale Integration entspricht einer Summation von Funktionswerten entlang einer einzigen reellen Achse, was gerade dem Flächeninhalt unter dem Graphen einer Funktion entspricht und nach dem Hauptsatz der Differential- und Integralrechnung durch die Stammfunktion berechenbar ist. Wir haben aber schon mehrfach festgestellt, dass es in der Physik häufig nicht ausreicht, Systeme nur in einer Dimension zu betrachten.

Wir müssen uns also Gedanken machen, wie sich zum Beispiel die in Matheabschnitt 5 eingeführten vektorwertigen Funktionen oder später die Vektorfelder aus Matheabschnitt 15 integrieren lassen. In einem mehrdimensionalen Raum $\mathbb{R}^n$ ist eine Integration entlang einer Kurve, einer Fläche oder über ein Volumen möglich. Hier klären wir zunächst nur Ersteres und behandeln die Integration über Flächen und Volumina in Matheabschnitt 16.

Dazu betrachten wir eine Funktion

$$\mathbf{f} : \mathbb{R}^3 \to \mathbb{R}^3, \ \mathbf{r} \mapsto \mathbf{f}(\mathbf{r}).$$

$\mathbf{f}$ bildet also einen Vektor im $\mathbb{R}^3$ auf einen anderen Vektor im $\mathbb{R}^3$ ab. Ein Beispiel für eine solche Funktion ist die Kraft, wenn du sie dir als nur vom Ort abhängig vorstellst. Unter einem **Kurvenintegral**, auch als **Linienintegral** bezeichnet, verstehen wir dann die Projektion von $\mathbf{f}$ auf ein kleines Wegstück $\mathrm{d}\mathbf{r}$ der Kurve, das heißt den formalen Ausdruck

$$\int_S \mathbf{f} \cdot \mathrm{d}\mathbf{r},$$

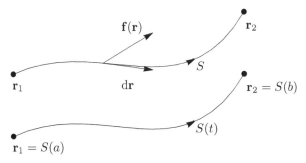

Abb. A 2.2
Zum Verständnis des
Vorgehens beim Kur-
venintegral entlang der
Kurve S. Oben die Kur-
ve ohne und unten mit
Parametrisierung

wobei S den genauen Weg der Kurve angibt.

Willst du $\mathbf{f}$ entlang dieser Kurve S mit Endpunkten $\mathbf{r}_1$ und $\mathbf{r}_2$ integrieren,
musst du zunächst die Kurve parametrisieren (vergleiche Matheabschnitt 5),
um die Berechnung des Kurvenintegrals, auf die bekannte Technik des eindimensionalen Integrals zurückzuführen.

Dazu wertest du die Funktion $\mathbf{f}$ auf der Kurve

$$S : [a, b] \subset \mathbb{R} \to \mathbb{R}^3, \ t \mapsto S(t),$$

aus, das heißt statt $\mathbf{f}(\mathbf{r})$ betrachtest du $\mathbf{f}(S(t))$. Dabei läuft der Parameter
t von a nach b. Dabei muss natürlich $S(a) = \mathbf{r}_1$ und $S(b) = \mathbf{r}_2$ gelten. Es
gibt immer unendlich viele mögliche Parametrisierungen, die diese Bedingung
erfüllen. Die Projektion eines kleinen Wegstückes $\mathrm{d}\mathbf{r}$ entlang der Kurve S
auf die Funktion $\mathbf{f}$ mithilfe ihres Skalarprodukts wird in Abbildung A 2.2
dargestellt. Unter t kannst du dir die physikalische Zeit vorstellen, aber es
gibt auch andere Parametrisierungen.

Es ergibt sich so für das Kurvenintegral von $\mathbf{r}_1$ bis $\mathbf{r}_2$ entlang des Wegs S
der Ausdruck:

$$\int_S \mathbf{f} \cdot \mathrm{d}\mathbf{r} = \int_a^b \mathbf{f}(S(t)) \cdot \frac{\mathrm{d}S(t)}{\mathrm{d}t} \, \mathrm{d}t,$$

wobei wir die Substitutionsregel für Integrale aus Matheabschnitt 7 benutzt
haben, um $\mathrm{d}\mathbf{r} = \frac{\mathrm{d}S(t)}{\mathrm{d}t} \, \mathrm{d}t$ zu erhalten. Wenn klar ist, welche Kurve gemeint
ist, schreibt man oft auch einfach $\mathbf{r}(t)$ für $S(t)$. Damit ist das Kurvenintegral
auf ein gewöhnliches eindimensionales Integral über t zurückgeführt.

Es ist also wesentlich sich zu merken, dass die Integration entlang einer
Kurve nicht nur von den Endpunkten $\mathbf{r}_1$ und $\mathbf{r}_2$, sondern im allgemeinen
Fall auch vom genauen Verlauf der Kurve S zwischen diesen Endpunkten
abhängt. Kurven werden auch häufig mit γ bezeichnet.

Linienintegrale werden schön kompakt bei LANG/PUCKER, Kapitel 5.2.5, eingeführt und ausführlicher zum Beispiel bei JÄNICH 1, Kapitel 16, behandelt.

A 3 Folgerungen aus den Bewegungsgesetzen

A 3.1 Erhaltungsgrößen

Eine große Bedeutung in der ganzen Physik hat das Konzept der **Erhaltung** bestimmter Größen eines **abgeschlossenen Systems**, man bezeichnet diese dann als Erhaltungsgrößen, manchmal auch als **Konstanten der Bewegung**. Damit ist gemeint, dass die betreffende Größe G ihren Wert im Laufe der Zeit und entlang einer Bahnkurve, die die Bewegungsgleichung erfüllt, nie ändert. Mathematisch formuliert verschwindet ihre Zeitableitung ausgewertet auf einer solchen Trajektorie immer, also

$$\frac{\mathrm{d}}{\mathrm{d}t} G(t, \mathbf{r}(t), \dot{\mathbf{r}}(t)) = 0.$$

Das Entdecken dieser Erhaltungsprinzipien hat die Formulierung physikalischer Gesetze sehr beeinflusst und gestattet dir tiefe Einblicke in die Grundlagen vieler Naturprozesse. Ihre experimentelle Bestätigung gehört zu den Prüfsteinen korrekter Theoriebildung.

Die wichtigsten Erhaltungsgrößen der Mechanik kannst du, wie in den folgenden Abschnitten vorgeführt, direkt aus den Newtonschen Gesetzen ableiten.

A 3.1.1   Energieerhaltung

Aus dem zweiten Newtonschen Gesetz hast du für Kräfte, die ein Potential haben, Gleichung (A 2.9) hergeleitet, die man mit der Definition der Gesamtenergie entlang einer gültigen Trajektorie aus Gleichung (A 2.15) auch schlicht als

$$\frac{\mathrm{d}}{\mathrm{d}t}E = 0 \;\Leftrightarrow\; E = \mathrm{const.}$$

schreiben kann.

Für konservative Kräfte bleibt also die **Gesamtenergie** E offenbar für alle Zeit **erhalten**, eine Bewegung unter dem Einfluss einer konservativen Kraft verlagert die Gesamtenergie nur zwischen potentieller und kinetischer Energie hin und her.

Die Aussage der Energieerhaltung ist also nicht, dass die Energie in einem physikalischen System einen bestimmten Zahlenwert hat, denn der ist über das Potential beliebig anpassbar, wie du aus Abschnitt A 2.3.2 weißt. Vielmehr entspricht eine Abnahme der Bewegungsenergie eines Körpers immer der Verrichtung einer Arbeit und damit Umwandlung in potentielle Energie (und umgekehrt).

Prominente Beispiele für **konservative Kräfte** sind die Gravitation und Federkräfte aller Art aus Abschnitt A 2.3, denn sie verfügen über ein Potential und die verrichtete Arbeit ist bei ihnen immer unabhängig vom genommenen Weg. In Pfad B kannst du diese Kräfte mit dem Begriff des Kraftfelds weiter untersuchen, vergleiche Abschnitt B 2.3.1. Die dort eingeführten Methoden setzen wir auch in den Anwendungen zu Potentialen und Arbeit in Abschnitt 4.2 ein.

Nicht konservativ, aber doch energieerhaltend sind natürlich Kräfte, die gar keine Arbeit verrichten, also keine potentielle Energie in Bewegungsenergie umwandeln. Das ist genau dann der Fall, wenn die Kraft senkrecht zur Geschwindigkeit wirkt und daher das Skalarprodukt von Kraft und Geschwindigkeit null ergibt. Eine solche Kraft bewirkt nur eine Richtungsänderung, aber keine Änderung des Betrags der Geschwindigkeit. Ein wichtiges Beispiel dafür ist die Lorentzkraft aus der Elektrodynamik, wie du in Abschnitt B 2.3.3 sehen wirst.

Im Sinne der klassischen Mechanik **nicht energieerhaltend** sind hingegen alle Reibungsphänomene, denn solche Kräfte sind proportional zur Geschwindigkeit der Körper, aber ihrer Bewegungsrichtung genau entgegengesetzt. Sie hängen also insbesondere von der Geschwindigkeit ab, daher lässt sich für sie kein Potential finden. Bei der Reibung wird deren Bewegungsenergie in Wärme umgewandelt, was aber kein Gegenstand der klassischen Mechanik ist. In der Mechanik ist daher ein System mit Reibung nie abgeschlossen.

Auch explizit zeitabhängige Kräfte $\mathbf{F}(t)$ sind nicht konservativ, da die betrachteten Systeme nicht abgeschlossen sein können. Die Gesamtenergie eines Pendels beispielsweise ist nicht erhalten, wenn du es zusätzlich von außen mit einem Motor antreibst. Eine solche Situation wird in Aufgabe 5.4.3 betrachtet.

A 3.1.2 Impulserhaltung

Für einzelne, isolierte Massepunkte leitest du sehr leicht aus dem zweiten und dritten Newtonschen Gesetz ein weiteres Erhaltungsgesetz ab. Wo nur ein Teilchen ist, kann es auch keine Kräfte geben:

$$\dot{\mathbf{p}} = \mathbf{F} = \mathbf{0}.$$

Der Impuls $\mathbf{p} = m\dot{\mathbf{r}}$ eines kräftefreien Teilchens bleibt also ewig erhalten, was aber letztlich nur eine **Umformulierung des Trägheitsprinzips** ist. Diese Eigenschaft des Impulses in konservativen Systemen begründet seine Bedeutung.

Könnte der Impuls auch in einem **System von mehreren Teilchen** und unter Einfluss von Kräften erhalten bleiben? Für alle abgeschlossenen Systeme kannst du genau das zeigen: In diesen wird wegen des dritten Newtonschen Gesetzes jede Kraft zwischen den n Teilchen durch ihre Gegenkraft aufgehoben, die **Summe aller im System auftretenden Kräfte** verschwindet also, $\mathbf{F}_{\text{ges}} = 0$. Daher gilt mit dem Superpositionsprinzip, dass auch die Zeitableitung des Gesamtimpulses verschwindet,

$$0 = \mathbf{F}_{\text{ges}} = \sum_{k=1}^{n} \mathbf{F}_{\text{ges},k} = \sum_{k=1}^{n} \dot{\mathbf{p}}_k = \dot{\mathbf{p}}_{\text{ges}} \;\Rightarrow\; \mathbf{p}_{\text{ges}} = \text{const.},$$

wobei $\mathbf{F}_{\text{ges},k}$ die Gesamtkraft auf den k-ten Körper bezeichnet.

In abgeschlossenen Systemen bleibt also der **Gesamtimpuls** aller Teilchen zusammen erhalten. Da die obige vektorwertige Gleichung in jeder einzelnen Komponente erfüllt ist, ist der Impuls in jeder Raumrichtung einzeln erhalten, sodass die Impulserhaltung sogar drei unabhängige skalare Erhaltungsgrößen beinhaltet.

In Pfad B werden wir die Impulserhaltung im Rahmen der Mehrteilchensysteme in Abschnitt B 3.3.1 vertieft behandeln.

Schöne kleine Beispiele zur Nützlichkeit der Impulserhaltung finden sich bei DREIZLER/LÜDDE 1, Kapitel 3.2.1.2.

A 3.1.3 Drehimpulserhaltung

Du hast gesehen, dass der Gesamtimpuls in einem abgeschlossenen System erhalten ist. Was aber ist mit dem speziellen Impuls $\mathbf{p}_1$ eines einzelnen Teilchens m_1 in Bezug zu den anderen? Er kann im Allgemeinen nicht erhalten sein, denn m_1 steht ja mit allen anderen Teilchen in Wechselwirkung:

$$\dot{\mathbf{p}}_1 = \mathbf{F}_{\text{ges},1} \neq \mathbf{0}.$$

Dennoch kannst du eine weitere Größe konstruieren, die genau dann erhalten ist, wenn die auf m_1 wirkende Gesamtkraft eine **Zentralkraft** ist, also $\mathbf{F} \sim \mathbf{e}_r$. Zur Bestimmung dieser neuen Größe kannst du einen Trick analog zu dem bei

der Herleitung von Gleichung (A 2.9) anwenden: Wenn du das zweite Newtonsche
Gesetz von links vektoriell mit $\mathbf{r}$ multiplizierst, erhältst du

$$\mathbf{r} \times \mathbf{F} = \mathbf{r} \times \dot{\mathbf{p}} = m \, (\mathbf{r} \times \ddot{\mathbf{r}}).$$

Nun kannst du die Produktregel für die Ableitung des Vektorprodukts aus Matheabschnitt 4 anwenden,

$$\frac{\mathrm{d}}{\mathrm{d}t} \big(\mathbf{u}(t) \times \mathbf{v}(t) \big) = \frac{\mathrm{d}\mathbf{u}(t)}{\mathrm{d}t} \times \mathbf{v}(t) + \mathbf{u}(t) \times \frac{\mathrm{d}\mathbf{v}(t)}{\mathrm{d}t},$$

und erhältst so

$$\mathbf{r} \times \mathbf{F} = m \, \frac{\mathrm{d}}{\mathrm{d}t} (\mathbf{r} \times \dot{\mathbf{r}}),$$

denn das Kreuzprodukt eines Vektors mit sich selbst verschwindet: $\dot{\mathbf{r}} \times \dot{\mathbf{r}} = \mathbf{0}$.

Mit den Definitionen der Begriffe **Drehmoment**,

$$\mathbf{M} := (\mathbf{r} \times \mathbf{F}),$$

und **Drehimpuls**,

$$\mathbf{L} := (\mathbf{r} \times \mathbf{p}) = m \, (\mathbf{r} \times \dot{\mathbf{r}}),$$

folgt daraus die kompakte Formulierung

$$\frac{\mathrm{d}}{\mathrm{d}t} \mathbf{L} = \mathbf{M}.$$

Der Drehimpuls eines Körpers ist also genau dann erhalten, wenn kein Drehmoment auf ihn wirkt ($\mathbf{M} = 0$), also entweder sowieso keine Kraft wirkt oder diese
parallel zum Ortsvektor gerichtet ist:

$$\mathbf{M} = 0 \ \Leftrightarrow \ \mathbf{F} = 0 \text{ oder } \mathbf{F} \parallel \mathbf{r}.$$

Das Symbol $\parallel$ drückt dabei die Parallelität von zwei Vektoren aus.

Der kräftefreie Fall erweist sich wieder als äquivalent zum ersten Newtonschen
Gesetz, bringt dir also keine neue Erkenntnis. Der Drehimpuls eines sich gradlinig
gleichförmig bewegenden Massepunkts ist immer erhalten, sein Wert kann aber
durch die Wahl eines anderen Bezugspunkts ($\mathbf{r} \to \mathbf{r}' = \mathbf{r} + \mathbf{a}$) beliebig angepasst
werden.

Dies ist gut bei NOLTING 1, Kapitel 2.4.3, weiter ausgeführt.

Die zweite, deutlich interessantere Möglichkeit sind die **Zentralkräfte**, denn
mit $\mathbf{F}_Z \sim \mathbf{e}_r$ erfüllen sie gerade die obige Bedingung.

Der Drehimpuls steht als Kreuzprodukt aus $\mathbf{r}$ und $\mathbf{p}$ immer senkrecht auf der
durch Orts- und Impulsvektor aufgespannten Ebene. So erklärt sich mit Abbildung
A 3.1 auch der Name Drehimpuls. Ein Körper, auf den eine Zentralkraft wirkt,
dreht sich in der zu $\mathbf{L}$ senkrecht stehenden Ebene um den Punkt, von dem die
Kraft ausgeht. Dies siehst du mathematisch anhand einer Skalarmultiplikation
des Drehimpulses mit dem Ortsvektor:

$$\mathbf{r} \cdot \mathbf{L} = m \mathbf{r} \cdot (\mathbf{r} \times \dot{\mathbf{r}}) = 0 \ \Rightarrow \ \mathbf{r} \perp \mathbf{L}.$$

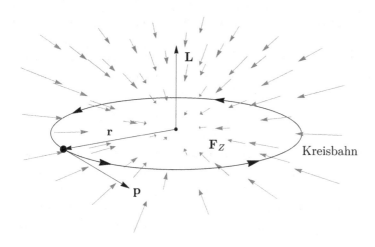

Abb. A 3.1 Skizze zur Bahnkurve **r** eines Massepunkts mit Impuls **p** und entsprechendem Drehimpuls **L**, auf den eine Zentralkraft $\mathbf{F}_Z$ (graue Pfeile) wirkt

Der Ortsvektor steht immer senkrecht auf **L**, und falls der Drehimpuls konstant in eine Richtung zeigt, verbleibt er immer in einer Ebene.

Die Konstanz des Drehimpulses schränkt also die freie Bewegung des Teilchens ein und zwingt es, sich nur in den zwei Raumdimensionen einer Ebene zu bewegen. Falls die Kraft auch noch konservativ ist, verringert die Energieerhaltung den Spielraum weiter und die mögliche Bahn des Teilchens ist durch eine einzige Anfangsbedingung komplett festgelegt.

Unter weiteren Voraussetzungen sind diese Bahnen dann geschlossen, also Kreise oder Ellipsen, darauf geht Aufgabe 5.5 ein. Die Bewegung der Planeten um die Sonne ist dafür sicher das bekannteste Beispiel.

> Eine gut zugängliche Einführung in die Erhaltungsgrößen des einzelnen Massepunkts mit Beispielen findet du beispielsweise bei DREIZLER/LÜDDE 1, Kapitel 3.2. Ebenfalls kompakt, aber empfehlenswert sind sie bei REBHAN 1, Kapitel 3.1, dargestellt.
> In den meisten anderen Büchern wird die Drehimpulserhaltung allerdings unter Verwendung der Methoden der Vektoranalysis diskutiert, zum Beispiel sehr gut bei NOLTING 1, Kapitel 2.4.4.

A 3.2   Bewegte und beschleunigte Bezugssysteme

Das erste Newtonsche Gesetz setzt die Existenz von Inertialsystemen voraus, in denen ein kräftefreies Objekt seinen Bewegungszustand nicht verändert. Bei der Herleitung dieses Naturgesetzes hatten wir ein Buch in einem mit Geschwindigkeit $\mathbf{u}$ = const. vorbeifahrenden Zug betrachtet. Wann aber ist ein Bezugssystem gerade kein Inertialsystem?

Wenn du zur Beschreibung ein mit dem Bahnsteig fest verbundenes Bezugs- oder Koordinatensystem S (für das wir die „ungestrichenen" Symbole verwenden) wählst, dann hat für dich das Buch die Koordinaten

$$\mathbf{r}(t) = \mathbf{u}\,t + \mathbf{r}'(t),$$

wobei der „gestrichene" Ortsvektor die Koordinaten in einem zweiten, mit dem rollenden Zug mitgeführten Bezugssystem S' bezeichnen soll, wie in Abbildung A 3.2 skizziert.

Die Zahlenwerte der Ortsangabe sind also unterschiedlich, je nachdem, welches Bezugssystem du zur Beschreibung wählst, denn das eine ist ja gegenüber dem anderen mit der Geschwindigkeit $\mathbf{u}$ bewegt.

Auch die Geschwindigkeiten des Buchs in den zwei Bezugssystemen unterscheiden sich dann:

$$\dot{\mathbf{r}}(t) = \mathbf{u} + \dot{\mathbf{r}}'(t).$$

Die Beschleunigung aber ist in beiden Bezugssystemen gleich, solange $\mathbf{u}$ konstant ist:

$$\ddot{\mathbf{r}}(t) = \ddot{\mathbf{r}}'(t).$$

Da Massen und auch Kräfte in der klassischen Mechanik nicht vom inertialen Bezugssystem abhängen, ändern sich im gleichmäßig geradeaus fahrenden Zug die Newtonschen Gesetze nicht (siehe Abschnitt A 2.2); er ist auch ein Inertialsystem.

Diese Beobachtungen sind tatsächlich umgekehrt auch für alle Inertialsysteme gültig. Es sind also Bezugssysteme zueinander **inertial**, die sich mit **konstanter Relativgeschwindigkeit** zueinander bewegen. Dieser Zusammenhang wird in Abschnitt B 3.2.1 im Rahmen der sogenannten Galilei-Transformationen zwischen Inertialsystemen genauer untersucht.

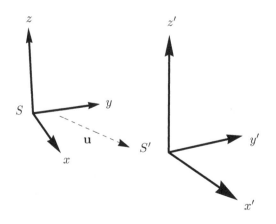

Abb. A 3.2
Ein um die Geschwindigkeit $\mathbf{u}$ gegenüber S bewegtes Bezugssystem S'

Wie verhält es sich aber in einem beschleunigenden oder abbremsenden Zug? Und auch wenn der Zug eine Kurve durchfährt, ist seine Beschleunigung $\dot{\mathbf{u}}(t)$ nicht null, denn er ändert, wenn nicht den Betrag, so doch die Richtung seiner Geschwindigkeit. In all diesen Fällen gerät das Buch (wenn du die Haftreibung vernachlässigst) erfahrungsgemäß ins Rutschen.

Die Naturerfahrung zeigt also, dass **beschleunigte Bezugssysteme** nicht inertial sind, denn in ihnen ändern kräftefreie Körper ihren Bewegungszustand. Insbesondere sorgt zum Beispiel auch die Erddrehung dafür, dass schon deine vertraute Alltagsumgebung kein Inertialsystem ist. Als wirklich inertial wird nur ein fest mit dem Fixsternhimmel verbundenes Bezugssystem bezeichnet.

Der Zusammenhang zwischen den Beschleunigungen in S und S' ist also

$$\ddot{\mathbf{r}}(t) = \dot{\mathbf{u}}(t) + \ddot{\mathbf{r}}'(t),$$

wodurch sich die rechte Seite des Newtonschen Bewegungsgesetzes, vergleiche Gleichung (A 2.2), je nach Wahl des Bezugssystems ändert. Es treten dann zwingend zusätzliche, nicht durch die Wechselwirkung mit anderen Körpern verursachte Kräfte auf.

Letztendlich ist dir die Wahl eines dir passenden Bezugssystems immer freigestellt, du musst nur aufpassen, dass du nicht diese zusätzlichen Kräfte in deiner Rechnung übersiehst. Generell ist man daran interessiert klar festzuhalten, wann man in Inertialsystemen rechnet und wann nicht.

Trägheitskräfte

Welcher Art sind nun die Kräfte, die das ruhende Buch im Zug in Bewegung versetzen? Es sind offensichtlich gar keine Kräfte im bisherigen Sinn, die von anderen Objekten verursacht werden und daher das zweite und dritte Newtonsche Gesetz erfüllen. Vielmehr sind sie für dich nur wahrnehmbar, wenn du dich als Beobachter selbst in einem nicht-inertialen System (beschleunigter Zug) aufhältst. Vom inertialen Bahnsteigsystem aus betrachtet, versucht das Buch hingegen nur gemäß dem ersten Gesetz in gleichförmiger Bewegung zu verharren. Es wird nur durch Reibung oder Stoß gegen eine Begrenzung daran gehindert und schließlich mitbeschleunigt.

Diese Kräfte, die nur aufgrund der Beschleunigung des Bezugssystems auftreten, werden **Trägheitskräfte** genannt, denn sie sind alle proportional zur **trägen Masse** und lassen sich durch die Beschreibung der Bewegung in Koordinaten eines inertialen Bezugssystems beseitigen (daher „Scheinkraft").

Es ist also alles eine Frage der Betrachtungsweise, häufig sind inertiale Koordinaten einfacher zu handhaben; aber auch in einem beschleunigten Bezugssystem zu rechnen, kann manchmal praktisch sein, wie du zum Beispiel in Anwendung 4.3.2 siehst.

In Abschnitt B 3.2.2 werden die vier Typen von Trägheitskräften explizit bestimmt.

A 3.3   Systeme von zwei Massepunkten

Die Mechanik wird erst durch die Wechselwirkungen zwischen mehreren Objekten richtig interessant, denn dann treten die Newtonschen Gesetze in Aktion. Das einfachste Mehrteilchensystem besteht aus zwei Massepunkten, m_1 und m_2 und einer Kraft zwischen ihnen, in der Mechanik meist die Gravitation oder eine Federkraft. Es ist hilfreich, wenn du dir im Folgenden für m_1 und m_2 den klassischen Anwendungsfall Sonne und Erde vorstellst.

Bisher haben wir zur Festlegung von Koordinaten immer das sogenannte **Laborsystem** genutzt, das von außen vorgegeben wird und nichts mit den inneren Vorgängen im betrachteten System zu tun hat. Das ist aber nicht die einzige Möglichkeit. Um die Untersuchung des Zweiteilchenproblems zu vereinfachen, ist der Wechsel in ein anderes Koordinatensystem als das Laborsystem sinnvoll, nämlich das ebenfalls intertiale Schwerpunktssystem.

Du kannst dir einen gemeinsamen **Schwerpunkt** auf der Verbindungslinie zwischen den beiden Massen vorstellen wie in Abbildung A 3.3. Wenn du die jeweiligen Ortsvektoren mit den zugehörigen Massen gewichtet addierst und durch die Summe der Massen teilst, ergibt sich der Ortsvektor der Schwerpunktkoordinate zu

$$\mathbf{r}_S := \frac{m_1\mathbf{r}_1 + m_2\mathbf{r}_2}{m_1 + m_2}.$$

Die Schwerpunktkoordinate ist also ein gewichtetes Mittel der beiden Ortskoordinaten $\mathbf{r}_{1,2}$.

Als **Relativkoordinate** der zwei Teilchen $\mathbf{r}_k$ sei dann der Vektor

$$\mathbf{r}_{12} := \mathbf{r}_1 - \mathbf{r}_2$$

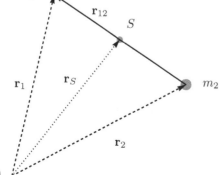

Abb. A 3.3
Schwerpunkt S mit Ortsvektor $\mathbf{r}_S$ auf der Verbindungslinie zweier gleich schwerer Massen m_1 und m_2 im Zweiteilchensystem, Relativkoordinate $\mathbf{r}_{12}$

definiert, sodass sich die ursprünglichen Ortsvektoren als

$$\mathbf{r_1} = \mathbf{r}_S + \frac{m_2}{M}\mathbf{r}_{12} \quad \text{und} \quad \mathbf{r_2} = \mathbf{r}_S - \frac{m_1}{M}\mathbf{r}_{12}$$

darstellen lassen.

In diesen neuen Koordinaten $\mathbf{r}_S$ und $\mathbf{r}_{12}$ kannst du die **Bewegungsgleichungen** so formulieren, dass die unterschiedlichen Auswirkungen der **inneren Kraft** der beiden Massen untereinander und den eventuell zusätzlich vorhandenen **äußeren Kräften** klar werden.

Wir erinnern uns dazu an das zweite Newtonsche Gesetz und schreiben mit der jeweiligen inneren $\mathbf{F}_{jk}$ und äußeren Kraft $\mathbf{F}_k^{\text{ext}}$ die beiden Bewegungsgleichungen:

$$
\begin{aligned}
m_1\ddot{\mathbf{r}}_1 &= \mathbf{F}_{12} + \mathbf{F}_1^{\text{ext}}, \\
m_2\ddot{\mathbf{r}}_2 &= \mathbf{F}_{21} + \mathbf{F}_2^{\text{ext}}.
\end{aligned}
\qquad (A\ 3.1)
$$

Wenn du die beiden addierst, findest du wegen des Superpositions- und des Reaktionsprinzips ($\mathbf{F}_{12} = -\mathbf{F}_{21}$) als **Bewegungsgleichung der Schwerpunktkoordinate**:

$$
\begin{aligned}
M\ddot{\mathbf{r}}_S &= \mathbf{F}_{12} + \mathbf{F}_{21} + \mathbf{F}_1^{\text{ext}} + \mathbf{F}_2^{\text{ext}} \\
&= \mathbf{F}_{\text{ges}}^{\text{ext}}.
\end{aligned}
\qquad (A\ 3.2)
$$

Der Schwerpunkt bewegt sich also wie ein gewöhnlicher Massepunkt unter dem Einfluss der äußeren Gesamtkraft $\mathbf{F}_{\text{ges}}^{\text{ext}}$, die inneren Kräfte spielen für ihn keine Rolle.

Für den Fall, dass gar keine äußere Kraft wirkt, $\mathbf{F}_{\text{ges}}^{\text{ext}} = 0$, ist daher auch der Impuls des Schwerpunkts $\mathbf{p}_S := M\dot{\mathbf{r}}_S$ erhalten:

$$\dot{\mathbf{p}}_S = M\ddot{\mathbf{r}}_S = 0 \Rightarrow \mathbf{p}_S = \text{const.} -$$

Ganz ähnlich läuft im reinen Zweikörpersystem ohne äußere Kräfte ($\mathbf{F}_1^{\text{ext}} = \mathbf{F}_2^{\text{ext}} = 0$) der Gedankengang für die Relativkoordinate $\mathbf{r}_{12}$. Du subtrahierst dafür diesmal die zwei Bewegungsgleichungen (A 3.1) und erhältst

$$\ddot{\mathbf{r}}_{12} = \left(\frac{1}{m_1} + \frac{1}{m_2}\right)\mathbf{F}_{12}.$$

Mit der Definition der **reduzierten Masse** μ durch

$$\frac{1}{\mu} := \left(\frac{1}{m_1} + \frac{1}{m_2}\right) = \frac{m_1 + m_2}{m_1 \cdot m_2} = \frac{M}{m_1 \cdot m_2}$$

findest du dann die **Bewegungsgleichung für die Relativkoordinate**:

$$\mu\ddot{\mathbf{r}}_{12} = \mathbf{F}_{12}. \qquad (A\ 3.3)$$

Die Reihenfolge $_{12}$ oder $_{21}$ spielt dabei keine Rolle, denn es ist beliebig, wie du welche Masse nennst.

Diese Umformulierung in die neuen Koordinaten ist sehr hilfreich, vor allem wenn du es mit stark unterschiedlich schweren Massen zu tun hast, zum Beispiel $m_1 \gg m_2$. In diesem Fall siehst du leicht, dass $M \approx m_1$ und $\mu \approx m_2$, was nichts anderes bedeutet, als dass die Bewegung des Schwerpunkts (siehe Gleichung (A 3.2)) von m_1 dominiert wird, aber die Relativbewegung (siehe Gleichung (A 3.3)) von m_2.

Bei der Untersuchung des Systems aus Erde und Sonne zum Beispiel bestimmt die viel größere Masse der Sonne die Bewegung der beiden innerhalb der Milchstraße, während die Masse der Erde für den Teil der Bewegung wichtig ist, der sich innerhalb unseres Sonnensystems abspielt. Wir behandeln diese wichtige Anwendung in Aufgabe 5.5.

Mit dem **Drehimpuls** eines Körpers unter dem Einfluss einer Zentralkraft haben wir uns bereits in Abschnitt A 3.1.3 beschäftigt. Im Zweikörpersystem verhält es sich genauso, falls die innere Kraft parallel zur Relativkoordinate steht, $\mathbf{F}_{12} \parallel \mathbf{r}_{12}$. Für die Gravitation und auch die elektrische Kraft ist das der Fall.

Wenn du dich auf den wichtigen Anwendungsfall $m_1 \gg m_2 \Rightarrow M \approx m_1$ beschränkst, kannst du daher auch wieder die Drehimpulse von Schwerpunkt und Relativkoordinate einzeln behandeln:

$$\mathbf{L}_S = \mathbf{r}_S \times \mathbf{p}_S \quad \text{und} \quad \mathbf{L}_{12} = \mathbf{r}_{12} \times \mathbf{p}_{12}.$$

Sie addieren sich zum **Gesamtdrehimpuls**

$$\mathbf{L}_{\text{ges}} = \mathbf{L}_S + \mathbf{L}_{12}.$$

Auch hier ist wieder die Vorstellungswelt der Himmelsmechanik hilfreich für dich: Die Erde kreist um die Sonne (als ihr gemeinsamer Schwerpunkt kann die Sonne angenommen werden), aber das Gesamtsystem Erde-Sonne rotiert um das Zentrum der Milchstraße.

Im allgemeinen Fall, wenn du den Schwerpunkt nicht als einen der Massepunkte annähern kannst, setzt sich der Drehimpuls zusammen aus dem Drehimpuls des Schwerpunkts bezüglich des Koordinatenursprungs und dem Drehimpuls der zwei Massen bezüglich des Schwerpunkts.

Eine äußere Kraft, die ein Drehmoment

$$\mathbf{M}_{\text{ges}}^{\text{ext}} = (\mathbf{r}_1 \times \mathbf{F}_1^{\text{ext}}) + (\mathbf{r}_2 \times \mathbf{F}_2^{\text{ext}})$$

auf das Gesamtsystem ausübt, bewirkt eine Änderung des Gesamtdrehimpulses. Gibt es kein äußeres Drehmoment, ist der Gesamtdrehimpuls erhalten.

Beachte den wichtigen Unterschied zum linearen Impuls: Das äußere Drehmoment wirkt auf beide Massen und nicht nur auf den Schwerpunkt, der ja nur ein gedachter Punkt ist. Der Gesamtdrehimpuls ist daher nicht gleich dem Drehimpuls des Schwerpunkts. Dies liegt daran, dass in das **Gesamtdrehmoment** der Abstand zu jedem einzelnen Massepunkt eingeht.

Ein konkretes Beispiel für die Zerlegung in Relativ- und Schwerpunktkoordinaten diskutieren wir in Anwendung 4.3.1. In Abschnitt B 3.3.1 werden wir diese Diskussion auf Systeme von beliebig vielen Teilchen erweitern und noch allgemeiner fassen.

Das Zweikörpersystem wird anschaulich bei LEISI 1, Kapitel 3.1, diskutiert. Besonders ausführlich bei der Behandlung des Drehimpulses ist DREIZLER/LÜDDE 1, Kapitel 3.2.

Pfad B

Axiomatische und formale Newtonsche Mechanik

Pfad B – axiomatisch und formal

Basierend auf den Überlegungenen aus Pfad A werden in Kapitel B 1 die Begriffe der **Kinematik** kurz wiederholt und insbesondere die **Parametrisierung von Bahnkurven** betrachtet. Als Verallgemeinerung zu den in Pfad A eingeführten speziellen Koordinatensystemen werden **lokale** und schließlich **allgemeine Koordinaten** eingeführt. Außerdem werden allgemeine Eigenschaften von Koordinatensystemen und Transformationen zwischen ihnen behandelt.

In Kapitel B 2 entwickeln wir die **Dynamik axiomatisch**, ausgehend von den Newtonschen Gesetzen. Weitere Begriffsbildungen wie **Kraftfeld**, **Arbeit**, **Potential** und **Energie** werden dann mathematisch handhabbar gemacht und ihre Nützlichkeit zur **Lösung von Bewegungsgleichungen** gezeigt.

Die möglichen **Symmetrien** und **Erhaltungsgrößen** eines Systems und wie diese Rechnungen erleichtern, behandeln wir in Kapitel B 3 erst für Einteilchensysteme in äußeren Kraftfeldern und dann für allgemeine **Mehrteilchensysteme**. Abschließend folgt eine Diskussion der **Galilei-Transformationen** zwischen Inertialsystemen und die Herleitung der **Trägheitskräfte** in beschleunigten Bezugssystemen.

B 1 Kinematik

B 1.1   Begriffe der Kinematik

Die klassische Mechanik ist die Wissenschaft von den Bewegungen, die Objekte im Raum ausführen. Das Teilgebiet der **Kinematik** befasst sich ausschließlich mit der bloßen Beschreibung der prinzipiell möglichen Bewegungen in mathematischer Sprache. Wie es überhaupt zu Bewegung kommt, ist dann Gegenstand der **Dynamik**. Außerdem zeichnet die Dynamik mit ihren Grundgleichungen diejenigen Bewegungen aus, die physikalisch tatsächlich stattfinden können. Zur Aufstellung dieser Gleichungen stützt man sich auf die Naturbeobachtung. Ziel der Mechanik ist es also, eine mathematische Beschreibung zu finden, die alle in der Natur realisierbaren Bewegungen beschreiben kann, aber keine darüber hinaus.

Zunächst behandeln wir der Einfachheit halber nur punktförmige Objekte ohne jede räumliche Ausdehnung. Die Erfahrung zeigt, dass diese häufig eine gute Approximation an reale Objekte sind. Weiterhin zeigen Experimente, dass sich diese Objekte mittels nur einer einzigen inneren Eigenschaft beschreiben lassen. Unter einer inneren Eigenschaft von Objekten verstehen wir dabei ein (zunächst) zeitlich und räumlich unveränderliches Unterscheidungsmerkmal. Dieses wird **Masse** genannt und ist eine positive skalare Größe, $m \in \mathbb{R}_{>0}$, man spricht daher auch von **Massepunkten**.

Ausgedehnte Körper lassen sich dann als fest zusammengefügte Ansammlungen von Massepunkten verstehen und beschreiben, wir unternehmen das in Abschnitt B 3.3. In einem weiteren Schritt ist es meist sinnvoll von kontinuierlichen Masseverteilungen im Sinn einer Dichte auszugehen, was aber erst in HENZ/LANGHANKE 2 behandelt wird.

Weiterhin schreiben wir Massepunkten eine Lage in Raum und Zeit, das heißt einen Ort und einen Zeitpunkt, zu. Das für uns relevante Modell des physikalischen Raums ist ein **absoluter, Euklidischer Raum**. Der physikalische Raum ist also insbesondere homogen und isotrop (vergleiche Abschnitt A 1.1). Die Objekte bewegen sich in der homogenen **absoluten Zeit**, die immer gleich verstreicht. Raum und Zeit sind vollkommen unabhängig voneinander. Deshalb lässt sich stets feststellen, ob zwei Ereignisse gleichzeitig stattfinden, unabhängig davon, wo sie stattfinden und wie wir die jeweiligen Orte beschreiben.

In der Speziellen Relativitätstheorie sind Raum und Zeit nicht mehr unabhängig voneinander, sondern in bestimmter Weise miteinander gekoppelt. Sie werden dann zu einer Größe, der Raumzeit, zusammengefasst. Die Spezielle Relativitätstheorie umfasst die klassische Mechanik aber als Grenzfall.

Die alltägliche Beobachtung zeigt, dass Objekte der klassischen Mechanik immer **stetige Bewegungen** im Raum ausführen (vergleiche Matheabschnitt 2). Eine detailliertere Analyse von in der Natur realisierten Bewegungsabläufen zeigt, dass die Bewegungen nicht nur stetig sind, sondern immer auch mindestens zwei Ableitungen nach der Zeit gebildet werden können. Wir beschreiben daher alle Bewegungen als zweimal differenzierbare Funktion des Ortes nach der Zeit (vergleiche Matheabschnitt 3).

Die charakteristischen Größen dieser Bewegung nennen wir die **kinematischen Größen**, es handelt sich um

$$\text{Zeit } t,$$

$$\text{Ort } \mathbf{r}(t),$$

$$\text{Geschwindigkeit } \mathbf{v}(t) := \dot{\mathbf{r}}(t),$$

$$\text{und Beschleunigung } \mathbf{a}(t) := \ddot{\mathbf{r}}(t). \tag{B 1.1}$$

Mit Ausnahme der Zeit t sind die kinematischen Größen **dreidimensionale Vektoren**, denn der geforderte physikalische Raum lässt sich sehr gut durch einen (dreidimensionalen) mathematischen **Vektorraum** darstellen. Vektorräume werden in Matheabschnitt 11 eingeführt.

Zur Beschreibung der Mechanik sind keine dritten oder noch höheren Ableitungen des Ortes nach der Zeit notwendig. Dies wird in Kapitel B 2 deutlich werden. Bewegungsabläufe sind durch die Angabe zweier Anfangsbedingungen an Ort und Geschwindigkeit vollständig festgelegt. In Pfad C, Abschnitt C 2.2, wird genau das zu einem Axiom der Mechanik erhoben.

Die Beschleunigung muss allerdings keine stetige Funktion der Zeit mehr sein. Auch aus einer nicht-stetigen Beschleunigung lassen sich durch Integration differenzierbare Funktionen für Geschwindigkeit und Ort gewinnen, man sagt auch „Integrieren glättet".

Statt von der Bewegung eines Körpers spricht man meist konkreter von seiner **Bahnkurve** oder **Trajektorie** $\mathbf{r}(t)$, also der Angabe des Ortes für alle Zeiten. Ihre Kenntnis ist das Ziel der Mechanik, denn sie legt die Bewegungszustände des Körpers für alle Zeiten fest.

B 1.2 Bogenlänge und Parametrisierung von Bahnkurven

Die Bahnkurve eines Körpers im dreidimensionalen Raum kann man durch einen Vektor ausdrücken:
$$\mathbf{r}(t) = x(t)\mathbf{e}_x + y(t)\mathbf{e}_y + z(t)\mathbf{e}_z.$$

Wie in Kapitel A 1.2 haben wir dabei die einzelnen kartesischen Koordinaten x, y und z als Funktion der Zeit angegeben und damit die Bahnkurve über die Zeit **parametrisiert**.

Diese Wahl ist intuitiv und wird häufig verwendet, aber die Bahn kann auch durch beliebige andere Skalare parametrisiert werden. Verbreitet ist insbesondere die **Bogenlänge** s, das ist die Länge der Bahn von einem bestimmten Punkt im Raum zu einem anderen. Sie wird ausgehend von einem frei gewählten Startpunkt $\mathbf{r}_0$ entlang der Kurve gemessen. Dazu wird die Kurve an N Zeitpunkten gedanklich in beliebig kleine Stücke $\mathrm{d}\mathbf{r}$ geschnitten, die man als **infinitesimal** bezeichnet, siehe Abbildung B 1.1. Ein bestimmtes infinitesimales Wegstück lässt sich auch durch den zugehörigen infinitesimalen Zeitabschnitt ausdrücken, denn nach der Definition der Differentiation (siehe Matheabschnitt 3) gilt gerade $\mathrm{d}\mathbf{r} = \dot{\mathbf{r}}(t)\,\mathrm{d}t$.

Die Länge $\mathrm{d}s := |\mathrm{d}\mathbf{r}| = \sqrt{\mathrm{d}\mathbf{r} \cdot \mathrm{d}\mathbf{r}}$ der Wegstücke wird bestimmt, um anschließend die infinitesimalen Längen aufzusummieren. Summation von infinitesimalen Längen bedeutet gerade Integration.

Zur Bestimmung der Bogenlänge einer gekrümmten Bahn zieht man sie also in infinitesimalen Abschnitten glatt, misst dann deren Länge am Wert des Parameters t' (zum Beispiel der physikalischen Zeit) und integriert sie auf:

$$s(t) = \int_{\mathbf{r}(t_0)}^{\mathbf{r}(t)} \mathrm{d}s = \int_{\mathbf{r}(t_0)}^{\mathbf{r}(t)} \sqrt{\mathrm{d}\mathbf{r} \cdot \mathrm{d}\mathbf{r}} = \int_{t_0}^{t} \sqrt{\dot{\mathbf{r}}(t') \cdot \dot{\mathbf{r}}(t')}\,\mathrm{d}t'.$$

In mehr als einer Raumdimension hängt die Auswertung dieses **Kurvenintegrals** vom genauen Verlauf der Bewegung ab. Allgemeine Kurvenintegrale werden in Matheabschnitt 9 näher behandelt.

Nur im Fall einer eindimensionalen Bewegung ist hingegen der Abstand von Anfangs- und Endpunkt, $s(t) = r(t) - r(t_0)$, die einzig mögliche Bogenlänge.

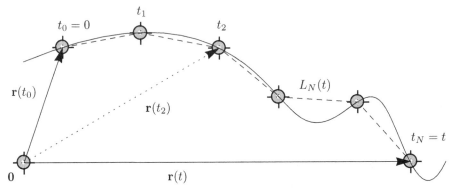

Abb. B 1.1 Eine beliebige Bahnkurve (durchgezogene Linie) mit Markierungen an unterschiedlichen Zeitpunkten t_k und den entsprechenden Ortsvektoren $\mathbf{r}(t_k)$. Der Streckenzug $L_N(t)$ (gestrichelte Linie) nähert sich im Grenzwert $N \to \infty$ der Kurve beliebig nah an und damit seine Länge der Bogenlänge $s(t)$

Die Bogenlänge $s(t)$ ist offensichtlich immer eine monoton steigende Funktion der Zeit, daher lässt sie sich bei geeigneter Wahl der Zielmenge immer auch umkehren zu $t(s)$ (vergleiche Matheabschnitt 2).

Die sogenannte **natürliche Parametrisierung** einer Bahn durch die Bogenlänge, $\mathbf{r}(s) = \mathbf{r}(s(t))$, gibt also die **räumliche Form** der Bahn wieder. Für die volle Information über den Bewegungsablauf ist dann noch die Abhängigkeit der Bogenlänge von der Zeit $s(t)$ notwendig.

Die Einführung einer Parametrisierung ermöglicht das Lösen von Kurvenintegralen und vereinfacht daher viele Rechnungen, bei denen die genaue Zeitabhängigkeit zunächst keine Rolle spielt.

Eine empfehlenswerte, detaillierte Herleitung des Begriffs der Bogenlänge findet sich am ausführlichsten bei NOLTING 1, Kapitel 1.4.3.

Die unterschiedlichen Parametrisierungen machen deutlich, dass es notwendig ist zu spezifizieren, auf welche Art und Weise man nach der Zeit ableitet. Bei $\mathbf{r}(t)$ ist die Bedeutung einer Zeitableitung wie bisher klar, aber wie ist es bei $\mathbf{r}(s)$? Wenn man den Ausdruck rein als $\mathbf{r}(s)$, unabhängig von t, betrachtet, wäre $\frac{d\mathbf{r}}{dt} = 0$, da aber $s = s(t)$, ist das nur begrenzt sinnvoll. Die Verkettung $\mathbf{r}(s(t))$ muss also unbedingt beachtet werden.

Es gibt daher mehrere Ableitungsbegriffe, die besonders auch für die Mechanik in mehreren Dimensionen eine wichtige Rolle spielen. In Matheabschnitt 12 führen wir diese genauer ein.

B 1.3 Koordinatensysteme und physikalischer Raum

In Abschnitt A 1.3 wurden bereits verschiedene Koordinatensysteme zur Beschreibung physikalischer Systeme vorgestellt. Besonders einfach wird die Beschreibung, wenn entweder aufgrund äußerer Zwänge (wie beim Fadenpendel) oder von Symmetrien (wie bei einer Zentralkraft) Annahmen über die möglichen Bahnkurven gemacht werden können und man daher von vornherein ein angepasstes Koordinatensystem verwenden kann. Die genaue Definition und Bedeutung des Begriffs Symmetrie in der Physik wird im Laufe von Kapitel B 3 deutlich.

In diesem Abschnitt werden wir zeigen, dass es unendlich viele mögliche **Koordinatensysteme** gibt, die zur Beschreibung eines Systems herangezogen werden können. Schon in Abschnitt A 1.3 ist deutlich geworden, dass die Basisvektoren im Allgemeinen vom Ort abhängen – man sagt, sie sind lokal – und bezeichnet die entsprechenden Koordinaten als lokale Koordinaten.

B 1.3.1 Lokale Koordinaten und begleitendes Dreibein

Zum grundlegenden Verständnis ist es hierfür zweckmäßig, sich zunächst ein **lokales Koordinatensystem** vorzustellen, dessen Ursprung am momentanen Ort des Massepunkts liegt und das sich entsprechend in der Zeit mitbewegt. Man erhält ein Koordinatensystem, dessen Achsen durch lokale Eigenschaften der Bahngeometrie bestimmt werden, das sogenannte **begleitende Dreibein**, manchmal auch als **natürliche Koordinaten** bezeichnet. Wir benutzen die Parametrisierung $\mathbf{r} = \mathbf{r}(s)$, die bei der Diskussion der Bogenlänge in Abschnitt B 1.2 eingeführt wurde.

Das konkrete Vorgehen bei der Einführung lokaler Koordinaten kann man sich am Beispiel, wie in Abbildung B 1.2 dargestellt, klar machen. Als Erstes legen wir

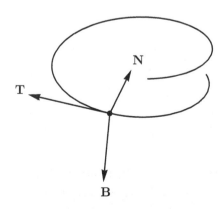

Abb. B 1.2

Lage und Richtung der drei Basisvektoren $\mathbf{T}, \mathbf{N}$ und $\mathbf{B}$ des lokalen Koordinatensystems am Beispiel eines Punkts auf einer Schraubenlinie

eine Achse in Richtung der momentanen Bewegung, das heißt tangential an die Bahn, und erhalten den **Tangentialvektor** der Bahn,

$$\mathbf{T} := \frac{\mathrm{d}\mathbf{r}}{\mathrm{d}s},$$

der immer auf 1 normiert ist, das heißt $|\mathbf{T}| = 1$, da bereits $|\mathrm{d}\mathbf{r}| = \mathrm{d}s$ gilt.

Da der Tangentialvektor seinen Betrag $|\mathbf{T}| = 1$ nicht ändern kann, verändert sich bei abermaliger Differenzierung nach s nur dessen Richtung,

$$0 = \frac{\mathrm{d}}{\mathrm{d}s}|\mathbf{T}|^2 = 2\mathbf{T} \cdot \frac{\mathrm{d}\mathbf{T}}{\mathrm{d}s},$$

sodass das Differential normal (also senkrecht) zum Tangentialvektor steht. Einen weiteren von $\mathbf{T}$ linear unabhängigen Basisvektor findet man also durch nochmalige Ableitung von $\mathbf{T}$ nach s.

Wir definieren daher den **Normalenvektor** als

$$\mathbf{N} := \left|\frac{\mathrm{d}\mathbf{T}}{\mathrm{d}s}\right|^{-1} \cdot \frac{\mathrm{d}\mathbf{T}}{\mathrm{d}s} = \kappa(s)\frac{\mathrm{d}\mathbf{T}}{\mathrm{d}s},$$

wobei die Normierung $\kappa(s) := \left|\frac{\mathrm{d}\mathbf{T}}{\mathrm{d}s}\right|^{-1}$ als **Krümmungsradius** der Bahn an der Stelle s bezeichnet wird. Das ist der Radius eines gedachten Kreises, der überall die gleiche Krümmung $\kappa = \kappa(s)$ hat.

Aus zwei orthogonalen Vektoren lässt sich durch das Kreuzprodukt leicht ein dritter, linear unabhängiger Basisvektor konstruieren, den wir als **Binormalenvektor** bezeichnen:

$$\mathbf{B} := \mathbf{T} \times \mathbf{N}.$$

Da $\mathbf{T}$ und $\mathbf{N}$ Einheitsvektoren sind, ist auch $|\mathbf{B}| = 1$. In der räumlichen Kurve in Abbildung B 1.2 steht $\mathbf{B}$ senkrecht sowohl auf der Kurve als auch der Normalen, die zum Mittelpunkt des gedachten Krümmungskreises zeigt.

$\mathbf{T}$, $\mathbf{N}$ und $\mathbf{B}$ bilden in dieser Reihenfolge ein rechtshändiges System. Der Vorteil des begleitenden Dreibeins liegt unter anderem in der einfachen Darstellung für die Geschwindigkeit und die Beschleunigung,

$$\mathbf{v} = \frac{\mathrm{d}\mathbf{r}}{\mathrm{d}t} = \frac{\mathrm{d}s}{\mathrm{d}t}\frac{\mathrm{d}\mathbf{r}}{\mathrm{d}s} = v\,\mathbf{T},$$

$$\mathbf{a} = \dot{\mathbf{v}} = \dot{v}\,\mathbf{T} + v\,\dot{\mathbf{T}} = \dot{v}\,\mathbf{T} + v\frac{\mathrm{d}\mathbf{T}}{\mathrm{d}s}\frac{\mathrm{d}s}{\mathrm{d}t} = \dot{v}\,\mathbf{T} + \frac{v^2}{\kappa}\mathbf{N}.$$

Für Bewegungen, bei denen der Betrag der Geschwindigkeit sich nicht ändert, sondern nur die Richtung, gilt $\dot{v} = 0$ und daher

$$\mathbf{a} = \frac{v^2}{\kappa}\mathbf{N}.$$

Die Beschleunigung zeigt in diesem Fall folglich einzig in Richtung der Bahnnormalen und wird **Zentripetalbeschleunigung** genannt (vergleiche auch die Diskussion der Zentrifugalbeschleunigung in Abschnitt B 3.2).

Die lokalen Koordinaten ermöglichen also ohne detaillierte Kenntnis des konkreten Systems bereits einige allgemeine Aussagen zur Art der Bewegung. So entspricht die diskutierte Bewegung, bei der sich die Geschwindigkeit zwar in der Richtung, nicht aber im Betrag ändert, und damit $\mathbf{a} \parallel \mathbf{N}$ gilt, gerade einer Bewegung auf einer Kreisbahn.

> Eine gute Einführung der lokalen Koordinaten ist bei REBHAN 1, Kapitel 2.1.4, zu finden; NOLTING 1, Kapitel 1.4.4, gibt zudem noch zwei Anwendungsbeispiele (**Kreisbewegung** und **Schraubenlinie**). Auch bei GREINER 1, Kapitel 8, werden diese sehr ausführlich behandelt, außerdem **Evoluten** und die **Frenetsche Formel**. Letztere sind auch Gegenstand der Aufgabe 5.1.7.

B 1.3.2 Allgemeine Koordinatensysteme

In diesem Abschnitt werden wir einige allgemeine Aussagen zu Koordinatensystemen, und zu Transformationen zwischen verschiedenen Koordinatensystemen treffen, ohne uns dabei auf eine bestimmte Menge von Beispielen zu beschränken. Dies ist ein weiterer Schritt in Richtung **Abstraktion**.

Unabhängig davon, welche Symmetrie das gegebene System besitzt und welches Koordinatensystem zur Beschreibung verwendet werden soll, gelten die folgenden Aussagen immer. In den Abschnitten C 1.2 und C 1.3 werden wir dann Möglichkeiten kennenlernen, sogar ganz ohne die Wahl eines Koordinatensystems auszukommen.

Bei der Einführung des begleitenden Dreibeins in Abschnitt B 1.3.1 haben wir die Bahnkurve eines Teilchens zugrunde gelegt. Prinzipiell ist das nicht nötig, zumal die Bahnkurve möglicherweise ja erst bestimmt werden muss. Tangential-, Normalen- und Binormalenvektor lassen sich aber für jede beliebige Raumkurve bestimmen und bilden immer ein lokales System von orthonormalen Basisvektoren. So lassen sich beispielsweise die Basisvektoren der Kugelkoordinaten aus Abschnitt A 1.3,

$$
\mathbf{e}_r = \begin{pmatrix} \cos(\varphi)\sin(\vartheta) \\ \sin(\varphi)\sin(\vartheta) \\ \cos(\vartheta) \end{pmatrix}, \ \mathbf{e}_\varphi = \begin{pmatrix} -\sin(\varphi) \\ \cos(\varphi) \\ 0 \end{pmatrix}, \ \mathbf{e}_\vartheta = \begin{pmatrix} \cos(\varphi)\cos(\vartheta) \\ \sin(\varphi)\cos(\vartheta) \\ -\sin(\vartheta) \end{pmatrix}
$$

wie folgt erzeugen: Man hält den Radius r einer Kugel fest und geht auf der Kugeloberfläche mit dem Winkel φ zunächst am Äquator entlang, der in der xy-Ebene liegt, und danach mit ϑ von Pol zu Pol. $\mathbf{e}_\varphi$ ist dabei der Tangentialvektor und $\mathbf{e}_r$ der Normalenvektor. $\mathbf{e}_\vartheta$ erhältst du entweder als Binormalenvektor der Wanderung entlang des Äquators oder als Tangentialvektor, wenn du von Pol zu Pol läufst.

Dasselbe Prinzip lässt sich auch für beliebige Parametrisierungen des Raums ausführen. Sei dazu (x_1, x_2, x_3) ein bekanntes System von Koordinaten, zum Beispiel die kartesischen und (u_1, u_2, u_3) ein neues Koordinatensystem. Da beide Koordinatensysteme den gleichen Raum beschreiben, können wir die neuen Koordinaten durch die alten ausdrücken, das heißt:

$$u_1 = u_1(x_1, x_2, x_3), \ u_2 = u_2(x_1, x_2, x_3), \ u_3 = u_3(x_1, x_2, x_3). \qquad \text{(B 1.2)}$$

Später werden wir für die u_k die neuen Basisvektoren berechnen. Dazu fordern wir bereits jetzt, dass die Funktionen $u_k : D \subset \mathbb{R}^3 \to D' \subset \mathbb{R}$, $1 \leq k \leq 3$ stetig partiell differenzierbar (siehe Matheabschnitt 12) sein sollen.

Die mittels Gleichung (B 1.2) erzeugten Koordinatensysteme sind gleichwertig in dem Sinne, dass wir natürlich auch die Koordinaten u_k als Ausgangspunkt nehmen könnten, um aus ihnen die Koordinaten x_j zu erhalten. Damit dies möglich ist, müssen die Funktionen umkehrbar sein.

Für unsere weiteren Überlegungen zur **Transformation zwischen allgemeinen Koordinatensystemen** schränken wir daher den Definitions- und Wertebereich der Funktionen u_k so weit ein, dass sie bijektiv und damit umkehrbar sind. Wir werden dafür in einigen Momenten ein kompaktes Kriterium vorstellen. Im Prinzip ist diese globale Forderung zu stark, wie wir bei Einführung von lokalen Koordinaten und Mannigfaltigkeiten in Abschnitt C 1.3 sehen werden. Da wir sie allerdings schon bei der Definition der krummlinigen Koordinatensysteme in Abschnitt A 1.3 verwendet haben, wollen wir sie für den Moment aufrechterhalten.

Um nicht nur einen einzelnen Punkt, sondern eine kleine Umgebung um einen Punkt P mit den Koordinaten (u_1, u_2, u_3) beziehungsweise (x_1, x_2, x_3) beschreiben zu können, brauchen wir die Koordinaten $(x_1 + \mathrm{d}x_1, \ x_2 + \mathrm{d}x_2, \ x_3 + \mathrm{d}x_3)$ oder aus der Sicht der u_k betrachtet:

$$\mathrm{d}u_k = u_k(x_1 + \mathrm{d}x_1, \ x_2 + \mathrm{d}x_2, \ x_3 + \mathrm{d}x_3) - u_k(x_1, x_2, x_3).$$

Mit den Methoden der mehrdimensionalen Differentialrechnung, insbesondere der totalen Ableitung aus Matheabschnitt 12, bedeutet das aber gerade

$$\mathrm{d}u_k = \sum_{j=1}^{3} \frac{\partial u_k}{\partial x_j} \, \mathrm{d}x_j, \ 1 \leq k \leq 3.$$

Das mathematische Objekt

$$\frac{\partial u_k}{\partial x_j} = J_u(P)$$

wird **Jacobi-Matrix** am Punkt P genannt (siehe Matheabschnitte 10 und 13).

Die Jacobi-Matrix ist also die lineare Abbildung, die die Differentiale $\mathrm{d}\mathbf{u}$ und $\mathrm{d}\mathbf{x}$ aufeinander abbildet. Diese Abbildung ist genau dann umkehrbar an einem Punkt P, wenn ihre Determinante dort nicht verschwindet. Wir brauchen diese Eigenschaft für alle Punkte des Definitionsbereichs und fordern

$$\det J_u(P) \neq 0 \ \text{ für alle } P \in D.$$

Dies ist das oben angekündigte, kompakte Kriterium. Determinanten und ihre Eigenschaften werden in Matheabschnitt 14 genauer vorgestellt.

Anschaulich gibt die Jacobi-Matrix also an, wie sich kleine Abstände bei einem Wechsel der Koordinaten ändern. Diese Eigenschaft wird uns bei der Diskussion von mehrdimensionalen Integralen in Matheabschnitt 16 noch einmal begegnen.

Nun haben wir die Werkzeuge an der Hand, mit denen wir beliebige **Koordinatensysteme ineinander transformieren** können, ohne uns auf die in Abschnitt A 1.3 vorgestellten Beispiele zu beschränken. Für die Physik sind dabei **orthogonale** Koordinatensysteme ihrer Einfachheit wegen von großer Bedeutung. In einem orthogonalen Koordinatensystem sind die Basisvektoren orthogonal zueinander, das heißt, die Skalarprodukte zwischen unterschiedlichen Basisvektoren verschwinden:

$$\mathbf{e}_j \cdot \mathbf{e}_k = 0 \text{ wenn } j \neq k.$$

Orthogonale Vektoren sind insbesondere linear unabhängig.

In **orthonormalen Koordinatensystemen** sind die Basisvektoren zusätzlich auf Länge 1 normiert. Daher kann man für sie mit dem Kronecker-Delta aus Matheabschnitt 10 schreiben:

$$\mathbf{e}_j \cdot \mathbf{e}_k = \delta_{jk}.$$

Alle in Abschnitt A 1.3 behandelten Koordinatensysteme sind orthonormale Koordinatensysteme. Liegt ein orthogonales Koordinatensystem vor, so kann es einfach orthonormiert werden, indem man jeden Basisvektor durch seinen Betrag teilt.

Wie findet man die Darstellung eines Vektors in einer orthonormalen Basis eines n-dimensionalen Vektorraums? Nehmen wir an, die Menge $\{\mathbf{e}_1, \ldots, \mathbf{e}_n\}$ sei eine orthonormale Basis des physikalischen Raums, definiert also ein orthonormales Koordinatensystem. Dann besitzt insbesondere jeder Vektor eine Entwicklung in den Basisvektoren

$$\mathbf{v} = \sum_{j=1}^{n} \lambda_j \, \mathbf{e}_j.$$

Wie erhält man ein bestimmtes λ_j? Dazu multiplizieren wir die Gleichung mit $\mathbf{e}_k$ und erhalten

$$\mathbf{v} \cdot \mathbf{e}_k = \sum_{j=1}^{n} \lambda_j \, \mathbf{e}_j \cdot \mathbf{e}_k = \sum_{j=1}^{n} \lambda_k \, \delta_{jk} = \lambda_k.$$

Diese Methode nennt man **Projektion** des Vektors $\mathbf{v}$ auf den (Basis-)Vektor $\mathbf{e}_k$.

Wir wenden uns wieder den allgemeinen Koordinatenwechseln aus Gleichung (B 1.2) zu. Wenn wir mit $\mathbf{e}_{x,j}$ die Basisvektoren des Ausgangssystems und mit $\mathbf{e}_{u,j}$ die Basisvektoren des neuen Systems bezeichnen, wie lassen sich dann die $\mathbf{e}_{u,j}$ bestimmen? Dazu erinnern wir uns, dass der k-te Basisvektor an jedem Punkt die Richtung angibt, in die man sich im Raum bewegt, wenn man die k-te Komponente ein kleines Stück ändert. Er liegt also tangential an der Kurve, die sich ergibt, wenn wir alle Koordinaten bis auf eine festhalten und diese eine ein kleines Stück ändern. Das ist aber genau das, was die partiellen Ableitungen (vergleiche Matheabschnitte 12 und 13) angeben. Wir haben also als Entwicklung der Basisvektoren $\mathbf{e}_{u,k}$ nach den Basisvektoren $\mathbf{e}_{x,j}$

$$\mathbf{e}_{u,k} = \sum_{j=1}^{n} \frac{\partial x_j(u_1, u_2, \ldots, u_n)}{\partial u_k} \, \mathbf{e}_{x,j}.$$

Dabei können die Basisvektoren $\mathbf{e}_{u,k}$ hinterher falls gewünscht noch normiert werden. Dies ist die Verallgemeinerung unserer gedanklichen Konstruktion der Basisvektoren der Kugelkoordinaten am Anfang dieses Abschnitts.

Soll ein orthogonales Koordinatensystem in ein anderes orthogonales Koordinatensystem transformiert werden, muss die Jacobi-Matrix bestimmte Eigenschaften haben. Wir werden dies in Matheabschnitt 19 vertiefen und sehen, dass dies genau die Eigenschaften einer Matrix sind, die eine Drehung vermittelt.

Mit den entwickelten Methoden können wir insbesondere auch immer ein Koordinatensystem angeben, das sich mit einem Massepunkt mitbewegt, sodass dieser selbst in ihm ruht. Dieses spezielle Koordinatensystem nennt man das **Ruhesystem** des Massepunkts. Ein Beispiel für ein besonderes Ruhesystem ist das begleitende Dreibein aus Abschnitt B 1.3.1.

Neben der Tatsache, dass sich Rechnungen in angepassten Koordinatensystemen stark vereinfachen können und physikalische Eigenschaften häufig besser zu erkennen sind, ist die Erkenntnis, dass es endlos viele, gleichberechtigte Koordinatensysteme gibt, auch konzeptionell wichtig. Die Physik ist immer von dem zu ihrer Beschreibung gewählten mathematischen Koordinatensystem unabhängig.

Bevor wir uns wieder unmittelbar physikalisch motivierten Systemen zuwenden, sei noch auf eine wichtige Tatsache hingewiesen. Wir haben in diesem Abschnitt zwischen den Parametrisierungen durch Koordinaten und den Basisvektoren un-

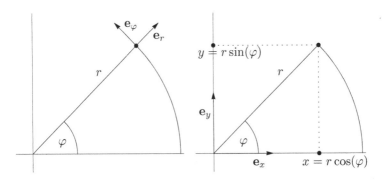

Abb. B 1.3 Darstellung eines Ortspunkts in Polarkoordinaten – links auch in der Basis der Polarkoordinaten ausgedrückt, zum Vergleich rechts in der kartesischen Standardbasis

terschieden. Es ist nämlich durchaus möglich – und sogar üblich – die Parametrisierung zu ändern, ohne die Basisvektoren zu transformieren, wie an folgendem Beispiel deutlich wird:

Eine Kreislinie $k(r, \varphi)$ mit Radius r hat – parametrisiert in ebenen Polarkoordinaten (r, φ), aber in kartesischen Basisvektoren $\mathbf{e}_x, \mathbf{e}_y$ ausgedrückt – die Darstellung $k(r, \varphi) = r\cos(\varphi) \cdot \mathbf{e}_x + r\sin(\varphi) \cdot \mathbf{e}_y$. Andererseits ergibt sich $\mathbf{r} = r \cdot \mathbf{e}_r$, wenn man sie in den, den ebenen Polarkoordinaten zugeordneten Basisvektoren ausdrückt, vergleiche Abbildung B 1.3.

Theoretisch könnte man natürlich auch kartesische Koordinaten mit Basisvektoren der Polarkoordinaten kombinieren oder umgekehrt. Wichtig ist es zu erkennen, welche Kombination der physikalischen Fragestellung angemessen ist, und dann zwischen Parametrisierungen beziehungsweise Koordinaten und den zugehörigen Basisvektoren sauber zu unterscheiden.

> Den hier behandelten Stoff findest du, inklusive einiger weiterführender Bemerkungen, bei JÄNICH 1, Kapitel 17, sowie kurz und kompakt bei NOLTING 1, Kapitel 1.7, und REBHAN 1, Kapitel 2.1.4.

B 1.M   Mathematische Abschnitte

Matheabschnitt 10:

Matrizen

Unter einer $n \times m$-**Matrix** A verstehen wir eine Anordnung von $n \cdot m$ Zahlen in einem Schema der Form

$$A = (a_{jk}) := \begin{pmatrix} a_{11} & a_{12} & \cdots & a_{1m} \\ a_{21} & a_{22} & \cdots & a_{2m} \\ \vdots & \ddots & \ddots & \vdots \\ a_{n1} & a_{n2} & \cdots & a_{nm} \end{pmatrix}.$$

Eine $n \times m$-Matrix hat also n Zeilen und m Spalten. Vektoren sind letztlich nur Spezialfälle dieser Definition. Ein Spaltenvektor ist also eine $1 \times m$-Matrix,

$$\mathbf{v} = v_j = \begin{pmatrix} v_1 \\ v_2 \\ \vdots \\ v_n \end{pmatrix},$$

und ein Zeilenvektor eine $m \times 1$ Matrix,

$$\mathbf{v}^T = v_j^T = \left(\begin{array}{cccc} v_1 & v_2 & \ldots & v_m \end{array} \right)^T,$$

und eine 1×1-Matrix einfach eine reelle Zahl.

Mit $\mathbb{R}^{n \times m}$ bezeichnen wir die Menge aller $n \times m$-Matrizen mit reellen Einträgen.

Wichtige spezielle Matrizen sind **quadratische Matrizen**, bei denen die Anzahl der Spalten und Zeilen gleich ist ($n = m$), sowie **Diagonalmatrizen**, also quadratische Matrizen, bei denen nur die Elemente auf der Hauptdiagonalen von null verschieden sind:

$$\mathrm{diag}(a_1, \ldots, a_n) := \begin{pmatrix} a_1 & 0 & \ldots & 0 \\ 0 & a_2 & \ldots & 0 \\ \vdots & \vdots & \ddots & \vdots \\ 0 & 0 & \ldots & a_n \end{pmatrix}.$$

Eine häufig verwendete Diagonalmatrix ist die **Einheitsmatrix**

$$\mathbb{1} := \mathrm{diag}(1, 1, \ldots, 1) = (\delta_{jk}).$$

Dabei haben wir das Symbol δ_{jk}, **Kronecker-Delta** genannt, eingeführt als

$$\delta_{jk} := \begin{cases} 1 \text{ wenn } j = k \\ 0 \text{ sonst.} \end{cases}$$

Viele Rechenoperationen sind für Matrizen komponentenweise erklärt, also mittels Vorschriften für die Einträge der Matrix. Daher ist es sinnvoll, sie mithilfe einer Indexschreibweise einzuführen. Wir wollen daher unter a_{jk} den Eintrag der Matrix $A = (a_{jk})$ in der j-ten Zeile und k-ten Spalte verstehen.

■ Zwei Matrizen A und B sind gleich, falls $a_{jk} = b_{jk}$ für alle j, k. Das heißt insbesondere, dass beide Matrizen gleich viele Einträge haben, also gleich groß sein müssen.

■ Zwei $n \times m$-Matrizen A und B können einfach komponentenweise zu einer $n \times m$-Matrix C **addiert** werden, nämlich durch

$$c_{jk} = a_{jk} + b_{jk}.$$

■ Die **skalare Multiplikation** $B = \lambda \cdot A$ zwischen einer Matrix A und einer Zahl $\lambda \in \mathbb{R}$ ist erklärt durch

$$b_{jk} = \lambda \cdot a_{jk}.$$

■ Die **Matrixmultiplikation** zweier Matrizen $A \in \mathbb{R}^{n \times m}$ und $b \in \mathbb{R}^{m \times p}$ zu einer Matrix $C = A \cdot B \in \mathbb{R}^{n \times p}$ ist erklärt als

$$c_{jl} = a_{jk} \cdot b_{kl},$$

wobei über den doppelt auftretenden Index k von $k = 1$ bis m zu summieren ist.

Ausgeschrieben liest sich die Multiplikation als

$$A \cdot B = \begin{pmatrix} a_{11} & a_{12} & \cdots & a_{1m} \\ a_{21} & a_{22} & \cdots & a_{2m} \\ \vdots & \ddots & \ddots & \vdots \\ a_{n1} & a_{n2} & \cdots & a_{nm} \end{pmatrix} \cdot \begin{pmatrix} b_{11} & b_{12} & \cdots & b_{1p} \\ b_{21} & b_{22} & \cdots & b_{2p} \\ \vdots & \ddots & \ddots & \vdots \\ b_{m1} & b_{m2} & \cdots & b_{mp} \end{pmatrix} =$$

$$\begin{pmatrix} a_{11}\,b_{11} + a_{12}\,b_{21} + \ldots + a_{1m}\,b_{m1} & \cdots & a_{11}\,b_{1p} + \ldots + a_{1m}\,b_{mp} \\ \vdots & \ddots & \vdots \\ a_{n1}\,b_{11} + a_{n2}\,b_{21} + \ldots + a_{nm}\,b_{m1} & \cdots & a_{n1}\,b_{1p} + \ldots + a_{nm}\,b_{mp} \end{pmatrix}.$$

Man beachte, dass nur Matrizen passender Größe miteinander multipliziert werden können. Die Spaltenanzahl der linken muss mit der Zeilenanzahl der rechten Matrix übereinstimmen. Die Multiplikation einer Matrix mit einem Vektor ist wieder ein Spezialfall hiervon.

Wenn $A \cdot B$ definiert ist, existiert also nicht unbedingt auch $B \cdot A$. Selbst im Fall von quadratischen Matrizen müssen die beiden Produkte aber nicht gleich sein – die Matrixmultiplikation vertauscht nicht wie gewohnt. Man sagt auch, die Matrixmultiplikation ist **nicht kommutativ**.

Zu jeder Matrix A existiert eine **transponierte Matrix** A^T, bei der Zeilen und Spalten gegenüber A vertauscht sind:

$$(a_{jk})^T := (a_{kj}).$$

Manche Matrizen lassen sich invertieren, also umkehren. Die zu einer Matrix A **inverse Matrix** A^{-1} ist definiert durch

$$A \cdot A^{-1} = A^{-1} \cdot A := \mathbb{1}.$$

Matrizen haben in der Mathematik und Physik vielfältige Anwendungen, um abstraktere Größen darzustellen oder Rechnungen zu formalisieren. Die beiden wichtigsten sind die linearen Abbildungen (siehe Matheabschnitt 11) und die Lösung linearer Gleichungssysteme (siehe Matheabschnitt 14).

Eine etwas ausführlichere Einführung zu Matrizen mit einigen Beispielen findet sich unter anderem bei OTTO, Kapitel 2, oder bei LANG/PUCKER, Kapitel 3.2.

Für Fortgeschrittene sei die mathematischere Behandlung zum Beispiel bei GOLDHORN/HEINZ 1, Kapitel 5.A, oder KERNER/WAHL, Kapitel 7.5, empfohlen.

Matheabschnitt 11:

Endlichdimensionale Vektorräume und lineare Abbildungen

Die Definition von Vektoren in Matheabschnitt 4 lässt sich auf mehr als drei Dimensionen und auch andere Grundmengen als die reellen Zahlen verallgemeinern, denn Vektoren sind ein generelles Konzept aus dem mathematischen Teilgebiet der **Linearen Algebra**. Es handelt sich dabei um mathematische Objekte $\mathbf{v}$, die in einem sogenannten **Vektorraum** V leben.

Man nennt eine Menge V mit den zwei Verknüpfungen **Addition** $\oplus$ und **skalare Multiplikation** $\odot$,

$$\oplus : \ V \times V \to V \ \text{ und } \ \odot : \ \mathbb{K} \times V \to V,$$

einen Vektorraum über einem **Körper** $\mathbb{K}$ oder $\mathbb{K}$-Vektorraum (zum Beispiel $\mathbb{K} = \mathbb{R}$), wenn die Verknüpfungen $\oplus$ und $\odot$ für alle $\mathbf{u}, \mathbf{v}, \mathbf{w} \in V$ und $\alpha, \beta \in \mathbb{K}$ die folgenden Eigenschaften haben:

$$\text{Assoziativität der Addition } \ \mathbf{u} \oplus (\mathbf{v} \oplus \mathbf{w}) = (\mathbf{u} \oplus \mathbf{v}) \oplus \mathbf{w},$$
$$\text{Kommutativität der Addition } \ \mathbf{u} \oplus \mathbf{v} = \mathbf{v} \oplus \mathbf{u},$$
$$\text{Existenz eines Nullelements } \ 0_{\mathbb{K}} \oplus \mathbf{v} = \mathbf{v} \oplus 0_{\mathbb{K}} = \mathbf{v},$$
$$\text{Existenz inverser Elemente der Addition } \ (-\mathbf{v}) \oplus \mathbf{v} = \mathbf{v} \oplus -\mathbf{v} = 0_{\mathbb{K}},$$
$$\text{Existenz eines neutralen Elements } \ 1_{\mathbb{K}} \odot \mathbf{v} = \mathbf{v} \odot 1_{\mathbb{K}} = \mathbf{v},$$
$$\text{Linearitätseigenschaften } \ \alpha \odot (\mathbf{u} \oplus \mathbf{v}) = (\alpha \odot \mathbf{u}) \oplus (\alpha \odot \mathbf{v}),$$
$$(\alpha + \beta) \odot \mathbf{v} = (\alpha \odot \mathbf{v}) \oplus (\beta \odot \mathbf{v}),$$
$$\alpha \odot (\beta \odot \mathbf{v}) = (\alpha \cdot \beta) \odot \mathbf{v}.$$

Die Menge $V \times V$ besteht dabei aus allen geordneten Paaren von genau zwei Vektoren, während $\mathbb{K} \times V$ immer genau ein Element aus dem Körper, einen sogenannten **Skalar**, und einen Vektor enthält.

Mit $0_{\mathbb{K}}$ und $1_{\mathbb{K}}$ sind die **neutralen Elemente** des Körpers gemeint. Für $\mathbb{K} = \mathbb{R}$ sind das die gewöhnlichen reellen Zahlen 0 und 1. Wir schreiben für die Verknüpfungen $\oplus$ und $\odot$ häufig auch einfach $+$ und $\cdot$.

Eine Menge von Vektoren $\{\mathbf{v}_j\}$ heißt **linear unabhängig**, wenn keiner von ihnen als **Linearkombination** der anderen dargestellt werden kann, es also für keinen von ihnen $\alpha_k \in \mathbb{K}$ gibt, sodass $\mathbf{v}_j = \sum_k \alpha_k \mathbf{v}_k$.

Eine Teilmenge $B = \{\mathbf{b}_1, \mathbf{b}_2, \ldots, \mathbf{b}_n\} \subset V$ des Vektorraums wird **Basis** genannt, wenn man jeden Vektor $\mathbf{v} \in V$ als eine Linearkombination von Vektoren aus B, das heißt als

$$\mathbf{v} = \sum_{k=1}^{n} \lambda_k \mathbf{b}_k$$

darstellen kann und diese Darstellung eindeutig ist. Deshalb ist eine Basis B eine **maximale linear unabhängige Teilmenge** von V. Wenn man ein weiteres Element aus V zu B hinzufügte, wäre die neue Menge nicht mehr linear unabhängig. Alle Vektorräume haben eine Basis. Die Anzahl der Elemente der Basis wird als **Dimension** $\dim V$ eines Vektorraums V bezeichnet. Die Elemente einer Basis heißen **Basisvektoren**.

Zur konkreten Darstellung von Vektoren aus einem Vektorraum über den reellen Zahlen $\mathbb{R}^n$ sind wie bisher **n-Tupel** üblich. Genauso kann man aber jeden Vektor aus einem abstrakten n-dimensionalen Vektorraum mit einem Vektor aus dem dem $\mathbb{R}^n$ assoziieren, indem man die Entwicklungskoeffizienten λ_k bezüglich einer Basis als n-Tupel auffasst. Man nennt die Koeffizienten λ_k daher auch **Koordinaten**.

Mehr zu den Grundlagen der Linearen Algebra kann man zum Beispiel bei KERNER/WAHL, Kapitel 7.1 bis 7.4, oder GOLDHORN/HEINZ 1, Kapitel 5.A, finden.

Es seien nun V und W zwei endlichdimensionale Vektorräume über dem Körper $\mathbb{K}$. Eine Vorschrift Φ, die jedem Element $v \in V$ höchstens ein Element $w \in W$ zuordnet, nennt man Abbildung $\Phi(v) = w$.

Gilt zusätzlich für alle $v_1, v_2 \in V$ und $\alpha \in \mathbb{K}$ die Linearitätseigenschaft

$$\Phi(\alpha\,v_1 + \alpha\,v_2) = \alpha\,\Phi(v_1) + \alpha\,\Phi(v_2),$$

dann nennt man Φ eine **lineare Abbildung** oder auch **Homomorphismus**. Dabei ist die Addition auf der linken Seite des Gleichheitszeichens in V, auf der rechten Seite in W auszuführen.

Die Eigenschaften injektiv, surjektiv und bijektiv von Funktionen in $\mathbb{R}$ aus Matheabschnitt 2 lassen sich dabei auf lineare Abbildungen verallgemeinern.

Eine besondere Eigenschaft von linearen Abbildungen zwischen Vektorräumen ist die Tatsache, dass sie sich über das Bild einer Basis darstellen lassen.

Dazu sei $\{\bar{v}_j\}_{1 \leq j \leq n}$ eine Basis von V und $v \in V$ dargestellt als $v = \sum\limits_{j=1}^{n} \lambda_j \bar{v}_j$.
Dann kann man unter Ausnutzung der Linearität schreiben:

$$\Phi(v) = \Phi\left(\sum_{j=1}^{n} \lambda_j \bar{v}_j\right) = \sum_{j=1}^{n} \lambda_j \Phi(\bar{v}_j) =: \sum_{j=1}^{n} \lambda_j \tilde{w}_j =: w.$$

Es genügt also zu wissen, wie Φ auf einer Basis von V operiert, um seine Wirkung auf jeden Vektor $v \in V$ eindeutig festzulegen. Ist die Menge $\{\tilde{w}_j\}_{1 \leq j \leq n}$ eine Basis von W, so ist $\dim(V) = \dim(W)$ und die Abbildung Φ damit bijektiv beziehungsweise umkehrbar.

Wir betrachten nun den allgemeineren Fall, dass die Menge $\{\tilde{w}_j\}_{1 \leq j \leq n}$ nicht unbedingt linear unabhängig und damit auch nicht unbedingt eine Basis ist, sondern die Menge $\{\bar{w}_j\}_{1 \leq j \leq m}$ eine Basis eines anderen Vektorraums W mit $\dim W = m$ darstellt. Dann ist für jedes Bild $\tilde{w}_j$ die Entwicklung $\tilde{w}_j = \sum\limits_{k=1}^{m} \mu_{jk} \bar{w}_k$ gültig, also

$$w = \Phi(v) = \sum_{j=1}^{n} \lambda_j \Phi(\bar{v}_j) = \sum_{j=1}^{n} \lambda_j \tilde{w}_j = \sum_{j=1}^{n} \lambda_j \sum_{k=1}^{m} \mu_{jk} \bar{w}_k.$$

Bei festgelegten Basen $\{\bar{v}_j\}_{1 \leq j \leq n}$ und $\{\bar{w}_k\}_{1 \leq k \leq m}$ wird Φ also vollständig durch die $n \cdot m$ Zahlen μ_{jk} beschrieben, die eine $n \times m$-Matrix bilden (vergleiche Matheabschnitt 10). Man bezeichnet daher μ als die **Abbildungsmatrix** von Φ zu den gegebenen Basen $\{\bar{v}_j\}$ und $\{\bar{w}_k\}$.

> Für Details zu linearen Abbildungen aus der physikalischen Perspektive sei auf NOLTING 1, Kapitel 1.6, verwiesen, eine mathematisch ausführlichere Abhandlung ist zum Beispiel bei FISCHER/KAUL 1, §15, zu finden.

Matheabschnitt 12:
Partielle und totale Ableitung

Auch in mehr als einer Dimension kann man integrieren und differenzieren. Allerdings müssen die eindimensionalen Operationen (vergleiche Matheabschnitte 3 und 7) dazu noch einmal neu definiert werden, und es kommen auch einige neue Begrifflichkeiten hinzu: Insbesondere gibt es für Funktionen mehrerer Variablen **unterschiedliche, verschieden starke Formen von Differenzierbarkeit**.

Im Folgenden sei $f \colon \mathbb{R}^n \to \mathbb{R}$ eine Funktion und $\mathbf{x} = (x_1, \ldots, x_n) \in \mathbb{R}^n$ ein Punkt im $\mathbb{R}^n$.

Der schwächste Differenzierbarkeitsbegriff ist die partielle Differenzierbarkeit. Eine Funktion f heißt **partiell differenzierbar** im Punkt $\mathbf{x}$ in Richtung x_j, falls die **partielle Ableitung**

$$\partial_j f := \frac{\partial f}{\partial x_j}(\mathbf{x}) := \lim_{h \to 0} \frac{f(x_1, \ldots, x_{j-1}, x_j + h, x_{j+1}, \ldots, x_n) - f(\mathbf{x})}{h}$$

existiert. Man hält bei der Bildung des Differenzenquotienten also alle Variablen außer x_j konstant und behandelt f als eine Funktion nur einer Veränderlichen x_j.

Die gesamte Funktion f heißt partiell differenzierbar, wenn in jedem Punkt alle partiellen Ableitungen existieren. Existieren nicht alle, aber doch manche partiellen Ableitungen, so spricht man von der Existenz dieser **Richtungsableitungen**.

Die Funktion f heißt **stetig partiell differenzierbar**, falls alle partiellen Ableitungen stetige Funktionen von $\mathbb{R}^n$ nach $\mathbb{R}$ sind. Der Begriff der Stetigkeit lässt sich aus dem Eindimensionalen übertragen:

$$f(\mathbf{x}) \text{ stetig in } \mathbf{x}_0 \iff \lim_{\mathbf{x} \rightsquigarrow \mathbf{x}_0} f(\mathbf{x}) = f(\mathbf{x}_0).$$

Allerdings muss diese Bedingung im Mehrdimensionalen für alle Richtungen und Arten in den Punkt $\mathbf{x}_0$ zu laufen erfüllt sein, hier angedeutet durch $\rightsquigarrow$.

Auch im Mehrdimensionalen bedeutet Stetigkeit von f also anschaulich gesprochen, dass die Funktion in keiner Richtung abrupte Sprünge macht.

Sind die partiellen Ableitungen nicht nur stetig, sondern existieren auch wieder bestimmte Richtungsableitungen, kann man auch **zweite (und höhere) partielle Ableitungen** bilden. Dabei sind sowohl reine Formen $\partial_j \partial_j f(\mathbf{x})$, bei denen zweimal nach der gleichen Variable abgeleitet wird, als auch gemischte Formen $\partial_j \partial_k f(\mathbf{x}), (j \neq k)$, möglich.

Wenn die partielle Ableitung $\partial_j \partial_k f(\mathbf{x})$ existiert und stetig ist, dann garantiert der **Satz von Schwarz**, dass auch $\partial_k \partial_j f(\mathbf{x})$ gebildet werden kann und dass gilt:

$$\partial_j \partial_k f(\mathbf{x}) = \partial_k \partial_j f(\mathbf{x}).$$

Die mathematischen Voraussetzungen für die Gültigkeit des Satzes von Schwarz sind in der klassischen Mechanik immer erfüllt.

Interessanterweise folgt aus der partiellen Differenzierbarkeit im Unterschied zum eindimensionalen Fall nicht die Stetigkeit, sondern nur die Stetigkeit in Richtung der Koordinatenachsen. Dies liegt daran, dass bei der Definition der partiellen Ableitungen die nun mehrdimensionale Funktion im Wesentlichen als eine Reihe von eindimensionalen Zuordnungen aufgefasst wurde.

Einen stärkeren Begriff der Differenzierbarkeit bietet die Definition der **totalen Differenzierbarkeit**, bei der ein Differenzenquotient nun für die gesamte Funktion $f\colon \mathbb{R}^n \to \mathbb{R}$ gebildet wird.

Dazu stelle man sich vor, dass alle Koordinaten x_j von einem gemeinsamen Parameter (zum Beispiel der Zeit t) abhängen, also $x_j = x_j(t)$. Wir betrachten hierfür die folgende Rechnung:

$$\frac{\mathrm{d}f}{\mathrm{d}t} := \lim_{h\to 0} \frac{1}{h} \cdot \left[f\Big(x_1(t+h), \ldots, x_n(t+h)\Big) - f\Big(\mathbf{x}(t)\Big) \right]$$

$$= \lim_{h\to 0} \frac{1}{h} \cdot \left[f\Big(x_1(t+h), \ldots, x_n(t+h)\Big) \right.$$

$$- f\Big(x_1(t), x_2(t+h), \ldots, x_n(t+h)\Big)$$

$$+ f\Big(x_1(t), x_2(t+h), x_3(t+h), \ldots, x_n(t+h)\Big)$$

$$- f\Big(x_1(t), x_2(t), \ldots, x_n(t+h)\Big)$$

$$+ \ldots$$

$$\left. + f\Big(x_1(t), x_2(t), \ldots, x_n(t+h)\Big) - f\Big(\mathbf{x}(t)\Big) \right].$$

Mit $\Delta x_j := x_j(t+h) - x_j(t)$ ($\Rightarrow \lim_{h\to 0} \Delta x_j = 0$) und $x_j := x_j(t)$ lässt sich dies kürzer schreiben als:

$$\frac{\mathrm{d}f}{\mathrm{d}t} = \lim_{h\to 0} \sum_{j=1}^{n} \frac{\Delta x_j}{h} \frac{1}{\Delta x_j} \cdot \left[f\Big(x_1, \ldots, x_j + \Delta x_j, \ldots, x_n + \Delta x_n\Big) \right.$$

$$\left. - f\Big(x_1, \ldots, x_j, \ldots, x_n + \Delta x_n\Big) \right]$$

$$= \sum_{j=1}^{n} \frac{\partial f(\mathbf{x})}{\partial x_j} \frac{\mathrm{d}x_j}{\mathrm{d}t},$$

wobei bei der letzten Umformung wesentlich eingeht, dass sowohl die $x_j(t)$ als auch die partiellen Ableitungen stetig sind. Dies ist die **totale Ableitung** der Funktion $f(\mathbf{x})$ nach t. Entfernt man noch die Abhängigkeit vom Parameter t, so erhält man das sogenannte **totale Differential**

$$\mathrm{d}f = \sum_{j=1}^{n} \frac{\partial f(\mathbf{x})}{\partial x_j} \, \mathrm{d}x_j,$$

das in der Mathematik eine entscheidende Rolle spielt. In der obigen Herleitung wird deutlich: Stetig partiell differenzierbare Funktionen sind immer total differenzierbar.

Im Folgenden bezeichnet also $\partial_j f$ immer eine partielle Ableitung von f nach der j-ten Koordinate und df die totale Ableitung.

> Empfehlenswert für den schnellen Überblick zu diesen Ableitungsbegriffen sind OTTO, Kapitel 4.2, und NOLTING 1, Kapitel 1.5.2. Bei WELTNER 2, Kapitel 14, und JÄNICH 1, Kapitel 7.1, wird dem etwas mehr Raum gelassen ohne sich im rein Mathematischen zu verlieren. In all diesen Büchern sind jeweils auch einige Beispiele zu finden.

Matheabschnitt 13:

Differentialrechnung im $\mathbb{R}^n$ und Jacobi-Matrix

In Matheabschnitt 12 haben wir bereits gesehen, dass stetig partiell differenzierbare Funktionen $f(\mathbf{x})$ mehrerer Veränderlicher auch total differenzierbar sind und eine totales Differential df besitzen.

Wir verallgemeinern jetzt die Diskussion auf Funktionen, die Vektoren auf Vektoren abbilden, $\mathbf{F} : \mathbb{R}^n \to \mathbb{R}^m$. Mit der Anschauung, dass Ableitungen lokale lineare Approximationen von Funktionen (Linearisierungen, vergleiche auch Matheabschnitt 17) sind, lässt sich die **Differenzierbarkeit im $\mathbb{R}^n$** am natürlichsten verstehen.

Wir definieren daher: Die Funktion $\mathbf{F}$ heißt **total differenzierbar** im Punkt $\mathbf{a} \in \mathbb{R}^n$, falls eine lineare Abbildung $L \colon \mathbb{R}^n \to \mathbb{R}^m$ und eine Vektorfunktion $\mathbf{r} \colon \mathbb{R}^n \to \mathbb{R}$ existieren, sodass sich $\mathbf{F}$ bis auf den Fehlerterm $\mathbf{r}$ durch L approximieren lässt. An der Stelle $\mathbf{a} + \mathbf{v}$ soll also gelten:

$$\mathbf{F}(\mathbf{a} + \mathbf{v}) =: \mathbf{F}(\mathbf{a}) + L\,\mathbf{v} + \mathbf{r}(\mathbf{v}), \qquad (\text{B } 1.3)$$

wobei $\mathbf{r}$ schneller gegen 0 gehen muss als $|\mathbf{v}|$, das heißt

$$\frac{|\mathbf{r}(\mathbf{v})|}{|\mathbf{v}|} \to 0 \text{ für } |\mathbf{v}| \to 0.$$

Die gesamte Funktion $\mathbf{F}$ heißt total differenzierbar, falls sie in jedem Punkt ihres Definitionsbereichs total differenzierbar ist.

Die lineare Abbildung L ist damit die totale Ableitung von $\mathbf{F}$ im Punkt $\mathbf{a}$. Sie wird auch mit $D_F(\mathbf{a})$ bezeichnet. Die Abbildungsmatrix von $D_F(\mathbf{a})$ bezüglich der Standardbasis an der Stelle $\mathbf{a} \in \mathbb{R}^n$ heißt **Jacobi-Matrix** und wird mit $J_F(\mathbf{a})$ oder ebenfalls $D_F(\mathbf{a})$ bezeichnet.

Um sie konkret auszurechnen, werten wir Gleichung (B 1.3) statt für $\mathbf{v}$ für $t\mathbf{v}$ aus und lassen später den Skalar t gegen 0 laufen. Wir können die Gleichung dann umstellen zu

$$J_F(\mathbf{a})\,\mathbf{v} = \frac{\mathbf{F}(\mathbf{a} + t\,\mathbf{v})}{t} - \frac{\mathbf{F}(\mathbf{a})}{t} - \frac{\mathbf{r}(t\,\mathbf{v})}{t}.$$

Im Grenzwert $\lim_{t \to 0}$ ergibt sich mit der geforderten Eigenschaft von $\mathbf{r}$:

$$J_F(\mathbf{a})\,\mathbf{v} = \frac{\mathrm{d}}{\mathrm{d}t}\mathbf{F}\,(\mathbf{a} + t\,\mathbf{v})|_{t=0}\,.$$

Die Einträge der Jacobi-Matrix ergeben sich dann wie bei allen Abbildungsmatrizen daraus, dass die Spalten die Bilder der Einheitsvektoren $\mathbf{e}_j$ sind. Für $\mathbf{v} = \mathbf{e}_j$ erhalten wir daher

$$J_F(\mathbf{a})\,\mathbf{e}_j = \left.\frac{\mathrm{d}\mathbf{F}(\mathbf{a} + t\,\mathbf{e}_j)}{\mathrm{d}t}\right|_{t=0} = \frac{\partial \mathbf{F}}{\partial a_j}(\mathbf{a}).$$

Die Jacobi-Matrix enthält also gerade die partiellen Ableitungen:

$$J_F(\mathbf{a}) = \begin{pmatrix} \frac{\partial \mathbf{F}_1}{\partial x_1}(\mathbf{a}) & \frac{\partial \mathbf{F}_1}{\partial x_2}(\mathbf{a}) & \cdots & \frac{\partial \mathbf{F}_1}{\partial x_n}(\mathbf{a}) \\ \vdots & \vdots & \ddots & \vdots \\ \frac{\partial \mathbf{F}_m}{\partial x_1}(\mathbf{a}) & \frac{\partial \mathbf{F}_m}{\partial x_2}(\mathbf{a}) & \cdots & \frac{\partial \mathbf{F}_m}{\partial x_n}(\mathbf{a}) \end{pmatrix}.$$

Zwischen den verschiedenen **Differenzierbarkeitsbegriffen** existieren einige **Zusammenhänge**, die man sich merken sollte:

Ist $\mathbf{F}$ beidseitig differenzierbar in jede Richtung, das heißt existiert der Differenzentquotient für $t > 0$ und $t < 0$, so ist $\mathbf{F}$ auch partiell differenzierbar. Ist $\mathbf{F}$ total differenzierbar, dann ist $\mathbf{F}$ in alle Richtungen differenzierbar (also auch partiell differenzierbar). Die Einträge der Jacobi-Matrix sind dann wie oben gerade wieder die partiellen Ableitungen

$$J_F(\mathbf{a}) = \left(\frac{\partial \mathbf{F}}{\partial x_1}(\mathbf{a}), \dots, \frac{\partial \mathbf{F}}{\partial x_n}(\mathbf{a}) \right).$$

Die Richtungsableitung in Richtung $\mathbf{v} = (v_1, \dots, v_n)$ kann leicht ausgerechnet werden, indem man die totale Ableitung auf den Vektor $\mathbf{v}$ anwendet:

$$J_F(\mathbf{a})\,\mathbf{v} = \sum_{i=1}^{n} \frac{\partial \mathbf{F}}{\partial x_i}(\mathbf{a})\,v_i.$$

Die Umkehrungen gelten allerdings nicht:

Aus der partiellen Differenzierbarkeit folgt weder die totale Differenzierbarkeit noch die beidseitige oder einseitige Differenzierbarkeit in solchen Richtungen, die keine Koordinatenrichtungen sind. Auch aus der beidseitigen Differenzierbarkeit in alle Richtungen folgt nicht die totale Differenzierbarkeit. Das gilt selbst dann, wenn der Kandidat für die totale Ableitung, die Abbildung $\mathbf{v} \mapsto J_F(a)\mathbf{v}$, linear ist.

Anders ist es, wenn man nicht nur die Existenz, sondern auch die Stetigkeit der partiellen Ableitungen voraussetzt. Ist **F** stetig partiell differenzierbar, so ist **F** auch total differenzierbar. Man nennt stetig partiell differenzierbare Funktionen deshalb auch einfach stetig differenzierbar. Auch hier gilt die Umkehrung nicht – aus totaler Differenzierbarkeit folgt nicht die Stetigkeit der partiellen Ableitungen.

Insgesamt gilt somit die Kette:

stetige partielle Differenzierbarkeit

$\Rightarrow$ totale Differenzierbarkeit

$\Rightarrow$ Differenzierbarkeit in jede Richtung

$\Rightarrow$ partielle Differenzierbarkeit.

> Gute und nicht zu mathematische Darstellungen zur mehrdimensionalen Differentiation finden sich nur wenige, wir empfehlen JÄNICH 1, Kapitel 10. Vollständiger, aber zugleich deutlich abstrakter geht es bei GOLDHORN/HEINZ 1, Kapitel 9, und FISCHER/KAUL 1, §22, zu.

Matheabschnitt 14:
Lineare Gleichungssysteme und Determinanten

In Matheabschnitt 10 haben wir Matrizen kennengelernt. Ein weiteres nützliches Werkzeug im Zusammenhang mit quadratischen (also $n \times n$-) Matrizen $A = (a_{jk})$ ist die **Determinante** $\det(A)$.

Unter der Determinante einer quadratischen Matrix A versteht man die ihr durch folgende Abbildung zugeordnete Zahl:

$$\det\colon A \mapsto \det(A) = |A| := \sum_\sigma \operatorname{sgn}(\sigma) \left(a_{1,\sigma(1)} \cdot a_{2,\sigma(2)} \cdot \ldots \cdot a_{n,\sigma(n)} \right).$$

Dabei bezeichnet σ eine **Permutation von Indizes**, also eine Vertauschung der Reihenfolge der Indizes, zum Beispiel

$$\sigma_1\colon (1,2,3) \mapsto (2,3,1) \quad \text{oder} \quad \sigma_2\colon (1,2,3) \mapsto (2,1,3).$$

Die Gesamtzahl der möglichen Permutationen ist

$$n! := n \cdot (n-1) \cdot \ldots 1,$$

wie man sich am Beispiel für $n = 3 \Rightarrow n! = 6$ leicht überlegen kann.

Die kurze Schreibweise für das Produkt der ersten n natürlichen Zahlen, $n! := (n \cdot (n-1) \cdot (n-2) \cdot \ldots \cdot 2 \cdot 1)$, wird **Fakultät** von n genannt. Für $n = 0$ ist $0! = 1$ definiert.

Das Vorzeichen einer Permutation $\mathrm{sgn}(\sigma)$ ergibt sich aus der Anzahl der einzelnen Vertauschungen: Das Vorzeichen einer Permutation ist definiert als $+1$, wenn eine gerade Anzahl von Vertauschungen nötig ist, und als -1, wenn die Anzahl der Vertauschungen ungerade ist. Beim ersten obigen Beispiel sind zwei Vertauschungen notwendig, daher $\mathrm{sgn}(\sigma_1) = +1$, beim zweiten ist es nur eine, $\mathrm{sgn}(\sigma_2) = -1$.

Die Determinante ist also die Summe der Produkte der Matrixeinträge in allen möglichen Permutationen der Spalten.

Wozu aber ist das nützlich? Jedes **lineare Gleichungssystem** (LGS) lässt sich als Matrix schreiben. Wir betrachten hier als übersichtliches Beispiel ein System aus zwei Gleichungen in den reellen Zahlen und zwei Unbekannten, x und y, die Überlegungen lassen sich aber auf beliebige n übertragen:

$$\begin{matrix} a_{11}\,x + a_{12}\,y = b_1 \\ a_{21}\,x + a_{22}\,y = b_2 \end{matrix} \quad \Leftrightarrow \quad \begin{pmatrix} a_{11} & a_{12} \\ a_{21} & a_{22} \end{pmatrix} \begin{pmatrix} x \\ y \end{pmatrix} = \begin{pmatrix} b_1 \\ b_2 \end{pmatrix} \quad \Leftrightarrow: \ A\,\mathbf{r} = \mathbf{b}.$$

Durch Auflösen nach y und Einsetzen in die zweite Gleichung kann man in diesem Fall einfach die allgemeine Lösung

$$x = \frac{a_{22}\,b_1 - a_{12}\,b_2}{a_{11}\,a_{22} - a_{12}\,a_{21}} \quad \text{und} \quad y = \frac{a_{11}\,b_2 - a_{21}\,b_1}{a_{11}\,a_{22} - a_{12}\,a_{21}}$$

bestimmen. In beiden Nennern steht der gleiche Term, der gerade die Determinante von A nach unserer obigen Definition ist:

$$\det(A) = +1 \cdot (a_{11}\,a_{22}) - 1 \cdot (a_{12}\,a_{21}) = a_{11}\,a_{22} - a_{12}\,a_{21}.$$

Offensichtlich hat das LGS gerade dann keine Lösung, wenn der Nenner verschwindet. Daher ist dies die notwendige und hinreichende Bedingung für die Lösbarkeit des LGS zu $\mathbf{r} = A^{-1}\,\mathbf{b}$ und damit für die **Invertierbarkeit** der Matrix A:

$$\det(A) \neq 0 \ \Leftrightarrow \ A^{-1} \ \text{existiert}.$$

Auch wenn wir es hier nur für $n = 2$ demonstriert haben, gilt dieses Kriterium tatsächlich für alle n.

Anhand der obigen Definition kann man mit etwas Rechnen einige nützliche Eigenschaften der Determinante herleiten:

- $\det(A) = 0 \ \Leftrightarrow$ Eine Zeile oder Spalte von A ist proportional oder gleich zu einer anderen oder null.
- Unter paarweiser Vertauschung zweier Zeilen oder Spalten wechselt das Vorzeichen der Determinante.
- Die Determinante ändert sich bei Transposition der Matrix, $\det(A) = \det(A^T)$, nicht.

- Die Determinante ändert sich nicht, wenn zu einer Zeile (oder Spalte) der Matrix das Vielfache einer anderen Zeile (beziehungsweise Spalte) hinzuaddiert wird.
- Die Determinante ist multiplikativ, das heißt $\det(A \cdot B) = \det(A) \cdot \det(B)$.

Diese Eigenschaften kann man sich zunutze machen, um Lineare Gleichungssysteme zu lösen. Auch in der mehrdimensionalen Analysis hat die Determinante Anwendungen (siehe die Matheabschnitte 13 und 16).

Unsere Einführung ist angelehnt an LANG/PUCKER, Kapitel 3.1. Einen auf das Wesentliche reduzierten Überblick zum Thema bietet zum Beispiel auch HERRMANN, Kapitel 2 und 3. Formaler und umfassender, aber auch noch gut verständlich werden Determinanten bei FISCHER/KAUL 1, §17, oder JÄNICH 1, Kapitel 11, eingeführt.

B 2 Grundlagen der Dynamik

Nach der kinematischen Beschreibung von Bewegungen stellt sich die Frage nach den Ursachen für diese Bewegungen. Diese Ursachen lassen sich immer in der **Wechselwirkung** zwischen verschiedenen Objekten finden. Letztendlich ist die Frage nach der Ursache von Bewegung eine philosophische Frage, die jenseits der Möglichkeiten der Naturwissenschaften liegt. Die Physik verschiebt diese Frage aber auf eine sehr viel allgemeinere Ebene und erlaubt so ein sehr viel präziseres Sprechen und Denken über Naturphänomene und deren möglichst exakte Untersuchung. Für Literatur zu diesen Überlegungen verweisen wir auf den Anfang von Kapitel A 2, für weiterführende Gedanken auch auf die Einführung in Kapitel C 2.

In der **Dynamik** versucht man zu diesem Zweck, alle mechanischen Phänomene aus möglichst wenigen grundlegenden **Axiomen** abzuleiten. Dafür ist die Einführung einiger neuer Begriffe notwendig, die über die Kinematik hinausgehen und zunächst keine direkte Anschauung haben.

B 2.1   Impuls und Kraft

Als zusätzliche Begriffe zur Analyse von Bewegungen haben sich vor allem die Kraft und der Impuls als nützlich erwiesen, wie wir in Abschnitt A 2.1 motiviert haben.

Der **Impuls eines Objekts** ist zunächst rein formal definiert als das Produkt
zweier aus der Kinematik bekannter Größen, nämlich dessen Masse und dessen
Geschwindigkeit:

$$\mathbf{p} := m \cdot \dot{\mathbf{r}}.$$

In Abschnitt B 2.2 führen wir näher aus, aus welchen Gründen es zu dieser Begriffsbildung kommt.

Als **Kraft F** führen wir eine vektorielle Größe ein, die die **Wechselwirkung
zwischen zwei Objekten** 1 und 2 mit den Massen m_1 beziehungsweise m_2 beschreibt. Im Gegensatz zum Impuls, der eine Eigenschaft eines Objektes darstellt,
ist eine Kraft eine Beziehung zwischen verschiedenen physikalischen Objekten. Sie
könnte zunächst einmal von all deren kinematischen Größen abhängen, tatsächlich
treten aber bei in der Natur realisierten Kräften nur maximal erste Ableitungen
des Ortes auf. Dies spiegelt sich dann auch in den Newtonschen Axiomen wider,
wir verweisen daher auch hier auf die Diskussion in Abschnitt B 2.2.

Wir definieren also zunächst die Kraft zwischen zwei Objekten abstrakt als eine
Funktion

$$\mathbf{F}_{12} := \mathbf{F}_{12}(m_1, m_2, t, \mathbf{r}_1, \dot{\mathbf{r}}_1, \mathbf{r}_2, \dot{\mathbf{r}}_2,) \in \mathbb{R}^3.$$

Häufig ist es zweckmäßig, alle auf einen bestimmten Körper wirkenden Kräfte zu
einer Gesamtkraft zusammenzufassen. Dadurch entsteht ein sogenanntes Feld, welches nicht die Wechselwirkung zwischen zwei Objekten, sondern alle auf einen Körper einwirkenden Kräfte beschreibt. Wir werden uns damit in Abschnitt B 2.3.1
näher befassen.

Die experimentelle Erfahrung zeigt, dass die Wechselwirkung zwischen verschiedenen Objekten unterschiedlich beschaffen sein kann. Daher muss das genaue Aussehen der Kraft je nach physikalischer Situation ermittelt werden. Zu diesem Zweck
wird aus einer begrenzten Anzahl von Messungen der Einwirkung eines Objekts
auf die Bahnkurven anderer Objekte auf eine mathematische Form von **F** geschlossen, die die Messergebnisse reproduziert und Vorhersagen für alle anderen
(nicht gemessenen) Fälle erlaubt. Sollte sich durch weitere Messungen herausstellen, dass die Kraft **F** nicht von der gefundenen Form sein kann, so muss eine
bessere Beschreibung gesucht werden. Die genaue Form einer Kraft ist also eine
aus experimenteller Erfahrung gewonnene Tatsache und kann nicht weiter
begründet werden.

Es ist dazu aber wichtig, zwischen abgeschlossenen und offenen Systemen zu
unterscheiden. Man nennt ein System **abgeschlossen**, wenn die Dynamik der
zum System gehörenden Objekte allein durch Kräfte zwischen diesen Objekten,
sogenannte **innere** oder **interne Kräfte**, beschrieben werden kann. Diese können
daher in einem abgeschlossenen System auch nur von den räumlichen Abständen
abhängen. So lässt sich zum Beispiel die Kraft zwischen zwei Massepunkten mit

Massen m_1 und m_2 als abhängig von den Massen und den **relativen Koordinaten** $\mathbf{r}_{12} := |\mathbf{r}_1 - \mathbf{r}_2|$ etc. schreiben:

$$\mathbf{F}_{int} := \mathbf{F}(m_1, m_2, \mathbf{r}_{12}).$$

Eine Abhängigkeit der inneren Kräfte von Zeiten und Geschwindigkeiten scheidet physikalisch aus, wie bei der Betrachtung der Energieerhaltung in Abschnitt B 3.3 deutlich wird.

Dahingegen können in **offenen Systemen äußere** oder **externe Kräfte** existieren, deren Wirkung auf ein Objekt im System dann von den **absoluten Koordinaten** abhängen kann:

$$\mathbf{F}_{ext} := \mathbf{F}(m, t, \mathbf{r}, \dot{\mathbf{r}}).$$

Ein System ist auch dann als offen zu betrachten, wenn innere Kräfte, wie zum Beispiel Reibungskräfte (vergleiche Abschnitt A 2.3.1), berücksichtigt werden. Es besteht dann eine Wechselwirkung zwischen den mechanischen Eigenschaften und der Wärme eines Körpers (die aber nicht mechanisch beschrieben werden kann). Genau genommen ist ein reales mechanisches System immer offen in Bezug auf innere Eigenschaften der Materie, aber man vernachlässigt dies meist, wenn die Auswirkungen nur geringfügig sind.

Ein für theoretische Überlegungen sehr wichtiger Spezialfall bei Wechselwirkungen ist die **Kräftefreiheit** eines Körpers. Mit Kräftefreiheit ist dabei die Abwesenheit jeglicher Wechselwirkung mit anderen Objekten gemeint. Letzteres ist natürlich immer eine Idealisierung, die sich nur dann tatsächlich erreichen ließe, wenn es keine Objekte in der Umgebung des Körpers gäbe. Man sagt daher auch, der Körper sei **umgebungsfrei**.

Der Kraftbegriff ist ohne weitere Einbettung in die Theorie der Mechanik zunächst einmal inhaltsleer. Er erhält erst innerhalb der Axiome der Mechanik Bedeutung, in deren Rahmen er die Brücke zwischen Kinematik und Wechselwirkungen und auch zwischen grundsätzlicher Theoriebildung und praktischer Anwendung bildet.

B 2.2 Newtons Axiome der klassischen Mechanik

Die komplette Dynamik eines mechanischen Systems lässt sich aus vier Axiomen ableiten, die **Newtonsche Axiome** genannt werden. Sie sind die aus experimenteller Erfahrung abgeleiteten Grundpostulate der klassischen Mechanik. Wir hatten in Abschnitt A 2.2 einige Überlegungen angestellt und begründet, warum gerade diese Gesetze die physikalische Welt beschreiben. Hier wollen wir sie jedoch, ohne weitere Zuhilfenahme von experimentellen Beobachtungen und Erfahrungen, als System von Axiomen annehmen. In Abschnitt C 2.2 wird eine alternative Axiomatisierung vorgestellt, die vor allem auf geometrischen Überlegungen zur Raumzeit beruht.

Erstes Newtonsches Axiom – Trägheitsaxiom

Es existieren Bezugssysteme, in denen alle kräftefreien Massepunkte im **Zustand der Ruhe** oder der **geradlinig gleichförmigen Bewegung** verharren. Diese Koordinatensysteme heißen **Inertialsysteme**.

In einem solchen Inertialsystem ändert sich also der Bewegungszustand eines kräftefreien Objekts nicht. Unter Bewegungszustand verstehen wir nicht die Geschwindigkeit, sondern den Impuls eines Teilchens. Ändert sich die Masse, ändert sich auch der Bewegungszustand (Impuls), es sei denn $\dot{\mathbf{r}}$ kompensiert diese Änderung gerade. Das wird zum Beispiel beim Antrieb einer Rakete ausgenutzt.

Das erste Newtonsche Axiom fordert also sowohl die Existenz von Inertialsystemen als auch eine mathematisch exakte Aussage in solchen Systemen, nämlich

$$\mathbf{F} = 0 \Rightarrow \mathbf{p} = m\,\dot{\mathbf{r}} = \text{const.} \tag{B 2.1}$$

Das erste Axiom macht anschauliche Konzepte wie Ruhe und Bewegung erst mathematisch handhabbar und definiert damit den Rahmen, in dem sich die Dynamik abspielt. Inertialsysteme spielen in der weiteren Diskussion daher eine große Rolle.

Zweites Newtonsches Axiom – Aktionsaxiom

In einem Inertialsystem ist die Änderung des Impulses eines Massepunkts proportional und gleichgerichtet zur einwirkenden Kraft:

$$\mathbf{F} = \dot{\mathbf{p}} = \frac{\mathrm{d}}{\mathrm{d}t}(m \cdot \dot{\mathbf{r}}). \tag{B 2.2}$$

Für $m = \text{const.}$ gilt insbesondere

$$\mathbf{F} = m\,\ddot{\mathbf{r}}. \tag{B 2.3}$$

Diese sogenannte **Grundgleichung der Mechanik** füllt den Begriff der Kraft mit Leben, indem sie dieses abstrakte Konzept mit direkt messbaren Größen verknüpft. Sie definiert damit also, wie eine Kraft auf die Umwelt einwirkt. Es ist aber zu beachten, dass Gleichung (B 2.3) keine Definition der Kraft an sich ist. Sie beschreibt nur, welche Auswirkungen eine unabhängig von einem Objekt der Masse m existierende Kraft $\mathbf{F}$ auf dieses hat.

Das Aktionsaxiom entfaltet seine Aussagekraft zunächst ausschließlich in dem durch das erste Axiom aufgespannten Rahmen der Inertialsysteme. Die Verallgemeinerung auf nicht-inertiale Bezugssysteme wird in Abschnitt B 3.2 behandelt. Dort wird auch deutlich, warum die Beschreibung von physikalischen Phänomenen in Inertialsystemen so viel einfacher ist.

Drittes Newtonsches Axiom – Reaktionsaxiom

Die wechselseitigen Wirkungen zweier Körper m_j und m_k aufeinander sind immer entgegengesetzt in der Richtung und haben den gleichen Betrag:

$$\mathbf{F}_{jk} = -\mathbf{F}_{kj}. \qquad\qquad (\text{B 2.4})$$

Auf diesem Axiom beruht die Festlegung der Verhältnisse der Massen zueinander, denn für zwei umgebungsfreie Massepunkte mit Massen m_j, m_k gilt:

$$m_j \ddot{\mathbf{r}}_j = \mathbf{F}_{jk} = -\mathbf{F}_{kj} = -m_k \ddot{\mathbf{r}}_k$$
$$\Rightarrow m_k = m_j \frac{|\ddot{\mathbf{r}}_j|}{|\ddot{\mathbf{r}}_k|}.$$

Durch Messung der Beträge der Beschleunigungen zweier Körper in einem Inertialsystem lassen sich prinzipiell alle Massen auf eine Bezugsmasse (hier m_j) zurückführen.

Viertes Newtonsches Axiom – Superpositionsprinzip

Es gilt das Superpositionsprinzip in der folgenden Form: Falls auf einen Massepunkt n Kräfte $\mathbf{F}_k$ wirken, addieren sie sich vektoriell zu einer **Gesamtkraft**

$$\mathbf{F}_{ges} = \sum_{k=1}^{n} \mathbf{F}_k. \qquad\qquad (\text{B 2.5})$$

Das Superpositionsprinzip kann man auch so interpretieren, dass sich die gesamte Kraft auf einen Massepunkt immer in Teilkräfte zerlegen lässt.

Auch wenn das Superpositionsprinzip von Newton ursprünglich nicht als Axiom betrachtet wurde und es in der Literatur häufig die Rolle eines Zusatzes zu den drei historischen Axiomen spielt, sind praktische Berechnungen ohne das Superpositionsprinzip nicht möglich. Daher wollen wir hier seine fundamentale Bedeutung hervorheben.

Prinzip des Determinismus

Newtons grundlegende Naturbeobachtung war, dass jede Trajektorie eindeutig durch die vorgegebenen Anfangswerte von Ort und Geschwindigkeit festgelegt ist. Dies ist auch als **Prinzip des Determinismus** bekannt.

Das Prinzip des Determinismus spiegelt sich im zweiten Axiom darin wider, dass die Gleichung (B 2.3) keine Ableitungen dritter oder höherer Ordnung enthält. Wäre das der Fall, müssten zu ihrer Lösung über Ort und Geschwindigkeit hinaus noch Anfangsbedingungen für die höheren Ableitungen festgelegt werden (vergleiche Matheabschnitte 7 und 8). Enthielte die Gleichung dritte und höhere Ableitungen des Ortes nach der Zeit, müsste folglich für die Beschleunigung ein Anfangswert vorgegeben werden. Es ließen sich dann leicht Fälle konstruieren, die das dritte und vierte Axiom verletzten.

Warum aber kann die Kraft **F** auf ein Objekt selbst nicht auch von dessen Beschleunigung abhängen? Das folgende einfache Gegenbeispiel zeigt bereits im Eindimensionalen, dass dies das Superpositionsprinzip verletzten würde:

Wir betrachten zwei Kräfte F_1 und F_2 als Funktionen der Beschleunigung $\ddot{x}$ wie in Abbildung B 2.1 und untersuchen die durch

$$m\ddot{x}_k = F_k(\ddot{x}_k),\ k = 1,2$$

beschriebene Bewegung. Die tatsächliche Beschleunigung $\ddot{x}_1$ ergäbe sich für F_1 aus dem Schnittpunkt der Kurven für $\ddot{x}_1$ und F_1/m und analog bei Wirkung der Kraft F_2 aus den entsprechenden Kurven. Das Gleiche gilt auch bei gleichzeitiger Wirkung beider Kräfte – $\ddot{x}_{12}$ lässt sich am Schnittpunkt von $\ddot{x}_{12}$ und $\frac{F_1+F_2}{m}$ ablesen. Wegen des Superpositionsprinzips aus Gleichung (B 2.5) müssen

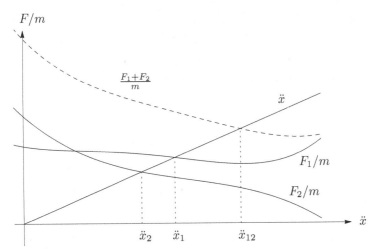

Abb. B 2.1 Beschleunigungsabhängige Kräfte verletzen des Superpositionsprinzip

sich auch die Beschleunigungen $\ddot{x}_k$ wie Vektoren addieren, $\ddot{x}_1 + \ddot{x}_2 = \ddot{x}_{12}$. Für das Beispiel aus Abbildung B 2.1 ist das aber klar nicht erfüllt. Lassen wir also beschleunigungsabhängige Kräfte zu, erlauben wir auch gleichzeitig Kräfte, die das Superpositionsprinzip verletzen.

Die eben verwendete Methode einer graphischen Lösung von Gleichungen wird in der Physik manchmal verwendet, wenn eine rechnerische Lösung nicht möglich oder wie hier nicht erforderlich ist.

Es lassen sich zwar prinzipiell beschleunigungsabhängige Kräfte konstruieren, die das Superpositionsprinzip erfüllen. Diese Spezialfälle sind in der Mechanik aber aller bisherigen Erfahrung nach nicht realisiert. Die Grundgleichung der Mechanik lautet also immer:

$$\mathbf{F}(t, \mathbf{r}, \dot{\mathbf{r}}) = m\,\ddot{\mathbf{r}}.$$

Die Newtonschen Axiome verknüpfen die kinematischen Begriffe aus Gleichung (B 1.1) mit dem der Kraft als Ursache einer Bewegung. Die zwei Begriffe Kraft und Masse waren zuvor sehr abstrakt und gewinnen durch die Formulierung des Zusammenhangs zwischen ihnen überhaupt erst an konkreter Bedeutung.

Es erscheint vielleicht methodisch unsauber, auf diesem Wege zwei Größen, nämlich die Masse und die Kraft, zugleich zu bestimmen. Dies ist aber der gebräuchlichste Weg, die Mechanik zu axiomatisieren. Er hat sich aufgrund seiner Nähe zu alltäglichen Begriffen bewährt. Solange diese Axiome mit dem dazugehörigen Verständnis der verwendeten Begriffe nicht zu Aussagen führen, die im Experiment widerlegt werden, können sie als gültig angenommen werden. Wir werden in Abschnitt C 2.2 weitere Wege der mathematischen Formulierung kennenlernen. Dort wird ein gänzlich anderes (aber äquivalentes) Axiomensystem verwendet, um die Theorie zu entwickeln und die Ergebnisse von Experimenten vorherzusagen.

Mit diesen vier Axiomen ist die gebräuchlichste Newtonsche Formulierung der klassischen Mechanik abgeschlossen. Wir entwickeln bis zum Ende des Kapitels die Methoden, mit denen man die Theorie anwenden kann.

> Viele andere Lehrbücher beschränken sich darauf, die Newtonschen Axiome zu Beginn hinzuschreiben, ohne sie tiefer zu erläutern. Eine sehr empfehlenswerte, intensive Diskussion der Axiome findet sich bei REBHAN 1, Kapitel 2.2, oder auch bei FALK/RUPPEL, Kapitel 4. Auch bei NOLTING 1, Kapitel 2.2.1, sind sie gut besprochen. HEIL/KITZKA axiomatisiert die gesamte Newtonsche Mechanik sehr systematisch – ein ungewöhnliches, aber lohnenswertes Buch.

Äquivalenz von träger und schwerer Masse

Wir haben die Masse als einzige beständige Eigenschaft eines Massepunkts eingeführt. Interessanterweise hat die **Masse** aber **zwei Funktionen**, von denen nicht von vornherein klar ist, dass sie sich als eine Eigenschaft behandeln lassen. Einerseits taucht die Masse in den Newtonschen Gesetzen als **träge Masse** m_t auf, die den Widerstand angibt, die der Massepunkt einer Änderung seiner Geschwindigkeit entgegensetzt:

$$m_t = \frac{|\mathbf{F}|}{|\ddot{\mathbf{r}}|}.$$

Auf der anderen Seite beschreibt die Masse als **schwere Masse** m_s auch das Vermögen eines Massepunkts, andere Massen anzuziehen, was wir **Gravitation** nennen. Aus der Erfahrung kennen wir dabei die Form der Gravitationskraft zwischen zwei Massen, die wir im Gravitationsgesetz mit Proportionalitätsfaktor $\tilde{G}$ beschreiben können:

$$\mathbf{F}_G = -\tilde{G}\frac{m_{1s}m_{2s}}{|\mathbf{r}_{12}|^3}\mathbf{r}_{12}.$$

Das Einsetzen der Gravitationskraft in das Aktionsaxiom verknüpft träge und schwere Masse:

$$\ddot{\mathbf{r}} = -\tilde{G}\frac{m_{1s}}{m_{1t}}\frac{m_{2s}}{|\mathbf{r}_{12}|^3}\mathbf{r}_{12}.$$

Bereits Galilei entdeckte jedoch, dass alle Massen im Schwerefeld der Erde gleich schnell fallen. Der Quotient aus schwerer und träger Masse ist also keine (anderweitig zu begründende) Materialeigenschaft, sondern ein für alle Massen festes Verhältnis. Naheliegenderweise wird es als

$$\frac{m_s}{m_t} := 1$$

definiert, und man wählt die **Gravitationskonstante** $G := \tilde{G}\frac{m_s}{m_t}$ so, dass sie zur experimentellen gefundenen Stärke der Gravitation passt. Die Erkenntnis dieses Zusammenhangs von schwerer und träger Masse ist als **Äquivalenzprinzip** bekannt.

> Das Äquivalenzprinzip wird mit unterschiedlicher Herangehensweise bei DREIZLER/LÜDDE 1, Kapitel 3.1.2, und bei REBHAN 1, Kapitel 2.4, behandelt. Beides zu lesen ist empfohlen, denn es braucht meist ein bisschen, die Tiefe dieser Aussage zu verstehen.

B 2.3   Einfache mechanische Systeme und ihre Eigenschaften

In Abschnitt A 2.3.1 haben wir einige Beispiele für in der Natur auftretende Kräfte gegeben. Häufig spielt dabei das Newtonsche Reaktionsaxiom keine unmittelbare Rolle, denn in vielen Fällen ist es gerechtfertigt, nur die Bewegung eines Körpers unter dem Einfluss eines anderen zu berücksichtigen und den zweiten als vom ersten unbeeinflusst anzunehmen. Beispielsweise beeinflusst der Flug einer Rakete von der Erde in den Weltraum die Bewegung der Erde praktisch gar nicht, während die genaue Kenntnis der Gravitationswirkung auf die Flugbahn sehr wichtig ist. Diese Beobachtung wird im Begriff des Feldes konkretisiert.

B 2.3.1   Beschreibung von Kräften durch Felder

In vielen Fällen lässt sich die Wirkung einer Kraft von dem Körper, der sie ausübt, abstrahieren. Man spricht dann von dem von ihm erzeugten **Feld**. Der Begriff Feld bedeutet dabei, dass die Wirkung nicht punktuell, sondern in einem beliebig ausgedehnten Raum wirkt und jedem Punkt in diesem Raum eine bestimmte **Feldstärke f(r)** zugeordnet ist.

Die ausgeübte Kraft auf einen im Raum befindlichen Körper, **Testobjekt** genannt, ergibt sich dann mittels Multiplikation der jeweiligen Feldstärke mit einer Eigenschaft des Testobjekts selbst, im Falle der Gravitation dessen Masse. Testobjekt wird ein Körper im Kraftfeld insbesondere dann genannt, wenn seine eigene Rückwirkung auf das Feld vernachlässigenswert gering ist.

Da Kräfte als Vektoren beschrieben werden, ist auch das verursachende Feld **f** immer ein **Vektorfeld**, wie in Matheabschnitt 15 eingeführt:

$$\mathbf{f} : (\mathbb{R}^3 \times \mathbb{R}^3 \times \mathbb{R}) \to \mathbb{R}^3, \ (\mathbf{r}, \dot{\mathbf{r}}, t) \mapsto \mathbf{f}(\mathbf{r}, \dot{\mathbf{r}}, t). \tag{B 2.6}$$

Die Feldstärke hängt meist vom Ort ab, im Allgemeinen kann sie aber auch eine Funktion der Geschwindigkeit oder der Zeit sein.

Die wichtigsten Vektorfelder in der klassischen Physik sind das gravitative Feld und die elektromagnetischen Felder, die auf die elektrische Ladung eines Teilchens wirken. Auch die Strömungsgeschwindigkeit in einer Flüssigkeit kann man durch

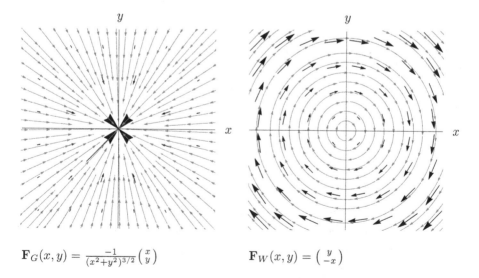

$$\mathbf{F}_G(x,y) = \frac{-1}{(x^2+y^2)^{3/2}} \begin{pmatrix} x \\ y \end{pmatrix} \qquad\qquad \mathbf{F}_W(x,y) = \begin{pmatrix} y \\ -x \end{pmatrix}$$

Abb. B 2.2 Zwei Beispiele für die Darstellung von zweidimensionalen Vektorfeldern durch Feldlinien (graue Pfeile). Die Länge der schwarzen Pfeile gibt zusätzlich die Feldstärke am Pfeilursprung an. Links das wirbelfreie Gravitationsfeld $\mathbf{F}_G$ eines Massepunkts und rechts ein quellenfreies Vektorfeld $\mathbf{F}_W$

ein Vektorfeld beschreiben. Ein Feld, das nur einen skalaren Wert zuordnet, also $f : \mathbb{R}^n \to \mathbb{R}$, wird als **Skalarfeld** bezeichnet. Ein Beispiel dafür ist die Temperatur.
Meist wird für die Kräften zugrundeliegenden Felder auch der Begriff **Kraft-feld** verwendet. Dies ist insofern etwas verwirrend, als dass diese Felder nicht die Dimension einer Kraft haben. Erst die Multiplikation mit einer Testmasse ergibt aus dem Gravitationsfeld $\mathbf{f}_G(\mathbf{r})$ einer Masse M die wirkende Gravitationskraft:

$$m_{\text{test}} \cdot \mathbf{f}_G(\mathbf{r}) = \mathbf{F}_G = m_{\text{test}} \cdot \frac{-GM}{r^3} \mathbf{r}.$$

Das gravitative Feld einer Masse ist ein **Zentralfeld**, das heißt, es wirkt vom Massenschwerpunkt aus gesehen isotrop in alle Richtungen. Auf der Erdoberfläche wirkt das Schwerefeld der Erde daher immer zum Erdmittelpunkt hin, wir können es dort als konstant annehmen. Die **Erdbeschleunigung g** wird dabei durch Masse und Radius der Erde festgelegt, wir vertiefen das in Anwendung 4.3.2.
Felder entziehen sich ein wenig der gedanklichen Vorstellung, besonders Vektorfelder erfordern einiges räumliches Vorstellungsvermögen. Häufig werden wie in Abbildung B 2.2 Pfeile benutzt, welche die lokale Richtung des Feldes angeben und deren Länge proportional zur Stärke des Feldes am Ort des Pfeilursprungs ist.
Das zentrale mathematische Werkzeug beim Umgang mit Vektorfeldern ist die Vektoranalysis, deren wichtigste Aussagen in Matheabschnitt 15 zusammengefasst sind.

B 2.3.2   Bewegungsgleichungen, Arbeit und Potential konservativer Kräfte

Die Trajektorien in einem mechanischen System erhält man durch das **Lösen von Bewegungsgleichungen**. Darunter versteht man die Differentialgleichungen, die sich aus dem Aktionsaxiom (B 2.3)

$$\mathbf{F}(t, \mathbf{r}(t), \dot{\mathbf{r}}(t)) = m\,\ddot{\mathbf{r}}(t)$$

ergeben, wenn man eine konkrete Kraft einsetzt.
Den eindimensionalen Fall haben wir in Abschnitt A 2.3.2 betrachtet. Im Gegensatz dazu lässt sich die resultierende Differentialgleichung im Mehrdimensionalen im Allgemeinen nicht mehr durch Variablentrennung lösen, denn sie ist nicht separabel.
Wir werden daher hier und in Kapitel B 3 Begriffe kennenlernen, die die **Reduktion** vieler wichtiger mechanischer Systeme **auf den eindimensionalen Fall** ermöglichen. Durch geeignete Koordinatenwahl und Ausnutzung von sogenannten Erhaltungssätzen lassen sich viele dreidimensionale Bewegungsgleichungen lösen.
Zunächst erfolgt dazu die Einführung der ausgesprochen wichtigen Konzepte Arbeit und Potential konservativer Kräfte sowie Energie. Dabei handelt es sich

um Aussagen über physikalische Systeme, die nicht nur das Lösen der Bewegungsgleichungen erleichtern, sondern bereits tiefere Einblicke in ein gegebenes System
erlauben, ohne die Bewegungsgleichungen überhaupt lösen zu müssen.

Wir betrachten im Folgenden die Bewegung einer Testmasse m unter der Wirkung eines Kraftfelds $\mathbf{F}$. Dazu definieren wir die **Arbeit** W als das Kurvenintegral
(vergleiche Matheabschnitt 9) über das Skalarprodukt aus der Kraft auf eine von
der Masse durchlaufenen Kurve und einem infinitesimalen Wegstück $\mathrm{d}\mathbf{r}$.

Zu diesem Zweck nutzen wir eine Parametrisierung des Wegs S, zum Beispiel
durch die physikalische Zeit t, und erhalten:

$$W := -\int_S \mathbf{F}\big(t, \mathbf{r}, \dot{\mathbf{r}}\big) \cdot \mathrm{d}\mathbf{r} = -\int_{t_1}^{t_2} \mathbf{F}\big(t, \mathbf{r}(t), \dot{\mathbf{r}}(t)\big) \cdot \frac{\mathrm{d}\mathbf{r}(t)}{\mathrm{d}t}\mathrm{d}t$$

$$= -\int_{t_1}^{t_2} \mathbf{F}\big(t, \mathbf{r}(t), \dot{\mathbf{r}}(t)\big) \cdot \dot{\mathbf{r}}(t)\mathrm{d}t. \tag{B 2.7}$$

Hier und im folgenden erhalten wir $\mathbf{r}(t)$ aus $\mathbf{r}$ durch einsetzen einer Parametrisierung der Kurve S. Die Arbeit ist negativ definiert, damit der Arbeitsaufwand, eine
Masse gegen ein Kraftfeld zu bewegen, positiv ist.

In Matheabschnitt 9 hatten wir bereits gemerkt, dass der Wert eines Integrals
über eine Kurve in mehr als einer Dimension nicht nur von den Endpunkten, sondern im Allgemeinen auch vom genauen Kurvenverlauf zwischen den Endpunkten
abhängt. Eine wichtige Frage im Zusammenhang mit der Arbeit ist also auch, ob
sie wegunabhängig ist. Felder und Kräfte, für die der Wert der Arbeit nicht vom
Weg abhängt, heißen **konservativ**.

Wir beschränken uns im Folgenden auf **abgeschlossene Systeme**. In abgeschlossenen Systemen der klassischen Mechanik treten immer ausschließlich ortsabhängige Kräfte auf.

Wir definieren nun ein skalares Feld $V(\mathbf{r})$ mittels

$$-\nabla V(\mathbf{r}) = -\sum_{j=1}^{3} \frac{\partial V(\mathbf{r})}{\partial x_j}\mathbf{e}_j := \mathbf{F}(\mathbf{r}).$$

Ein solches **Potential** V existiert nicht für alle Kräfte $\mathbf{F}$.

Mit dem Potential kann man das Aktionsaxiom für konservative Systeme um-
formulieren zu

$$-\nabla V(\mathbf{r}) = m\,\ddot{\mathbf{r}}(t). \tag{B 2.8}$$

Wenn ein Potential V existiert, ergibt sich die geleistete Arbeit entlang eines Weges S von $\mathbf{r}_1$ nach $\mathbf{r}_2$ zu

$$W = -\int_S \mathbf{F}(\mathbf{r}) \cdot d\mathbf{r} = \int_S \nabla V(\mathbf{r}) \cdot d\mathbf{r} = \int_{t_1}^{t_2} \nabla V(\mathbf{r}(t)) \cdot \dot{\mathbf{r}}(t)\, dt$$

$$= \int_{t_1}^{t_2} \sum_{j=1}^{3} \frac{\partial V(\mathbf{r}(t))}{\partial x_j} \frac{dx_j}{dt}\, dt = \int_{t_1}^{t_2} \frac{dV(\mathbf{r}(t))}{dt}\, dt$$

$$= V(\mathbf{r}(t_2)) - V(\mathbf{r}(t_1)) = V(\mathbf{r}_2) - V(\mathbf{r}_1), \tag{B 2.9}$$

sodass sie eben nur von den Werten des Potentials an den Endpunkten abhängt. Wir haben also erkannt: Existiert für eine Kraft $\mathbf{F}$ ein Potential V, so hängt die Arbeit nicht vom Weg ab, und $\mathbf{F}$ ist konservativ.

Verschiebt man eine Masse gegen eine Kraft, dann ist W positiv. Damit hat die Masse am Endpunkt ein höheres Potential als am Ausgangspunkt.

Entlang welcher Kurve zur Berechnung der Arbeit integriert wird, spielt bei konservativen Kräften keine Rolle, denn ein expliziter Ausdruck für die Kurve S wird gar nicht benutzt. Für die Berechnung der Arbeit in einem konkreten Kraftfeld kann daher ein möglichst einfacher Integrationsweg gewählt werden, wie zum Beispiel in Anwendung 4.2.1.

Das Potential ist keine eindeutige Größe, es kann bei gegebener Kraft $\mathbf{F}(\mathbf{r})$ nur bis auf eine additive Konstante bestimmt werden. Der Grund dafür ist, dass eine Konstante bei Bildung des Gradienten verschwindet – der Zahlenwert der potentiellen Energie ist also zunächst frei wählbar. Eine physikalische, messbare Größe ist also nur die Kraft beziehungsweise Potentialdifferenzen, nicht das Potential selbst.

Es gibt noch andere, äquivalente Bedingungen, wann eine rein ortsabhängige Kraft $\mathbf{F}(\mathbf{r})$ konservativ ist und damit ein Potential hat. Gebräuchlich ist dabei vor allem eine Formulierung über geschlossene Raumkurven:

$$\mathbf{F}(\mathbf{r}) \text{ ist konservativ} \Leftrightarrow \oint_S \mathbf{F}(\mathbf{r}) \cdot d\mathbf{r} = 0.$$

Dabei bezeichnet $\oint_S$ das Integral über eine beliebige **geschlossene Kurve** S im Raum. Diese Aussage kann leicht durch Zerlegung der Kurve in zwei Stücke und Ausnutzen der wegunabhängigkeit von S auf die ursprüngliche Bedingung zurückgeführt werden.

Wir wollen noch eine weitere äquivalente und für die praktische Berechnung nützliche Bedingung betrachten. Ein Kraftfeld ist genau dann konservativ, wenn die **Rotation des Kraftfeldes** in einem einfach zusammenhängenden Gebiet (siehe Matheabschnitt 18) verschwindet, das heißt:

$$\mathbf{F}(\mathbf{r}) \text{ ist konservativ} \Leftrightarrow \operatorname{rot} \mathbf{F}(\mathbf{r}) = 0.$$

Die Rotation ist ein Differentialoperator, der sich für explizit gegebene Kräfte leicht ausrechnen lässt. Daher kommt auch die große praktische Relevanz dieser Bedingung für Konservativität. Zum Beweis berechnen wir die Rotation eines allgemeinen, konservativen Kraftfeldes $\mathbf{F} = -\operatorname{grad} V$,

$$\operatorname{rot} \mathbf{F}(\mathbf{r}) = -\nabla \times \mathbf{F}(\mathbf{r}) = -\begin{pmatrix} \frac{\partial}{\partial x} \\ \frac{\partial}{\partial y} \\ \frac{\partial}{\partial z} \end{pmatrix} \times \begin{pmatrix} \frac{\partial V}{\partial x} \\ \frac{\partial V}{\partial y} \\ \frac{\partial V}{\partial z} \end{pmatrix} = \begin{pmatrix} \frac{\partial^2 V}{\partial y \partial z} - \frac{\partial^2 V}{\partial z \partial y} \\ \frac{\partial^2 V}{\partial z \partial x} - \frac{\partial^2 V}{\partial x \partial z} \\ \frac{\partial^2 V}{\partial x \partial y} - \frac{\partial^2 V}{\partial y \partial x} \end{pmatrix} = \mathbf{0},$$

aufgrund der Vertauschbarkeit der partiellen Ableitungen (siehe Matheabschnitt 12). Die Rotation eines konservativen Kraftfeldes verschwindet also immer.

Für die umgekehrte Schlussrichtung wendet man den Stokesschen Satz aus Matheabschnitt 18 an und erhält für eine Kurve S, die die Fläche A umrandet,

$$\oint_S \mathbf{F}(\mathbf{r}) \cdot \mathrm{d}\mathbf{r} = \int_A (\nabla \times \mathbf{F}(\mathbf{r})) \cdot \mathrm{d}\mathbf{A}' = 0.$$

Zur Anwendung des Stokesschen Satzes ist notwendig, dass die Fläche A einfach zusammenhängend ist, also keine „Löcher" aufweist. In der Raumvorstellung der klassischen Physik ist das immer erfüllt.

> Ausführlich werden diese Rechnungen bei KUYPERS, Kapitel 1.2, oder auch bei NOLTING 1, Kapitel 2.4.2, dort auch ohne Rückgriff auf den Satz von Stokes, behandelt.

Am Rande sei erwähnt, dass sich auch für eine kleine Klasse von explizit **zeitabhängigen Kräften** ein Potential bestimmen lässt. Dennoch sind sie der Definition nach auch dann nicht konservativ, denn ihre Arbeit entlang eines geschlossenen Weges kann sehr wohl verschieden von null sein. Ein Beispiel dafür ist die Schwingung eines Elektrons in einem zeitlich veränderlichen elektrischen Feld.

Im Anwendungskapitel 4 werden die wichtigsten Systeme besprochen, in denen sich die Newtonschen Bewegungsgleichungen unter Ausnutzung der neuen Begriffe und vor allem der nun noch folgenden Erhaltungseigenschaften lösen lassen.

B 2.3.3 Energie und ihre zeitliche Erhaltung

Allgemeiner als der Begriff des Potentials ist das Konzept der Energie. Wenn Arbeit verrichtet wird, ändert sich der festgelegte Wert des Potentials, das auch **potentielle Energie** $V(\mathbf{r})$ genannt wird.

Wir untersuchen nun, wie sich eine Änderung der potentiellen Energie mit der Zeit auswirkt. Es gilt nach Definition für konservative Kräfte unter Anwendung der Kettenregel:

$$\frac{\mathrm{d}}{\mathrm{d}t} V(\mathbf{r}(t)) = \nabla V(\mathbf{r}(t)) \cdot \dot{\mathbf{r}}(t) = -\mathbf{F}(\mathbf{r}(t)) \cdot \dot{\mathbf{r}}(t)$$

$$= -m\ddot{\mathbf{r}}(t) \cdot \dot{\mathbf{r}}(t) = -\frac{m}{2} \frac{\mathrm{d}}{\mathrm{d}t} \dot{\mathbf{r}}^2(t). \tag{B 2.10}$$

Die rechte Seite dieser Gleichung nennt man **kinetische Energie** T,

$$T := \frac{m}{2} \dot{\mathbf{r}}^2(t).$$

Als **(Gesamt-)Energie** E bezeichnen wir die Summe aus beiden:

$$E := T + V.$$

In konservativen Systemen ist der Wert von E also unveränderlich, wenn einmal ein Wert für das Potential festgelegt wurde, denn es gilt wegen Gleichung (B 2.10):

$$\frac{\mathrm{d}}{\mathrm{d}t} E = 0 \;\Leftrightarrow\; E = \text{const.}$$

Man spricht dann auch von **Energieerhaltung**. Diese Eigenschaft konservativer Systeme spielt eine bedeutende Rolle in der ganzen Physik und wird uns sowohl bei abstrakten Überlegungen als auch bei der Charakterisierung von konkreten Systemen sehr von Nutzen sein.

Mögliche Bahnen in einem Potential

Kennt man das Potential, kann man wichtige Aussagen über **mögliche und verbotene Bahnen** treffen. Verbotene Bahnen sind dabei solche, die in der mathematischen Beschreibung zu Widersprüchen führen und auch in der alltäglich zugänglichen Natur nicht beobachtet werden. Dies gilt allerdings nur im Rahmen der Anwendbarkeit der klassischen Mechanik und ist einer der Gründe, warum die Quantenmechanik entwickelt wurde, denn in deren Anwendungsbereich werden auch Teilchen an klassisch verbotenen Orten beobachtet. Das Konzept des Potentials ist aber auch dort ein wichtiges Hilfsmittel.

Da die kinetische Energie nach Definition nie negativ sein kann, $T \geq 0$, folgt aus der Energieerhaltung, dass es **drei zu unterscheidende Bereiche im Raum** gibt. Bei einer gegebenen Anfangsenergie E_0 folgt für $\mathbf{r} \in \mathbb{R}^3$:

falls $V(\mathbf{r}) < E_0 \Rightarrow T > 0$, möglicher Bewegungsbereich,

falls $V(\mathbf{r}) > E_0 \Rightarrow T < 0$, unmöglicher Bewegungsbereich,

falls $V(\mathbf{r}) = E_0 \Rightarrow T = 0$, Umkehrpunkte der Bewegung.

In Abbildung B 2.3 ist dies schematisch für eine Raumdimension dargestellt.

Die Kraft erhalten wir definitionsgemäß immer als negativen Gradienten des Potentials (im eindimensionalen Fall der Ableitung nach dem Ort). Man kann sich die Bewegung in einem Potential so vorstellen, als ob ein Ball reibungsfrei unter dem Einfluss der Erdanziehung durch das „**Potentialgebirge**" rollte. Die effektiv wirkende Kraft ist dann immer entsprechend der Form des Potentials gerichtet.

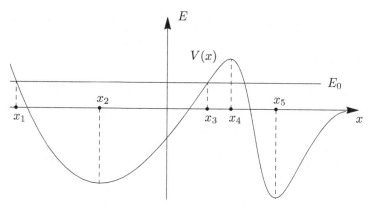

Abb. B 2.3 Darstellung des Potentials $V(x)$ im **Energie-Ort-Diagramm**. Es ergeben sich bei vorgegebener Gesamtenergie E_0 die Umkehrpunkte x_1 und x_3 um das stabile Gleichgewicht in der Ruhelage x_2. Im Punkt x_4 hingegen herrscht ein instabiles Gleichgewicht, während in x_5 wieder ein lokales Minimum vorliegt

Je steiler das Potential, desto größer ist die wirkende Kraft $\mathbf{F} = -\operatorname{grad} V(\mathbf{r})$. Im dritten Fall dreht sich die Bewegung um, wenn das Objekt zur Ruhe gekommen ist, denn die wirkende Kraft beschleunigt es sofort wieder. Im Beispiel geschieht das in den Punkten x_1 und x_3.

Aus der Definition des Potentials folgt bei verschwindender Kraft:

$$\mathbf{F} = 0 \iff -\operatorname{grad} V(\mathbf{r}) = 0 \iff V \text{ ist lokal extremal oder hat einen Sattelpunkt.}$$

Diese kräftefreien Punkte sind also die möglichen **Ruhelagen** eines Teilchens im Potentialfeld. Handelt es sich bei dem lokalen Extremum um ein **Minimum**, befindet sich das Objekt in einem **stabilen Gleichgewicht**. Kleine Abweichungen von der Ruhelage (man sagt auch: Störungen des Gleichgewichts) führen nur zu einer kleinen Schwingung um die Ruhelage, zum Beispiel um den Punkt x_2 in Abbildung B 2.3. Bei einem stabilen Gleichgewicht bewegt sich das Objekt nach einer kleinen Störung des Gleichgewichts wieder in Richtung der Ruhelage zurück. Schwingungen um Ruhelagen behandeln wir ausführlich in Anwendung 4.4.

Ist das Extremum hingegen ein Sattelpunkt oder ein **Maximum**, genügt bereits eine beliebig kleine Abweichung von der Ruhelage, um eine größere Bewegung in Gang zu setzen.

Energie in nicht-konservativen Systemen

Ebenfalls energieerhaltend, obwohl nicht konservativ, sind Kräfte, die keine Arbeit verrichten, da die Kraft senkrecht zur Geschwindigkeit des Teilchens wirkt. Prominentes Beispiel ist die Lorentzkraft $\mathbf{F}_L = q\,(\dot{\mathbf{r}}\,(t) \times \mathbf{B})$ aus der Elektrodynamik mit

$$W = -\int^t q\,(\dot{\mathbf{r}}\,(t') \times \mathbf{B}) \cdot \dot{\mathbf{r}}\,(t')\,\mathrm{d}t' = 0.$$

Nicht-konservative Kräfte, die Arbeit verrichten, heißen **dissipativ** und bewirken die Umwandlung von potentieller Energie in andere Energieformen, wie zum Beispiel Wärme, oder den Austausch von Energie mit der Umgebung des betrachteten Systems. Wenn dissipative Kräfte wirken, ist das System also nicht mehr abgeschlossen. Die Änderung der Gesamtenergie entspricht dann gerade der Leistung (vergleiche Gleichung (A 2.16)) der dissipativen Kräfte:

$$\frac{\mathrm{d}}{\mathrm{d}t}E = \mathbf{F}_{\mathrm{diss}}\big(t, \mathbf{r}(t), \dot{\mathbf{r}}(t)\big) \cdot \dot{\mathbf{r}}(t).$$

Diese Aussage wird als **Energiesatz** bezeichnet.

Zur ausführlicheren Beschäftigung mit diesen Konzepten sind NOLTING 1, Kapitel 2.4.1, und REBHAN 1, Kapitel 3.1, empfehlenswert.

B 2.M   Mathematische Abschnitte

Matheabschnitt 15:

Vektorfelder und Vektoranalysis

Der Begriff des **Vektorfelds** verknüpft zwei bereits eingeführte mathematische Konzepte, nämlich das des Vektors, beziehungsweise eines speziellen Vektorraums aus Matheabschnitt 11, und das der Funktion aus Matheabschnitt 2. Vektorfelder sind dabei eine Formalisierung der vektorwertigen Funktionen aus Matheabschnitt 5. Diese ermöglicht die Anwendung der bisher entwickelten Differentialrechnung auf Vektorräume.

Sei $M \subset \mathbb{R}^n$ eine Teilmenge des $\mathbb{R}^n$. Ein Vektorfeld $\mathbf{F}\,(\mathbf{x})$ ist eine Abbildung

$$\mathbf{F} : M \to \mathbb{R}^m, \quad \mathbf{x} \mapsto \mathbf{F}\,(\mathbf{x}),$$

die jedem Punkt $\mathbf{x}$ einen Vektor $\mathbf{F}\,(\mathbf{x})$ zuordnet, also anschaulich gesprochen an jeden Punkt des Vektorraums einen Vektor, und damit eine Richtung und einen Betrag, anheftet.

In der klassischen Mechanik auftretende Beispiele von Vektorfeldern sind zum einen Kraftfelder ($n = m = 3$), die angeben, wie groß die Kraft an jedem Punkt des Raumes ist und in welche Richtung sie zeigt, sowie zum anderen die unten eingeführten Gradientenfelder, zu deren Definition **Skalarfelder** ($n = 3,\ m = 1$) genutzt werden.

Die **Vektoranalysis** wird insbesondere der Tatsache gerecht, dass es bei vektorwertigen Funktionen genau wie bei Vektoren verschiedene Möglichkeiten der Multiplikation gibt. Um diese Tatsache ausnutzen zu können, fassen wir die Ableitungen nach den verschiedenen kartesischen Koordinaten zunächst im **Differentialoperator Nabla** ∇ zusammen:

$$\nabla := (\partial_1, \partial_2, \cdots, \partial_n).$$

Angewandt auf ein Skalarfeld $V : \mathbb{R}^n \to \mathbb{R}$ erhalten wir dessen **Gradienten**:

$$\operatorname{grad} V(\mathbf{x}) := \nabla V(\mathbf{x}) = (\partial_1 V(\mathbf{x}), \partial_2 V(\mathbf{x}), \cdots, \partial_n V(\mathbf{x})).$$

In der Physik wird dabei in der Regel nur $n = 3$ betrachtet.

Mit der in Matheabschnitt 12 definierten totalen Ableitung gilt also

$$\mathrm{d}V = \nabla V \cdot \mathrm{d}\mathbf{x},$$

wobei mit „·" das Skalarprodukt und mit $\mathrm{d}\mathbf{x}$ der Vektor der Differentiale $\mathrm{d}x_k$ gemeint ist.

Betrachten wir eine Fläche, auf der sich V nicht ändert, erhalten wir $\nabla V \cdot \mathrm{d}\mathbf{x} = \mathrm{d}V = 0$. Der Gradient steht also immer senkrecht auf den Flächen, für die $V = \mathrm{const.}$ Daher ist $|\operatorname{grad} V|$ ein Maß für die Änderung in dieser Richtung senkrecht zur Fläche.

Für ein Vektorfeld $\mathbf{F} : \mathbb{R}^n \to \mathbb{R}^n$ definieren wir mittels des Skalarprodukts den Differentialoperator der **Divergenz**:

$$\operatorname{div} \mathbf{F}(\mathbf{x}) := \nabla \cdot \mathbf{F}(\mathbf{x}) = \sum_{k=1}^{n} \partial_k F_k(\mathbf{x}).$$

Als Maß der Quellstärke eines Vektorfelds spielt sie in der Strömungsmechanik und der Elektrodynamik eine große Rolle. Eine Veranschaulichung dieses Prinzips werden wir bei der Betrachtung des Gaußschen Satzes in Matheabschnitt 18 erhalten. Verschwindet die Divergenz eines Feldes, dann nennt man es **quellenfrei** oder auch divergenzfrei.

Bildet man die Divergenz eines Gradienten, erhält man den sogenannten **Laplace-Operator** Δ:

$$\Delta V(\mathbf{x}) := \operatorname{div} \operatorname{grad} V(\mathbf{x}) = \sum_{k=1}^{n} \partial_k^2 V.$$

Außerdem nutzen wir das in drei Dimensionen definierte Kreuzprodukt, um für ein Vektorfeld $\mathbf{F} : \mathbb{R}^3 \to \mathbb{R}^3$ die **Rotation** zu definieren:

$$\operatorname{rot} \mathbf{F}(\mathbf{x}) := \nabla \times \mathbf{F}(\mathbf{x}) = (\partial_2 F_3 - \partial_3 F_2, \partial_3 F_1 - \partial_1 F_3, \partial_1 F_2 - \partial_2 F_1).$$

Stellt man sich das Feld beispielsweise als Wasserströmung vor, dann gibt die Rotation an, wie schnell und um welche Achse ein Körper in dem Strömungsfeld rotiert. Verschwindet die Rotation eines Feldes, dann nennt man es **wirbelfrei** oder auch rotationsfrei.

Mit dem Satz von Schwarz kann man leicht zeigen, dass f,r für jedes zweimal differenzierbare Feld $\mathbf{F}$ auch $\operatorname{div}(\operatorname{rot}(\mathbf{F}(\mathbf{x}))) = 0$ gilt. Ein sogenanntes **Wirbelfeld** $\operatorname{rot}(\mathbf{F}(\mathbf{x}))$ hat also keine Quellen.

Empfohlen zum Einstieg in die Grundlagen der Vektoranalysis wie hier ohne Tensoren ist OTTO, Kapitel 9, oder GROSSMANN, Kapitel 4. Mithilfe der eleganteren Tensor-Schreibweise behandelt zum Beispiel NOLTING 1, Kapitel 1.5, den Stoff. In der angegebenen Literatur finden sich auch Zusammenstellungen von einfachen Rechenregeln, die den Umgang mit den Differentialoperatoren erleichtern.

Matheabschnitt 16:
Mehrdimensionale Integration und Transformationssatz

In der Physik werden regelmäßig verschiedene Arten von mehrdimensionaler Integration verwendet. Eine wichtige Anwendung ist zum Beispiel die Berechnung von Flüssen eines Vektorfelds.

Als **Fluss eines Vektorfelds** durch eine Fläche bezeichnet man dabei das skalare Produkt eines Vektorfelds $\mathbf{F}$ mit einem inifinitesimalen Flächenstück $d\mathbf{A}$.

Eine zweidimensionale Fläche $\mathbf{A}$ im dreidimensionalen Raum sei dabei durch zwei Vektoren $\mathbf{u}$ und $\mathbf{v}$ aufgespannt. Dann lässt sie sich durch ihren **Hauptnormalenvektor**

$$\mathbf{N} := \mathbf{u} \times \mathbf{v}$$

charakterisieren, der überall senkrecht auf der Fläche steht.

Im Fall gekrümmter Flächen sind $\mathbf{u}, \mathbf{v}$ und damit $\mathbf{N}$ nicht konstant, sondern Funktionen der Ortskoordinaten:

$$\mathbf{N}(\mathbf{r}) := \mathbf{u}(\mathbf{r}) \times \mathbf{v}(\mathbf{r}).$$

Das infinitesimale **Flächenelement** ist dann gegeben als $d\mathbf{A} = \mathbf{N}\,dA$, wie in Abbildung B 2.4 dargestellt. Dabei haben wir die Ortsabhängigkeit des Hauptnormalenvektors nicht weiter explizit ausgeschrieben.

Häufig ist es von Interesse, den Fluss durch die zweidimensionale Fläche $\mathbf{A}$ im dreidimensionalen Raum zu bestimmen. Mathematisch muss dazu das Vektorfeld über die Fläche A integriert werden, um den gesamten Fluss

$$\int_A \mathbf{F} \cdot \mathbf{N}\,dA$$

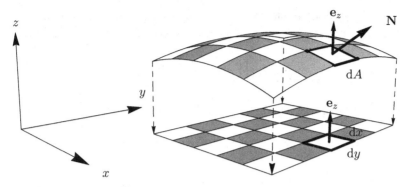

Abb. B 2.4 Beispiel einer gewölbten Fläche, zerlegt in infinitesimale Flächen-
elemente $\mathrm{d}\mathbf{A} = \mathbf{N}\,\mathrm{d}A$ entlang der x- und y-Koordinatenlinien. Der Normalenvektor $\mathbf{N}$ steht senkrecht auf der Fläche. Zur Berechnung von Oberflächenintegralen
werden die Flächen auf die x-y-Ebene projiziert

zu erhalten. Ein solches Integral wird als **Oberflächenintegral** bezeichnet.

Zu seiner Berechnung muss ein handhabbarer Ausdruck für das Differential
$\mathrm{d}A$ gefunden werden. Am einfachsten ist es dazu, die kartesischen Koordinaten zu benutzen. Die durch das Skalarprodukt vermittelte Projektion des
Normalenvektors auf zum Beispiel die z-Achse führt dann zu

$$|\mathbf{N} \cdot \mathbf{e}_z|\,\mathrm{d}A = \mathrm{d}x\,\mathrm{d}y.$$

Die Betragsstriche werden gesetzt, um sicherzustellen, dass die als infinitesimale Flächenelemente zu interpretierenden Differentiale immer positiv sind:

$$\mathrm{d}A = \frac{\mathrm{d}x\,\mathrm{d}y}{|\mathbf{N} \cdot \mathbf{e}_z|}.$$

Damit ergibt sich das Oberflächenintegral zu

$$\int_A \mathbf{F} \cdot \mathbf{N}\,\mathrm{d}A = \int_A \frac{\mathbf{F} \cdot \mathbf{N}}{|\mathbf{N} \cdot \mathbf{e}_z|}\,\mathrm{d}x\,\mathrm{d}y = \int_{y_1}^{y_2} \left(\int_{x_1}^{x_2} \frac{\mathbf{F}(x,y) \cdot \mathbf{N}}{|\mathbf{N} \cdot \mathbf{e}_z|}\,\mathrm{d}x \right) \mathrm{d}y.$$

Dieses **Doppelintegral** über x und y lässt sich nun wie gewohnt ausrechnen.
Bei **Mehrfachintegralen** wird immer mit dem inneren Integral begonnen
und zuletzt das äußere Integral ausgewertet. Man spricht auch von „scheib-
chenweiser Integration". Die Grenzen x_1, x_2 und y_1, y_2 ergeben sich aus der
jeweilig betrachteten Fläche.

Technisch etwas einfacher ist die Integration einer Funktion über ein dreidimensionales Volumen V. Auch das **Volumenintegral** wird durch die Wahl

passender Koordinaten auf ein Mehrfachintegral über diese Koordinaten zurückgeführt. Im Fall einer skalaren Funktion ρ ergibt sich

$$\int_V \rho \, \mathrm{d}V := \iiint_V \rho(x, y, z) \, \mathrm{d}x \, \mathrm{d}y \, \mathrm{d}z.$$

Völlig analog werden so auch Vektorfelder über ein Volumen integriert:

$$\int_V \mathbf{F} \, \mathrm{d}V := \iiint_V \mathbf{F}(\mathbf{r}) \, \mathrm{d}x \, \mathrm{d}y \, \mathrm{d}z.$$

Dabei muss jeweils ein eigenes Mehrfachintegral für jede kartesische Koordinate ausgewertet werden:

$$\int_V \mathbf{F} \, \mathrm{d}V = \sum_k \left(\mathbf{e}_k \int_{z_1}^{z_2} \int_{y_1}^{y_2} \int_{x_1}^{x_2} F_k(\mathbf{r}) \, \mathrm{d}x \, \mathrm{d}y \, \mathrm{d}z \right).$$

Der Wert des Integrals ist also selbst ein Vektor.

Häufig ist es aufgrund der Form der Fläche aber sinnvoll, andere Koordinaten als die kartesischen zu wählen. Ein häufiges Beispiel ist der Fluss durch eine Kugeloberfläche, für dessen Berechnung sich die sphärischen Koordinaten aus Abschnitt A 1.3.2 anbieten.

Dazu müssen wir wissen, wie sich die **Integrale unter einer Koordinatentransformation** verhalten. Dies klärt die folgende Verallgemeinerung der Integration durch Substitution (aus Matheabschnitt 7) auf mehrdimensionale Funktionen, deren Aussage als **Transformationssatz** bekannt ist.

Es sei $\Omega \subseteq \mathbb{R}^3$ ein betrachtetes Teilvolumen des Raums und

$$\Phi \colon \Omega \to \Phi(\Omega) \subseteq \mathbb{R}^3$$

eine bijektive und in beide Richtungen stetig differenzierbare Abbildung zwischen zwei Koordinatendarstellungen, wie in Abschnitt B 1.3.2.

Die Aussage des Transformationssatzes lautet dann: Eine Funktion f auf $\Phi(\Omega)$ ist genau dann integrierbar, wenn die Funktion

$$\mathbf{r} \mapsto \hat{\mathbf{r}} := f(\Phi(\mathbf{r})) \cdot \det(J_\Phi(\mathbf{r}))$$

auf Ω integrierbar ist. Dabei ist $J_\Phi(x)$ die **Jacobi-Matrix** der Abbildung Φ, deren Determinante $\det(J_\Phi(x))$ **Funktionaldeterminante** von Φ genannt wird, vergleiche auch Matheabschnitt 13.

Falls das Integral also existiert, gilt für den Wert des Integrals:

$$\int_{\Phi(\Omega)} f(\hat{\mathbf{r}}) \, \mathrm{d}\hat{\mathbf{r}} = \int_\Omega f(\Phi(\mathbf{r})) \cdot \det(J_\Phi(\mathbf{r})) \, \mathrm{d}\mathbf{r}.$$

Manchmal wird diese Aussage auch als **Integraltransformationsformel** bezeichnet.

Zum Beispiel lässt sich damit das **Volumen einer Kugel** mit Radius R sehr schnell ausrechnen, wenn man die Funktionaldeterminante der Abbildung von kartesischen auf sphärische Koordinaten aus Gleichung (A 1.5) kennt:

$$\det(J_\Phi(\mathbf{r})) = \det\left(\frac{\partial(x,y,z)}{\partial(r,\vartheta,\varphi)}\right)$$

$$= \begin{vmatrix} \sin\vartheta\,\cos\varphi & r\cos\vartheta\,\cos\varphi & r\sin\vartheta\,\sin\varphi \\ \sin\vartheta\,\sin\varphi & r\cos\vartheta\,\sin\varphi & r\sin\vartheta\,\cos\varphi \\ \cos\vartheta & -r\sin\vartheta & 0 \end{vmatrix} = r^2\sin\vartheta.$$

Für $r = 0$ und für $\vartheta = 0$ oder π verschwindet die Funktionaldeterminante, da der Koordinatenwechsel nicht eindeutig umkehrbar ist. Dies hatten wir bereits in Abschnitt A 1.3.2 festgestellt.

Für das Volumen einer Kugel gilt dann,

$$\mathrm{Vol}_{\mathrm{Kugel}} := \int_{\mathrm{Kugel}} \mathrm{d}V = \int_0^R \int_0^\pi \int_0^{2\pi} r^2 \sin\vartheta\, \mathrm{d}\varphi\, \mathrm{d}\vartheta\, \mathrm{d}r$$

$$= \varphi\Big|_0^{2\pi} \cdot (-\cos\vartheta)\Big|_0^\pi \cdot \frac{1}{3}r^3\Big|_0^R = 2\pi \cdot 2 \cdot \frac{1}{3}R^3 = \frac{4}{3}\pi R^3.$$

Kompakt, aber mit ausführlichen Beispielen wird die mehrdimensionale Integration bei GREINER 1, Kapitel 14 und 15, behandelt. Sehr ausführlich sind die Informationen zum Thema bei WELTNER 2, Kapitel 15 und folgende, besonders auch in Verbindung mit der Koordinatentransformation.
Der Transformationssatz und die sich daraus ergebenden Funktionaldeterminanten werden sehr anschaulich und ausführlich bei JÄNICH 1, Kapitel 17.3 und folgende, behandelt.

Matheabschnitt 17:
Taylor-Entwicklung

Um komplizierte Funktionen leichter handhaben zu können, ist es oft nützlich, wenn man eine sogenannte Taylor-Entwicklung durchführt, die komplizierte, aber mehrfach differenzierbare Funktionen auf eine sehr einfache Sorte von Funktionen, die Potenzreihen, zurückführt. Das gilt insbesondere dann, wenn Operationen wie Differentiation oder Integration nicht auf die gesamte Funktion auf einmal angewandt werden müssen, sondern nur auf leichter berechenbare Bereiche. Ein wichtiges Beispiel sind die trigonometrischen Funktionen aus Matheabschnitt 6.

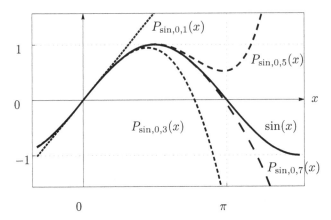

Abb. B 2.5 Die Funktion $f(x) = \sin(x)$ und die zugehörigen Taylor-Polynome um die Stelle $x = 0$, $P_{\sin,0,N}(x)$, mit $N \in \{1, 3, 5, 7\}$. Je höher die Ordnung, desto besser approximiert die Taylor-Entwicklung die Funktion auch weiter entfernt von $x = 0$

Zur Vorbereitung betrachten wir daher **Potenzreihen** über $\mathbb{R}$. Diese sind Funktionen von $x \in \mathbb{R}$ der Form

$$P_{a,x_0}(x) = \lim_{N \to \infty} \sum_{k=0}^{N} a_k (x - x_0)^k.$$

Dabei sind die Koeffizienten $a_k \in \mathbb{R}$ und die Konstante $x_0 \in \mathbb{R}$ beliebig. Unter bestimmten Voraussetzungen, für die wir auf die untenstehende Literatur verweisen, lassen Potenzreihen sich gliedweise addieren, differenzieren, integrieren und sogar multiplizieren. Das gilt insbesondere, falls man den Grenzwert $\lim_{N \to \infty}$ vor dem Summenzeichen weglässt und somit nach endlich vielen Gliedern abbricht. In diesem Fall nennt man $P(x)$ auch ein **Polynom**.

Wie lässt sich eine gegebene, ausreichend häufig differenzierbare Funktion $f(x)$ nun durch eine Potenzreihe $P_f(x)$ darstellen? Dazu betrachten wir die n-te Ableitung (für beliebiges $n \in \mathbb{N}$) von $f(x)$ und $P_{f,x_0}(x)$ an der Stelle $x = x_0$ und fordern, dass diese dort übereinstimmen mögen, also

$$f^{(n)}(x_0) \overset{!}{=} P_{a,x_0}^{(n)}(x_0) = a_n \cdot n \cdot (n-1) \cdot (n-2) \cdot \ldots \cdot 2 \cdot 1 \cdot = a_n \cdot n!,$$

da alle Terme mit $k > n$ wegen $x = x_0$ verschwinden.

Da n beliebig gewählt war, müssen die Koeffizienten der Potenzreihe demnach durch

$$a_k = \frac{f^{(k)}(x_0)}{k!}$$

gegeben sein, damit die Potenzreihe in x_0 den Wert der Funktion f hat.

Das Polynom

$$P_{f,x_0}(x) := \lim_{N \to \infty} P_{f,x_0,N}(x) = \lim_{N \to \infty} \sum_{k=0}^{N} \frac{f^{(k)}(x_0)}{k!}(x - x_0)^k$$

nennt man das N-te **Taylor-Polynom** oder die **Taylor-Entwicklung** N-ter Ordnung der Funktion $f(x)$ um die Stelle $x = x_0$. Im Fall $N \to \infty$ spricht man auch von $P_{f,x_0}(x)$ als der **Taylor-Reihe**. Man schreibt auch kurz $f(x) = P_{f,x_0}(x)$.

Als Beispiel betrachten wir die Taylor-Entwicklung des **Sinus** um den Punkt $x_0 = 0$, für deren Berechnung man nur die Werte der Ableitungen bei $x_0 = 0$ benötigt. Durch die Periodizität des Sinus kann man sich klar machen, dass die Ableitungen $\sin^{(n)}(0)$ sich auch periodisch wiederholen müssen. Genauer gilt:

$$\sin^{(4j+k)}(0) = \begin{cases} 0 & \text{wenn } k = 0 \\ 1 & \text{wenn } k = 1 \\ 0 & \text{wenn } k = 2 \\ -1 & \text{wenn } k = 3. \end{cases}$$

In Abbildung B 2.5 ist die trigonometrische Funktion $f(x) = \sin(x)$ und ihre ersten Taylor-Polynome dargestellt:

$$P_{\sin,x_0,0}(x) = \sin(0)\, \frac{(x - x_0)^0}{0!} = 0,$$

$$P_{\sin,x_0,1}(x) = \sin'(0)\, \frac{(x - x_0)^1}{1!} = x - x_0,$$

$$P_{\sin,x_0,2}(x) = (x - x_0) - \sin''(0)\, \frac{(x - x_0)^2}{2!} = x - x_0,$$

$$P_{\sin,x_0,3}(x) = (x - x_0) - \sin'''(0)\, \frac{(x - x_0)^3}{3!} = (x - x_0) - \frac{(x - x_0)^3}{6},$$

$$P_{\sin,x_0,5}(x) = (x - x_0) - \frac{(x - x_0)^3}{6} + \frac{(x - x_0)^5}{5!}.$$

Damit ergibt sich schließlich die Taylor-Reihe des Sinus zu

$$P_{\sin,x_0}(x) = \sum_{k=0}^{\infty} (-1)^k \frac{(x - x_0)^{(2k+1)}}{(2k + 1)!}.$$

Diese Reihendarstellung wird häufig auch als die Definition des Sinus benutzt, denn wenn alle (also unendlich viele) Reihenglieder benutzt werden, stellt diese Potenzreihe den Sinus exakt dar, vergleiche dazu auch Matheabschnitt 26.

In der Abbildung ist ersichtlich, dass die Taylor-Polynome höherer Ordnung die Funktion immer besser in einem immer weiteren Bereich um den **Entwicklungspunkt** $x_0 = 0$ in guter Näherung darstellen.

Es gibt auch Funktionen, für die dies nicht der Fall ist, die wir aber hier auch nicht benötigen.

Außerdem wird nun verständlich, warum man von der ersten Ableitung gerne als der **Linearisierung** spricht. Sie ist die Annäherung der Funktion durch eine lineare Funktion, also eine Gerade.

Einige Beispiele für Taylor-Reihen finden sich zum Beispiel bei NOLTING 1, Kapitel 1.1.10, oder bei LANG/PUCKER, Kapitel 1.3. Bei FISCHER/KAUL 1, §10, oder bei GOLDHORN/HEINZ 1, Kapitel 9.F, sind auch etwas abstraktere Überlegungen nachzulesen. Für Beweise der Aussagen zu Konvergenz und Eindeutigkeit der Taylor-Entwicklung sollte aber besser die Mathematik-Lehrbuchliteratur herangezogen werden.

Matheabschnitt 18:

Integralsätze

Integralsätze stellen mathematische Relationen zwischen Integralen und Ableitungen von Funktionen her. Einen wichtigen Integralsatz kennen wir dabei bereits, nämlich den **Hauptsatz der Differential- und Integralrechnung** aus Matheabschnitt 7. Er lässt sich etwas abgewandelt formulieren als

$$f(b) - f(a) = \int_a^b \frac{\partial f(t)}{\partial t}\, dt.$$

Auf der rechten Seite stehen also sowohl eine eindimensionale Integration als auch eine Differentiation. Auf der linken Seite hingegen steht nur die Funktion selbst. Dabei ist es grundsätzlich egal, ob wir über ein Intervall von a bis b auf der eindimensionalen reellen Achse integrieren oder uns eine Gerade beispielsweise im $\mathbb{R}^3$ vorstellen.

Wir wollen nun ohne Beweis zwei öfter in der Physik benötigte Integralsätze vorstellen, die Linien- und Oberflächenintegrale beziehungsweise Oberflächen- und Volumenintegrale (siehe Matheabschnitt 16) miteinander verbinden.

Der **Satz von Stokes** oder **Stokessche Integralsatz** ist eine höherdimensionale Version der Aussage des Hauptsatzes der Differential- und Integralrechnung:

$$\oint_S \mathbf{F}(\mathbf{r}) \cdot d\mathbf{r} = \int_\mathbf{A} (\nabla \times \mathbf{F}(\mathbf{r})) \cdot d\mathbf{A}.$$

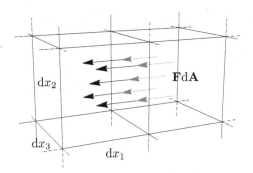

Abb. B 2.6

Veranschaulichung der Herleitung des Gaußschen Satzes durch kleine kartesische Volumina: Der Fluss durch jede gedachte Trennfläche innerhalb des Volumens trägt nicht zum Integral bei

Wichtig für diesen Zusammenhang ist, dass S der Rand der Fläche $\mathbf{A}$ ist, man schreibt $S = \partial\mathbf{A}$, genau wie die Punkte a und b im Hauptsatz der Differential- und Integralrechnung das Intervall $[a, b]$ beranden.

Der umgebende Raum ist der $\mathbb{R}^3$, auf der linken Seite wird allerdings entlang einer Kurve S integriert, das heißt über ein eindimensionales Objekt – hingegen wird das Integral auf der rechten Seite über eine zweidimensionale Fläche $\mathbf{A}$ ausgeführt. Dafür muss aber vom Vektorfeld $\mathbf{F}(\mathbf{r})$ zunächst die Rotation, also ein Differentialoperator, gebildet werden.

Wir haben oben noch eine wichtige Voraussetzung ausgelassen: Damit der Satz von Stokes gilt, muss die Fläche $\mathbf{A}$ einfach zusammenhängend sein. Ein Gebiet des Raums nennt man genau dann **einfach zusammenhängend**, wenn sich jede geschlossene Kurve in ihm auf einen einzelnen Punkt zusammenziehen lässt. So ist beispielsweise der $\mathbb{R}^2$ einfach zusammenhängend – der $\mathbb{R}^2$ ohne den Ursprung aber nicht. Dahingegen ist der $\mathbb{R}^3$ ohne den Ursprung durchaus einfach zusammenhängend, da jede Kurve immer am Ursprung vorbei gezogen werden kann.

Für die Verbindung zwischen Integration über eine Fläche und über ein Volumen gilt der **Gaußsche Integralsatz** oder **Satz von Gauß**:

$$\int_{\mathbf{A}} \mathbf{F}(\mathbf{r}) \cdot d\mathbf{A} = \int_V (\nabla \cdot \mathbf{F}(\mathbf{r}))\, dV.$$

Dabei ist $\mathbf{A}$ der Rand des Volumens V, $\mathbf{A} = \partial V$.

Hier wird also ein Integral über eine zweidimensionale Fläche $\mathbf{A}$ mit einem Integral über ein dreidimensionales Volumen V verbunden, wobei auf der rechten Seite die Divergenz anzuwenden ist.

Wir wollen nun noch kurz eine **Begründung des Gaußschen Satzes** geben. Für eine vollständige Begründung verweisen wir hier auf die Physik-Literatur, für einen Beweis auf die Mathematik-Literatur.

Das Skalarprodukt $\mathbf{F}(\mathbf{r})\, d\mathbf{A}$, über das auf der linken Seite integriert wird, ist eine Projektion des Vektorfeldes $\mathbf{F}$ auf das infinitesimale Flächenstück d**A**. Mit der in Abschnitt B 2.3.1 eingeführten Darstellung von Vektorfeldern durch Feldlinien kann man sich verdeutlichen, dass $\mathbf{F}(\mathbf{r})\,d\mathbf{A}$ gerade der Fluss des Vektorfeldes durch dieses Flächenstück ist.

Betrachten wir umgekehrt ein sehr kleines Volumen – der Einfachheit halber in kartesischen Koordinaten, $dV = dx_1\,dx_2\,dx_3$, wie in Abbildung B 2.6. Was ist dann der Fluss des Vektorfeldes $\mathbf{F}(\mathbf{r})$ durch die Randflächen von V? In Richtung von x_1 haben wir die Differenz zwischen zwei Flächen zu betrachten:

$$[F_1(x_1 + dx_1, x_2, x_3) - F_1(x_1, x_2, x_3)]\,dx_2\,dx_3$$

$$= \left[F_1(x_1, x_2, x_3) + \frac{\partial F_1}{\partial x_1}(x_1, x_2, x_3)\,dx_1 - F_1(x_1, x_2, x_3) \right]\,dx_2\,dx_3$$

$$= \frac{\partial F_1}{\partial x_1}(x_1, x_2, x_3)\,dx_1\,dx_2\,dx_3.$$

Dabei haben wir im ersten Schritt eine Taylor-Entwicklung (siehe Matheabschnitt 17) ausgeführt und benutzt, dass diese bei Differentialen bereits nach der ersten Ordnung exakt abbricht. Summieren wir noch über die Flächen in x_2- und x_3-Richtung und machen das infinitesimale Volumen $dx_1\,dx_2\,dx_3$ beziehungsweise seine begrenzende Fläche durch Integration endlich, so erhalten wir die Aussage des Satzes von Gauß.

Die Begründung des Satzes von Stokes läuft völlig analog ab. Allerdings muss man dabei sicherstellen, dass es neben dem äußeren Rand S der Fläche A keine inneren Ränder, also „Löcher" im Integrationsgebiet gibt. Das ist genau die Forderung des einfachen Zusammenhangs.

Alle hier vorgestellten Integralsätze sind Spezialfälle eines allgemeineren Satzes von Stokes, den wir im zweiten Band, HENZ/LANGHANKE 2, behandeln.

Mehr zu Integralsätzen findet sich bei LANG/PUCKER, Kapitel 9.1 und 9.3, oder, etwas formalisierter, bei FISCHER/KAUL 1, § 26.

B 3 Folgerungen aus den dynamischen Grundlagen

B 3.1   Erhaltung

Im folgenden Abschnitt beschäftigen wir uns anschließend an die in Abschnitt B 2.3.3 behandelte Energieerhaltung mit zwei weiteren Erhaltungssätzen und führen dazu den Drehimpuls ein. Zunächst aber klären wir einige Grundbegriffe zum Konzept der **Erhaltung** in der Physik und Mechanik.

B 3.1.1   Erhaltungssätze und Symmetrien

Aus den Newtonschen Axiomen lassen sich neben der Energieerhaltung leicht weitere Erhaltungssätze für die Bewegung eines Massepunkts gewinnen, die sowohl tiefere Einsichten in die Eigenschaften mechanischer Systeme erlauben, als auch das Lösen konkreter Probleme stark vereinfachen, wie in verschiedenen Anwendungen deutlich werden wird.

Allgemein ist in der Physik ein **Erhaltungssatz** die Aussage, dass sich eine bestimmte Größe G im Verlauf der Zeit t nicht ändert. Mathematische formuliert, muss also die totale Zeitableitung (vergleiche Matheabschnitte 12 und 15) von $G(t, \mathbf{r}, \dot{\mathbf{r}})$ verschwinden:

$$\frac{\mathrm{d}}{\mathrm{d}t} G(t, \mathbf{r}(t), \dot{\mathbf{r}}(t)) = \frac{\partial}{\partial t} G(t, \mathbf{r}, \dot{\mathbf{r}}) + \frac{\partial}{\partial r_j} G(t, \mathbf{r}, \dot{\mathbf{r}}) \frac{\mathrm{d}r_j}{\mathrm{d}t} + \frac{\partial}{\partial \dot{r}_j} G(t, \mathbf{r}, \dot{\mathbf{r}}) \frac{\mathrm{d}\dot{r}_j}{\mathrm{d}t}$$

$$= \partial_t G(t, \mathbf{r}, \dot{\mathbf{r}}) + \nabla_{\mathbf{r}} G(t, \mathbf{r}, \dot{\mathbf{r}}) \cdot \dot{\mathbf{r}}(t) + \nabla_{\dot{\mathbf{r}}} G(t, \mathbf{r}, \dot{\mathbf{r}}) \cdot \ddot{\mathbf{r}}(t)$$

$$\overset{!}{=} 0.$$

G wird dann eine **Erhaltungsgröße** genannt.

Erhaltungssätze sind tief verbunden mit bestimmten Symmetrien eines Systems. Um zu verstehen, was wir in der Physik unter Symmetrie verstehen, müssen wir noch den Begriff des **Zustands** eines Systems und den der **aktiven Transformation** klären.

Mit Zustand ist die Gesamtheit aller Informationen, die zur vollständigen Beschreibung der momentanen Eigenschaften des Systems erforderlich sind, gemeint. In der klassischen Mechanik sind das die Orte und Impulse. Eine aktive Transformation ist dann eine gedankliche – aber mathematisch formulierte – Umwandlung des Zustands eines Systems in einen anderen Zustand, zum Beispiel eine gedankliche Verschiebung im umgebenden Raum oder eine Änderung bei den Geschwindigkeiten.

Eine **Symmetrie** ist schließlich die Eigenschaft eines Systems, unter einer aktiven Transformation **qualitativ unverändert** zu bleiben. Eine solche aktive Transformation, die den Zustand eines physikalischen Systems nicht qualitativ verändert, heißt **Symmetrietransformation**. Den Zustand eines Systems nicht qualitativ verändern bedeutet, dass eine Bewegung vor und nach der Transformation strukturell gleich abläuft, nur mit anderen Anfangsbedingungen.

An der Form der Bewegung darf sich also nichts ändern. Wenn das **Gedankenexperiment** der aktiven Transformation dazu führt, dass der Wesensgehalt des Systems unverändert ist, liegt eine Symmetrie vor.

Welche Transformationen das in der klassischen Mechanik sind und wie die Zusammenhänge zu Erhaltungseingenschaften im Einzelnen ausgeprägt sind, klären wir in Abschnitt B 3.3.1, der diese Definitionen mit Leben füllt.

In Pfad C werden wir noch als formalisierte Form des Zustandsbegriffs den abstrakten **Zustandsraum** oder **Phasenraum** kennenlernen, in dem alle Punkte bestimmten Zuständen entsprechen und der die Diskussion von Erhaltung noch mal in einen anderen Rahmen stellt (siehe Abschnitt C 3.1).

Eine andere Art von Transformationen sind die **passiven Transformationen**. Durch sie wird nichts am Zustand eines Systems verändert, sondern nur die beschreibenden Koordinaten. Es handelt sich folglich gerade um die Koordinatentransformationen aus Abschnitt B 1.3.2. Passive Transformationen sind also immer mit dem genutzten Koordinatensystem verbunden, während aktive Transformationen unabhängig von einer Beschreibung durch Koordinaten sind.

B 3.1.2 Erhaltungssätze für Einteilchensysteme

Zu Erhaltungsgrößen der Einteilchensysteme in externen Feldern haben wir uns in Abschnitt A 3.1 bereits einige Gedanken gemacht, die wir hier nur kurz wiederholen. Besonders nützlich sind die Erhaltungssätze dann für Mehrteilchensysteme, die in Abschnitt B 3.3.1 eingehend diskutiert werden.

In Abschnitt B 2.3.3 haben wir bereits gesehen, dass unter bestimmten Bedingungen die **Energie** eines Systems erhalten ist:

$$\frac{\mathrm{d}}{\mathrm{d}t}(T + V) = 0.$$

Weiterhin folgt für einen einzelnen Massepunkt aus dem Aktionsaxiom sofort

$$\dot{p}_k = F_k.$$

Ein **Impuls** in eine bestimmte Richtung ist also genau dann über alle Zeit **erhalten**, wenn die entsprechende Kraftkomponente verschwindet. So ist beispielsweise für eine Kraft $\mathbf{F} = \begin{pmatrix} F_x \\ 0 \\ F_z \end{pmatrix}$ der Impuls p_y erhalten.

Zusätzlich zum Impuls kann ein Massepunkt auch einen **Drehimpuls**

$$\mathbf{L} := \mathbf{r} \times \mathbf{p}$$

tragen, der sich immer auf einen gedachten Punkt (in den man dann den Ursprung des Koordinatensystems legt) im Raum bezieht. Von besonderer Relevanz ist der Drehimpuls, wenn eine Zentralkraft wirkt. Der gedachte Punkt ist dann zweckmäßigerweise das Zentrum, von dem die Kraft ausgeht.

In Pfad A haben wir mit dem entsprechenden **Drehmoment** $\mathbf{M} := \mathbf{r} \times \mathbf{F}$ gefunden, dass

$$\frac{\mathrm{d}}{\mathrm{d}t}\mathbf{L} = \mathbf{M}$$

und damit

$$\mathbf{L} = \text{const.} \quad \Leftrightarrow \quad \mathbf{F} = 0 \text{ oder } \mathbf{F} \parallel \mathbf{r}.$$

Der Drehimpuls ist also genau dann erhalten, wenn kein Drehmoment wirkt. Dies ist bei verschwindender oder parallel zum Ortsvektor verlaufender Kraft (den Zentralkräften) der Fall. Ein Körper, auf den eine Zentralkraft wirkt, rotiert immer in der zu $\mathbf{L}$ senkrecht stehenden Ebene um das Kraftzentrum, denn der Ortsvektor steht immer senkrecht auf dem Drehimpuls:

$$\mathbf{r} \cdot \mathbf{L} = m\,\mathbf{r} \cdot (\mathbf{r} \times \dot{\mathbf{r}}) \overset{!}{=} 0 \quad \Rightarrow \quad \mathbf{r} \perp \mathbf{L}.$$

All dies zeigt, dass die Erhaltungssätze den Bewegungsspielraum eines Teilchens massiv einschränken und daher das konkrete Lösen von Bewegungsgleichungen erheblich erleichtern. Die Anwendungen 4.3 bis 4.5 bieten dazu einige Beispiele.

Eine kompakte, empfehlenswerte Darstellung liefert REBHAN 1, Kapitel 3.1. Eine schnelle Übersicht bietet auch FLIESSBACH 1, Kapitel 3, ausführlicher ist es bei NOLTING 1, Kapitel 2.4, zu finden. Für die Rechnungen wird dort immer die Vektoranalysis, siehe Matheabschnitt 15, benötigt.

B 3.2 Inertiale und beschleunigte Bezugssysteme

Wir haben in Kapitel A 3.2 gesehen, dass beschleunigte Bezugssysteme nicht inertial sind und daher die Newtonschen Axiome allein nicht die Form der Bewegungsgleichungen liefern.genauer gesagt ist das Reaktionsprinzip in beschleunigten Bezugssystemen nicht gültig, es treten zusätzliche Kräfte auf. Diese zusätzlichen Kräfte beruhen nicht direkt auf der Wechselwirkung von Objekten, sondern auf der Trägheit der Masse und werden daher als Trägheits- oder Scheinkräfte bezeichnet. Sie lassen sich aber natürlich trotzdem mit den bisher erarbeiteten Methoden herleiten.

Im Folgenden werden wir zunächst Transformationen zwischen Inertialsystemen betrachten, also solche, die Inertialsysteme auch wieder in Inertialsysteme überführen. Daraufhin bestimmen wir konkrete Formeln für die Trägheitskräfte und damit die Form der Newtonschen Gleichungen in Nicht-Inertialsystemen.

B 3.2.1 Galilei-Transformationen

In Abschnitt B 1.3.2 wurde die Mathematik des allgemeinen Wechsels zwischen Koordinatensystemen, die **Koordinatentransformation**, behandelt. Vom kinematischen Aussagegehalt unterschieden sich die eingeführten Koordinatensysteme zunächst einmal nicht. Wir erinnern uns aber, dass die Newtonschen Axiome als Grundlage unserer Diskussion der Dynamik in Kapitel B 2 nur in Inertialsystemen formuliert sind.

Die interessante Frage aus Perspektive der Dynamik ist daher, wie sich sicherstellen lässt, dass beim Übergang von einem Koordinaten- oder Bezugssystem in ein anderes die **Inertialität** erhalten bleibt. In einem anderen Bezugssystem können nämlich nicht nur die Basisvektoren des Vektorraums, also die Koordinatenachsen, anders gewählt sein. Das neue Bezugssystem kann sich auch relativ zum anderen bewegen. Dann fallen auch die Ursprünge nicht mehr zusammen.

Insgesamt ist es wichtig festzuhalten, dass kein Bezugssystem wichtiger ist als ein anderes. Sie sind alle nur Hilfsmittel zur Beschreibung des absoluten Raums.

In der klassischen Mechanik sind von allen passiven Transformationen zwischen zwei Bezugssystemen die sogenannten **Galilei-Transformationen** von besonderer Bedeutung. Darunter verstehen wir genau diejenigen Transformationen, die eine **geradlinig gleichförmige Bewegung** wieder in eine solche überführen. Eine geradlinig gleichförmige Bewegung ist insbesondere nicht beschleunigt. Daher wirkt aufgrund des zweiten Newtonschen Axioms keine Kraft. Galilei-Transformationen lassen also die Form der Newtonschen Gleichungen unverändert und transformieren ein Inertialsystem in ein anderes Inertialsystem. Man

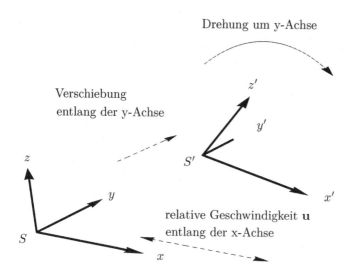

Drehung um y-Achse

Verschiebung
entlang der y-Achse

relative Geschwindigkeit **u**
entlang der x-Achse

Abb. B 3.1 Zwei Bezugssysteme S, S' und schematische Darstellung der Galilei-Transformationen zwischen ihnen

spricht auch von der **Forminvarianz** der Newtonschen Axiome unter den Galilei-Transformationen.

Die Transformation müssen zu diesem Zweck lineare Abbildungen sein. Wir betrachten dazu in Abbildung B 3.1 zwei kartesische Koordinatensysteme S, S' und überlegen uns, durch welche **linearen Abbildungen** diese ineinander überführt werden können. Zunächst können ihre Ursprünge gegeneinander verschoben sein (**Translation des Raums**).

Weiterhin können sie mit einer konstanten Geschwindigkeit **u** relativ zueinander bewegt sein (**Boost** genannt). Als Letztes können sie auch zueinander um jede der drei Raumachsen um einen Winkel α_j verdreht sein (**Rotation**). Dies wird durch eine **Drehmatrix** $R(\alpha_j) = R_{kl}$ beschrieben. Drehmatrizen sind **orthogonal**,

$$R(\alpha_j)\, R(\alpha_j)^T = \mathbb{1},$$

und sind Gegenstand des Matheabschnitts 19.

Nicht zuletzt könnte sich auch die Angabe der Zeit um einen festen Wert unterscheiden (**Translation der Zeit**).

Die folgende Tabelle fasst die Wirkung der einzelnen Operationen auf die ursprünglichen Koordinaten in S zusammen.

Operation	S		S'
Translation der Zeit	t	$\rightarrow$	$t' = t + \tau$
Translation des Raums	$\mathbf{r}$	$\rightarrow$	$\mathbf{r}' = \mathbf{r} + \mathbf{s}$
Boost der Geschwindigkeit	$\mathbf{r}$	$\rightarrow$	$\mathbf{r}' = \mathbf{r} + \mathbf{u} \cdot t \;\Rightarrow\; \dot{\mathbf{r}}' = \dot{\mathbf{r}} + \mathbf{u}$
Rotation des Raums	$\mathbf{r}$	$\rightarrow$	$\mathbf{r}' = R(\alpha)\mathbf{r}$ oder $r'_k = \sum\limits_{l=1}^{3} R_{kl} r_l$

Absolute Festlegungen für die Koordinaten in S sind willkürlich, relevant sind nur die **relativen** Beziehungen der Größen aus S und S' zueinander. Zu beachten ist weiterhin, dass wir die zwei Bezugssysteme als **nicht beschleunigt** zueinander annehmen, $\mathbf{s}, \mathbf{u}$ und R sind zeitlich konstant.

Zusammengefasst ergibt sich als **allgemeine Galilei-Transformation** von Raum- und Zeitkoordinate von einem ins andere Bezugssystem (wenn man S erst verdreht und dann verschiebt):

$$r_k \rightarrow r'_k = \sum_{l=1}^{3} R_{kl} r_l + u_k \cdot t + s_k \text{ und } t \rightarrow t' = t + \tau. \qquad \text{(B 3.1)}$$

Wir verwenden ab hier die Indexschreibweise, da sich so die Drehung kompakter notieren lässt. Insgesamt **zehn Parameter** $(\tau, s_1, s_2, s_3, u_1, u_2, u_3, \alpha_1, \alpha_2, \alpha_3)$ beschreiben also den Wechsel zwischen zwei Bezugssystemen, der die Physik unverändert lässt, wie wir im nächsten Abschnitt zeigen.

Im Abschnitt C 3.2 wird die hier gegebene heuristische Herleitung der Galilei-Transformation um einen formaleren Zugang erweitert, bei dem die sogenannte **Galilei-Gruppe** über die geforderten Eigenschaften definiert wird, statt diese im Nachhinein nachzuweisen. Dort wird insbesondere auch gezeigt, warum nur diese Transformationen die physikalische Raumzeit invariant lassen und es keine weiteren gibt.

Forminvarianz der Newtonschen Axiome

Dass die Newtonschen Axiome unter Galilei-Transformation **forminvariant** sind, zeigen die folgenden Überlegungen.

Zunächst hat eine Translation in der Zeit keinen Einfluss auf die Axiome: Die Zeit t geht nur in differentieller Form dt in die Newtonschen Gleichungen ein, und die konstante Verschiebung führt zu keiner Änderung der Differentiale: $dt = dt'$.

Aus Gleichung (B 3.1) folgt weiterhin durch Differentiation, dass

$$\dot{r}'_k = \sum_{l=1}^{3} R_{kl} \dot{r}_l + u_k \text{ und } \ddot{r}'_k = \sum_{l=1}^{3} R_{kl} \ddot{r}_l. \qquad \text{(B 3.2)}$$

Damit gilt also für kräftefreie Massepunkte ($F_k = F'_k = 0$), dass

$$p_k = m\dot{r}_k = \text{const.} \rightarrow p'_k = m\dot{r}'_k = \text{const.},$$

denn weder die konstante Drehung um α noch die Addition von **u** ändert etwas an der zeitlichen Konstanz des Impulses. Damit ist das erste Axiom erfüllt, ein kräftefreies Objekt verharrt auch in S' in Ruhe oder geradlinig gleichförmiger Bewegung.

Um zu verstehen, wie sich die weiteren Axiome unter Galilei-Transformationen verhalten, betrachten wir das Verhalten von Kräften unter der allgemeinen Galilei-Transformation. Wichtig zu bemerken ist, dass sowohl die Komponenten F_k der Kraft als auch ihre Argumente $t, \mathbf{r}$ und $\dot{\mathbf{r}}$ transformiert werden müssen, also

$$F_k(t, \mathbf{r}, \dot{\mathbf{r}}) \rightarrow F_k'(t', \mathbf{r}', \dot{\mathbf{r}}').$$

Der Strich an der Funktion F_k' hat dabei gleich zwei Bedeutungen. Zum einen werden die Komponenten des Kraftvektors im System S' angegeben, das heißt, insbesondere muss auch der Vektor F_k' gedreht werden. Zum anderen werden F_k und F_k' im Allgemeinen durch die Transformationsregel für ihre Argumente zu verschiedenen Funktionen.

Für die Forminvarianz spielt das keine Rolle, denn für das zweite Axiom ergibt sich mit $F_k = R_{kl}F_l$ und Gleichung (B 3.2):

$$F_k'(t', \mathbf{r}', \dot{\mathbf{r}}') = m\ddot{r}_k'. \tag{B 3.3}$$

Für das dritte und vierte Axiom ergeben sich durch Galilei-Transformation entsprechend auch keine Änderungen; auch sie sind immer forminvariant.

Die passive Galilei-Transformation erlaubt es daher, ein Koordinatensystem zu wählen, in dem sich ein gegebenes physikalisches Problem besonders gut beschreiben lässt und Rechnungen einfacher ausführbar sind. Insofern sind die Galilei-Transformationen passive Transformationen von besonderer physikalischer Relevanz.

Passive und aktive Transformation

Wir wollen an dieser Stelle noch einmal auf den Unterschied zwischen passiver und aktiver Transformation eingehen. Die bisher betrachteten **passiven Transformationen** erlauben die Beschreibung eines physikalischen Systems in verschiedenen Bezugssystemen. **Aktive Transformationen** hingegen beschreiben den Übergang von einem physikalischen System in ein anderes unter Beibehaltung des gleichen Bezugsrahmens.

Auch eine aktive Transformation kann rein mathematisch eine Galilei-Transformation sein. Geht aus einem System durch eine aktive Transformation ein neues hervor, das die gleiche physikalische Bewegung beinhaltet, spricht man von **Invarianz** oder **Symmetrie** des betreffenden physikalischen Systems unter der Transformation. Wir werden in der Lagrangeschen Formulierung der Mechanik die volle Tragweite dieses Konzepts erkennen.

Während die Newtonschen Axiome und damit die Newtonsche Mechanik ganz grundsätzlich forminvariant unter Galilei-Transformationen sind, ist Invarianz folglich eine Eigenschaft eines konkreten physikalischen Systems. Invarianz eines Systems bedeutet also weit mehr als nur Forminvarianz: Es sind nicht nur formal gleich aufgebaute Gesetze gültig, sondern es ergibt sich bei gleichen Anfangsbedingungen der exakt gleiche Bewegungsablauf in beiden Systemen.

Wenn sich die Transformationen der Argumente der wirkenden Kräfte aufgrund derer speziellen Form nicht auswirken, ist das betreffende System invariant unter der Transformation. Für aktive Transformationen aus der Menge der Galilei-Transformationen sind das zum Beispiel diejenigen Kräfte, die nur von relativen räumlichen oder zeitlichen Abständen oder vom relativen Abstand der Geschwindigkeiten abhängen und bei denen auch Drehungen die Argumente nicht verändern, wie zum Beispiel bei einer Zentralkraft $\mathbf{F}(r) = f(r)\mathbf{e}_r$.

Unter aktiven Galilei-Transformation hingegen nicht invariant sind zum Beispiel alle orts- und zeitabhängigen äußeren Kräfte wie die Federkraft und auch Reibungskräfte, denn diese sind nicht invariant unter Translationen. Kräfte mit einer ausgezeichneten Richtungsabhängigkeit, zum Beispiel das Schwerefeld auf der Erdoberfläche, sind unter Drehung nicht invariant.

> Nur wenige Bücher behandeln die Galilei-Transformationen in voller Tiefe. Gründlich und mit guten Beispielen, wenn auch etwas unübersichtlich, sind sie bei FLIESSBACH 1, Kapitel 5, behandelt. Empfehlenswert sind auch BARTELMANN, Kapitel 2.2, und HEIL/KITZKA, Kapitel 1.3.5.2. Oberflächlich, aber anschaulich ist die Darstellung bei EMBACHER 1, Kapitel 1.5.1.

B 3.2.2 Trägheits- oder Scheinkräfte

Wir haben uns in Abschnitt A 3.2 kurz mit beschleunigten Bezugssystemen beschäftigt, in denen zusätzliche Kräfte auftreten. Welcher Art sind nun die in beschleunigten Bezugssystemen auftretenden weiteren Kräfte?

Zur Herleitung konkreter Ausdrücke für die Trägheitkräfte betrachten wir ein Inertialsystem S und ein zu ihm beschleunigtes System $\bar{S}$. Wir bezeichnen mit ungestrichenen Symbolen die Größen im Inertialsystem S, das durch die konstanten Basisvektoren $\mathbf{e}_1$, $\mathbf{e}_2$, $\mathbf{e}_3$ beschrieben wird, die vom Koordinatenursprung $\mathbf{0}$ ausgehen. Die gestrichenen Symbole beziehen sich hingegen auf das beschleunigte System $\bar{S}$, das durch die Basis $\bar{\mathbf{e}}_1(t)$, $\bar{\mathbf{e}}_2(t)$, $\bar{\mathbf{e}}_3(t)$ beschrieben wird.

Auch **Transformationen in ein beschleunigtes Bezugssystem** lassen sich – wie Überlagerungen anderer Bewegungen auch – immer als Überlagerung von Translation und Rotation darstellen (vergleiche Abschnitt A 1.2.2). Die gestrichenen Basisvektoren sind dabei aus Sicht des Inertialsystems S nicht konstant. Zum einen kann der Ursprung $\bar{\mathbf{0}}(t)$ geradlinig beschleunigt zu $\mathbf{0}$ sein, zum anderen können sie mit einer Winkelgeschwindigkeit $\boldsymbol{\omega}$ um eine feste Achse rotieren, zum Beispiel um die $\bar{z}$-Achse.

Zusammenfassend kann also das System $\bar{S}$ in dreifacher Hinsicht beschleunigt zu S sein: erstens durch die lineare Beschleunigung des Ursprungs, zweitens durch die Rotation, und drittens kann die Drehung selbst beschleunigt sein, wenn die Winkelgeschwindigkeit $\boldsymbol{\omega} = \boldsymbol{\omega}(t)$ zeitlich variiert.

Wenn $\mathbf{r}_{0\bar{0}}(t)$ der Ortsvektor des Ursprungs von $\bar{S}$ aus der Sicht des Inertialsystems ist, dann ergibt sich der inertiale Ortsvektor einer Punktmasse zu

$$\mathbf{r}(t) = \mathbf{r}_{0\bar{0}}(t) + \bar{\mathbf{r}}(t).$$

Es ist hilfreich, im Folgenden für die Vektoren Betrag und Richtung jeder Koordinate getrennt zu behandeln, um den Überblick über die Zeitabhängigkeiten zu behalten. Damit ergibt sich für den Ortsvektor

$$\mathbf{r}(t) = \sum_{k=1}^{3} x_k(t)\,\mathbf{e}_k = \mathbf{r}_{0\bar{0}}(t) + \sum_{k=1}^{3} \bar{x}_k(t)\,\bar{\mathbf{e}}_k(t)$$

und für seine Zeitableitung

$$\dot{\mathbf{r}}(t) = \dot{\mathbf{r}}_{0\bar{0}}(t) + \underbrace{\sum_{k=1}^{3} \dot{\bar{x}}_k(t)\,\bar{\mathbf{e}}_k(t)}_{=\dot{\bar{\mathbf{r}}}(t)} + \underbrace{\boldsymbol{\omega}(t) \times \sum_{k=1}^{3} \bar{x}_k(t)\,\bar{\mathbf{e}}_k(t)}_{=\boldsymbol{\omega}(t)\times\bar{\mathbf{r}}(t)}. \qquad (\text{B 3.4})$$

Dabei wurde bei der Ableitung der Basisvektoren verwendet, dass

$$\frac{\mathrm{d}\bar{\mathbf{e}}_k(t)}{\mathrm{d}t} = \boldsymbol{\omega}(t) \times \bar{\mathbf{e}}_k(t),$$

was sich mittels der Darstellung in Polarkoordinaten leicht nachrechnen lässt.

Bei KUYPERS, Aufg. 1-2, steht die kurze Rechnung dazu.

Wir sehen in Gleichung (B 3.4) vier Geschwindigkeitsterme: auf der linken Seite die im Inertialsystem gemessene Geschwindigkeit des Körpers und auf der rechten Seite zuerst die Relativgeschwindigkeit der Ursprünge zueinander, dann die in $\bar{S}$ gemessene Geschwindigkeit des Körpers und zuletzt die in S gemessene Geschwindigkeit eines gedachten Punkts, der fest mit $\bar{S}$ verbunden ist.

Nochmalige totale Ableitung nach der Zeit ergibt eine Gleichung für die involvierten Beschleunigungen und damit für die auftretenden Kräfte bei Transformation in ein nicht-inertiales Bezugssystem:

$$\ddot{\mathbf{r}}(t) = \ddot{\mathbf{r}}_{0\bar{0}}(t) + \underbrace{\sum_{k=1}^{3} \ddot{\bar{x}}_k(t)\,\bar{\mathbf{e}}_k(t)}_{=\ddot{\bar{\mathbf{r}}}(t)} + \underbrace{2\,\boldsymbol{\omega}(t) \times \sum_{k=1}^{3} \dot{\bar{x}}_k(t)\,\bar{\mathbf{e}}_k(t)}_{=2\,\boldsymbol{\omega}(t)\times\dot{\bar{\mathbf{r}}}(t)}$$

$$+ \underbrace{\boldsymbol{\omega}(t) \times \left(\boldsymbol{\omega}(t) \times \sum_{k=1}^{3} \bar{x}_k(t)\,\bar{\mathbf{e}}_k(t) \right)}_{=\boldsymbol{\omega}(t)\times(\boldsymbol{\omega}(t)\times\bar{\mathbf{r}}(t))} + \underbrace{\dot{\boldsymbol{\omega}}(t) \times \sum_{k=1}^{3} \bar{x}_k(t)\,\bar{\mathbf{e}}_k(t)}_{=\dot{\boldsymbol{\omega}}(t)\times\bar{\mathbf{r}}(t)}.$$

Wir nutzen das Aktionsprinzip $\mathbf{F} = m\ddot{\mathbf{r}}$ und erhalten so die **Newtonschen Bewegungsgleichungen in beschleunigten Bezugssystemen**, in denen neben der aus Wechselwirkung mit anderen Körpern stammenden Kraft $\mathbf{F}$ auch alle Trägheitskräfte enthalten sind, die zur vollständigen Beschreibung der Bewegung in $\bar{S}$ notwendig sind:

$$m\ddot{\bar{\mathbf{r}}} = \mathbf{F} - m\ddot{\mathbf{r}}_{0\bar{0}} - m\,\boldsymbol{\omega} \times (\boldsymbol{\omega} \times \bar{\mathbf{r}}) - 2m\,\boldsymbol{\omega} \times \dot{\bar{\mathbf{r}}} - m\,\dot{\boldsymbol{\omega}} \times \bar{\mathbf{r}}. \qquad (\text{B }3.5)$$

Der Übersichtlichkeit halber haben wir die explizite Angabe der Zeitabhängigkeiten weggelassen.

Es gibt folglich **vier unterschiedliche Typen von Trägheitskräften**: Die **lineare Brems-** oder **Beschleunigungkraft**

$$\mathbf{F}_{\text{lin}} = -m\ddot{\mathbf{r}}_{0\bar{0}}$$

tritt bei geradliniger Beschleunigung beziehungsweise Abbremsung des Bezugssystems $\bar{S}$ auf, zum Beispiel drückt sie die Insassen eines Fahrzeugs beim Anfahren in die Sitze.

Die drei anderen Trägheitskräfte treten nur in rotierenden Bezugssystemen auf, die aber häufig anzutreffen sind, zum Beispiel bei der Erddrehung, einem Karussell oder sich drehenden Maschinenteilen.

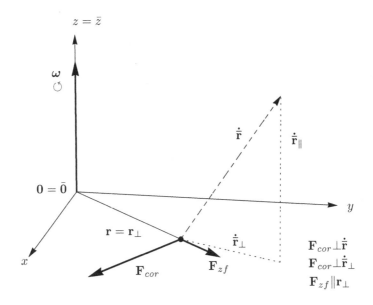

Abb. B 3.2 Zentrifugalkraft $\mathbf{F}_{zf}$ und Corioliskraft $\mathbf{F}_{cor}$ wirken auf einen sich mit Geschwindigkeit $\dot{\bar{\mathbf{r}}}$ – innerhalb eines mit konstanter Winkelgeschwindigkeit $\boldsymbol{\omega}$ um die z-Achse sich drehenden Bezugssystems – bewegenden Massepunkt

Die **Zentrifugalkraft**, umgangssprachlich auch Fliehkraft, tritt bei allen gekrümmten Bewegungen auf, zum Beispiel beim Durchfahren einer Kurve. An der Struktur des doppelten Kreuzprodukts sieht man, dass sie senkrecht auf der Drehachse $\boldsymbol{\omega}$ steht und radial nach außen zeigt,

$$\mathbf{F}_{\mathrm{zf}} = -m\,\boldsymbol{\omega} \times (\boldsymbol{\omega} \times \bar{\mathbf{r}}) = m\,\omega^2\bar{\mathbf{r}}_\perp,$$

denn der zu $\boldsymbol{\omega}$ parallele Anteil von $\bar{\mathbf{r}}$ verschwindet.

Die **Corioliskraft** hingegen hängt von der Geschwindigkeit des Körpers innerhalb von $\bar{S}$ ab:

$$\mathbf{F}_{\mathrm{cor}} = -2m\,\boldsymbol{\omega} \times \dot{\bar{\mathbf{r}}}. \qquad\qquad (\text{B 3.6})$$

Sie tritt also immer dann auf, falls der Körper sich zusätzlich relativ zum Bezugssystem bewegt, beispielsweise wenn eine Person versucht, in einem Karussell zu laufen. Ein weiteres prominentes Beispiel sind die großen Hauptwindrichtungen auf der Erde, die von dieser Kraft beeinflusst sind.

Die Corioliskraft steht senkrecht auf $\boldsymbol{\omega}$ und $\dot{\bar{\mathbf{r}}}$ und bewirkt folglich bei Drehung von $\bar{S}$ im Uhrzeigersinn und zusätzlicher radialer Bewegung eine nach links gerichtete Kraft auf den Körper.

Eine graphische Veranschaulichung von Zentrifugal- und Corioliskraft bietet Abbildung B 3.2. Gemäß Gleichung (B 3.6) wirkt die Corioliskraft senkrecht zu $\dot{\bar{\mathbf{r}}}$ und zu $\boldsymbol{\omega}$, daher steht sie auch senkrecht zum transversalen Anteil der Geschwindigkeit, $\dot{\bar{\mathbf{r}}}_\perp$. Die Zentrifugalkraft hingegen wirkt unabhängig von $\dot{\bar{\mathbf{r}}}$ immer in Richtung des transversalen Anteils des Ortsvektors $\mathbf{r}_\perp$.

Ist zusätzlich die Winkelgeschwindigkeit nicht konstant, tritt durch die beschleunigte Rotation eine weitere Scheinkraft auf,

$$\mathbf{F}_{\mathrm{trans}} = -m\,\dot{\boldsymbol{\omega}} \times \bar{\mathbf{r}},$$

die als Kreuzprodukt aus $\dot{\boldsymbol{\omega}}$ und Ortsvektor senkrecht (transversal) zur Richtung der Beschleunigung der Rotation wirkt und daher **Transversalkraft**, manchmal auch Eulerkraft, genannt wird. Eine Anwendung findet dies bei der Betrachtung der Kreiselbewegung, die wir im zweiten Band HENZ/LANGHANKE 2 behandeln.

Alle vier Trägheitskräfte sind proportional zur Masse des betrachteten Teilchens, denn sie beruhen gerade auf dessen Trägheitswiderstand. Die Tatsache, dass das beschleunigte Bezugssystems nicht inertial ist, wirkt sich also umso stärker aus, je schwerer ein Objekt ist.

Die Trägheitskräfte werden auch Scheinkräfte genannt, weil sie sich durch Transformation in ein inertiales Bezugssystem aus der Beschreibung tilgen lassen. Allerdings ist es oft schwieriger, die nötige Transformation zu bestimmen, als diese zusätzlichen Kräfte bei der Lösung der Bewegungsgleichung zu berücksichtigen.

Wichtig ist aber festzuhalten, dass Trägheitskräfte ganz reale Kräfte sind, die in nicht-inertialen Bezugssystemen auftreten.

Unsere Herleitung orientiert sich an KUYPERS, Kapitel 1.4, eine Alternative ohne
Koordinatendarstellung findet sich bei NOLTING 1, Kapitel 2.2.4. Recht ausführlich
ist die Herleitung bei GREINER 2, Kapitel 1. Eine gute Anschauung mit Beispielen
und Grafiken gibt DEMTRÖDER 1, Kapitel 3.3.

B 3.3   Systeme von mehreren Teilchen

In Abschnitt A 3.3 haben wir Systeme von zwei Massepunkten betrachtet und
bereits an einem Beispiel gesehen, wie nützlich Erhaltungsgrößen sein können, um
Probleme in diesen zu lösen. Zweiteilchensysteme sind dabei natürlich nur ein
Spezialfall von Systemen mit beliebig vielen Objekten. Interessante physikalische
Probleme enthalten häufig mehr als ein oder zwei Teilchen, daher müssen oft viele
Größen im Blick behalten werden.

Man spricht dann von einem **Mehrteilchensystem** von $n \in \mathbb{N}$ Massepunkten,
die mit dem Index k von 1 bis n durchnummeriert werden. Das k-te Teilchen hat
also eine Masse m_k und den Ortsvektor $\mathbf{r}_k$ im Laborsystem.

Es ergeben sich dabei auf natürliche Weise **Gesamtgrößen**, die aus den Ein-
zelgrößen aller Massepunkte zusammengesetzt sind.

Zur Bewahrung des Überblicks ist es sinnvoll, die einzelnen Bewegungen in
eine **Schwerpunktbewegung** des ganzen Systems und die Relativbewegungen
der einzelnen Teilchen zum sich bewegenden Schwerpunkt zu zerlegen. Mit der
Gesamtmasse

$$M := \sum_{k=1}^{n} m_k$$

definiert man den **Schwerpunkt** aller Teilchen mittels

$$\mathbf{r}_S := \frac{1}{M} \sum_{k=1}^{n} m_k \mathbf{r}_k.$$

Der Schwerpunkt ist ein gedachter Punkt im Raum, ihm muss kein realer Massepunkt entsprechen.

Die **Relativkoordinaten** eines Teilchens in Bezug zum gemeinsamen Schwerpunkt sind dann unter Beibehaltung der Orientierung der Koordinatenachsen

$$\tilde{\mathbf{r}}_{\mathbf{k}} := \mathbf{r}_S - \mathbf{r}_k.$$

Abbildung B 3.3 stellt die Situation dar.

Man unterscheidet in Mehrteilchensystemen zwischen inneren und äußeren Kräf-
ten. Eine **innere Kraft** $\mathbf{F}_{jk}$ ist diejenige Kraft, die Massepunkt j auf Massepunkt
k innerhalb des Systems ausübt. Innere Kräfte kann man immer als Kräfte zwischen zwei Körpern ausdrücken und in den allermeisten relevanten Fällen als konservativ annehmen. In der klassischen Physik übt ein Massepunkt aber auf sich
selbst keine Kraft aus, $\mathbf{F}_{kk} = \mathbf{0}$.

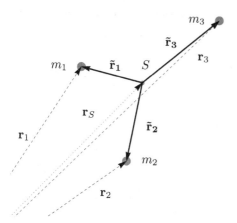

Abb. B 3.3
Schwerpunktkoordinate $\mathbf{r}_S$ und Relativkoordinaten $\tilde{\mathbf{r}}_{\mathbf{k}}$ für drei gleich schwere Massen m_k

Äußere oder **externe Kräfte** $\mathbf{F}_k^{\mathrm{ext}}$ wirken hingegen zusätzlich von außen auf jedes Teilchen ein. Die Gravitation tritt häufig als eine solche äußere Kraft auf. Dabei sind die Gegenkräfte des betrachteten Systems auf die äußere Kraftquelle allerdings nicht Teil der Beschreibung, da diese ja außerhalb der Betrachtung liegen soll. Häufig spricht man dann auch idealisierend vom „unendlich schweren" Wechselwirkungspartner, vergleiche auch Abschnitt B 2.3.1

Häufig ist es zweckmäßig, zur Beschreibung eines Mehrteilchensystems das **Schwerpunktkoordinatensystem** zu verwenden, dessen Ursprung in den Schwerpunkt gelegt wird. Es handelt sich dabei nicht immer um ein Inertialsystem, da der Schwerpunkt im Allgemeinen auch beschleunigt bewegt sein kann, wie es in den meisten Anwendungen der Fall ist, zum Beispiel in Anwendung 4.3.1.

B 3.3.1 Erhaltungssätze für Gesamtgrößen

Die aus Abschnitt B 3.1 bekannten Erhaltungssätze für das Einteilchensystem übertragen sich auch auf die Gesamtgrößen. Zudem kommen durch die Wechselwirkung der Objekte untereinander in einem Mehrteilchensystem weitere unabhängige Erhaltungsgrößen hinzu.

Impulserhaltung und Schwerpunktträgheit in Mehrteilchensystemen

Die gesamte Kraft auf ein Teilchen m_k setzt sich aufgrund des Superpositionsprinzips aus der Summe aller einwirkenden inneren und äußeren Kräfte zusammen:

$$\mathbf{F}_k = \sum_{\substack{j=1 \\ j \neq k}}^{n} \mathbf{F}_{jk} + \mathbf{F}_k^{\mathrm{ext}}.$$

Wenn man nun die Newtonschen Bewegungsgleichungen $\dot{\mathbf{p}}_k = \mathbf{F}_k$ aller n Teilchen aufsummiert, ergibt sich

$$\sum_{k=1}^{n} \dot{\mathbf{p}}_k = \sum_{k=1}^{n} \mathbf{F}_k = \sum_{\substack{j,k=1 \\ j \neq k}}^{n} \mathbf{F}_{jk} + \sum_{k=1}^{n} \mathbf{F}_k^{\text{ext}}$$

$$= \frac{1}{2} \left(\sum_{\substack{j,k=1 \\ j \neq k}}^{n} \mathbf{F}_{jk} + \sum_{\substack{j,k=1 \\ j \neq k}}^{n} \mathbf{F}_{jk} \right) + \sum_{k=1}^{n} \mathbf{F}_k^{\text{ext}}$$

$$= \frac{1}{2} \underbrace{\left(\sum_{\substack{j,k=1 \\ j \neq k}}^{n} \mathbf{F}_{jk} - \sum_{\substack{j,k=1 \\ j \neq k}}^{n} \mathbf{F}_{kj} \right)}_{\substack{=0 \\ (\text{wegen } \mathbf{F}_{jk}=-\mathbf{F}_{kj})}} + \sum_{k=1}^{n} \mathbf{F}_k^{\text{ext}} = \sum_{k=1}^{n} \mathbf{F}_k^{\text{ext}}.$$

Die Doppelsumme über die inneren Kräfte verschwindet aufgrund des Reaktionsprinzips. Diese Rechnung führt zum sogenannten **Impulssatz** für den **Gesamtimpuls**:

$$\dot{\mathbf{p}}_{\text{ges}} = \sum_{k=1}^{n} \dot{\mathbf{p}}_k = \sum_{k=1}^{n} \mathbf{F}_k^{\text{ext}} = \mathbf{F}^{\text{ext}}. \qquad (\text{B } 3.7)$$

Die zeitliche Änderung des Gesamtimpulses ist gleich der Summe der äußeren Kräfte. Innere Kräfte hingegen verändern nur die Relativbewegungen der einzelnen Teilchen zueinander. Damit haben wir das in Abschnitt A 3.1.2 nur motivierte Ergebnis tatsächlich gezeigt.

Für die kollektive Bewegung des Gesamtsystems in seiner Umgebung sind also nur die externen Kräfte ursächlich. Diese Bewegung ist aber genau gleich der des Schwerpunkts, im Ergebnis greifen die äußeren Kräfte nur im Schwerpunkt an. Der Gesamtimpuls des Mehrteilchensystems ist gleich dem **Schwerpunktimpuls**:

$$\sum_{k=1}^{3} m_k \mathbf{r}_k = \mathbf{p}_{\text{ges}} = \mathbf{p}_S = M \dot{\mathbf{r}}_S. \qquad (\text{B } 3.8)$$

Aus diesem Grund ist es sehr häufig sinnvoll, die einzelnen Bewegungen in Schwerpunkt- und Relativbewegung aufzuspalten. Dadurch ist auch überhaupt erst die Idealisierung realer (räumlich ausgedehnter) Objekte als Massepunkte gerechtfertigt.

Verschwindet die Summe der externen Kräfte, $\mathbf{F}^{\text{ext}} = 0$, ist das Gesamtsystem kräftefrei und der **Gesamt-** oder **Schwerpunktimpuls** erhalten:,

$$\frac{\mathrm{d}}{\mathrm{d}t} \sum_{k=1}^{n} \mathbf{p}_k = 0 \ \Rightarrow \ \mathbf{p}_{\text{ges}} = \text{const.} \qquad (\text{B } 3.9)$$

Interessanterweise führt die Kombination der Gleichungen (B 3.8) und (B 3.9) noch zu einer weiteren Erhaltungsgröße, die kein direktes Gegenstück im Einteilchensystem hat. Man erhält

$$M\ddot{\mathbf{r}}_S(t) = \mathbf{F}^{\text{ext}}(t),$$

und es folgt bei Abwesenheit externer Kräfte, $\mathbf{F}^{\text{ext}} = 0$, durch zweimaliges direktes Integrieren der **Schwerpunktsatz**

$$M\mathbf{r}_S(t) = \mathbf{p}_S \cdot (t - t_0) + M\mathbf{r}_S(t_0). \tag{B 3.10}$$

Der Schwerpunkt des Systems bewegt sich bei fehlender Einwirkung äußerer Kräfte wie ein Massepunkt geradlinig gleichförmig. Hier sieht man gut, dass die Schwerpunktbewegung von der weiteren (inneren) Bewegung vollständig entkoppelt ist. Man spricht auch von der Aufspaltung in innere und äußere Bewegung.

Durch Umformung von Gleichung (B 3.10) ergibt sich als Ausdruck für die **Schwerpunktträgheit** $\boldsymbol{\mu}_S$

$$\boldsymbol{\mu}_S(t) := M\mathbf{r}_S(t_0) = M\mathbf{r}_S(t) - \mathbf{p}_S \cdot (t - t_0).$$

Ihre zeitliche Erhaltung kann leicht explizit nachgerechnet werden:

$$\begin{aligned}
\frac{\mathrm{d}}{\mathrm{d}t}\boldsymbol{\mu}_S(t) &= \frac{\mathrm{d}}{\mathrm{d}t}M\mathbf{r}_S(t) - \frac{\mathrm{d}}{\mathrm{d}t}\left(\mathbf{p}_S \cdot (t - t_0)\right) \\
&= M\dot{\mathbf{r}}_S(t) - \mathbf{p}_S - \frac{\mathrm{d}\mathbf{p}_S}{\mathrm{d}t} \cdot (t - t_0) \\
&= M\dot{\mathbf{r}}_S(t) - M\dot{\mathbf{r}}_S(t) - 0 \\
&= 0.
\end{aligned}$$

Die Schwerpunktträgheit ist ein Beispiel für eine Erhaltungsgröße, die nicht nur implizit (über $\mathbf{r}_S$), sondern auch explizit von der Zeit abhängt. Daher entzieht sie sich der direkten Anschauung, die man üblicherweise von einer Erhaltungsgröße hat. Bei der Betrachtung der Erhaltungsgrößen des einzelnen Teilchens in Abschnitt B 3.1 spielt sie keine Rolle, da im Einteilchensystem der Schwerpunkt mit dem Ortsvektor des Teilchens zusammenfällt.

Die Schwerpunktträgheit wird oft nur sehr knapp, manchmal gar nicht behandelt. Generell empfehlenswert ist die sehr gründliche, wenn auch nicht allzu leicht zugängliche Darstellung der Erhaltungsgrößen bei HEIL/KITZKA, Kapitel 1.3.3.

Drehimpulserhaltung in Mehrteilchensystemen

Der **Gesamtdrehimpuls** setzt sich aus den Drehimpulsen der einzelnen Massen zusammen:

$$\mathbf{L}_{\text{ges}} := \sum_{k=1}^{n} \mathbf{r}_k \times \mathbf{p}_k.$$

Als **Gesamt-** oder **äußeres Drehmoment** wird die Summe der Drehmomente, die die äußeren Kräfte ausüben, bezeichnet:

$$\mathbf{M}_{\text{ges}} := \sum_{k=1}^{n} \mathbf{r}_k \times \mathbf{F}_k^{\text{ext}}.$$

Mit einer ähnlichen Rechnung wie für den Gesamtimpuls findet man für die zeitliche Änderung des Gesamtdrehimpulses

$$\begin{aligned}
\dot{\mathbf{L}}_{\text{ges}} &= \sum_{k=1}^{n} m_k \left((\dot{\mathbf{r}}_k \times \dot{\mathbf{r}}_k) + (\mathbf{r}_k \times \ddot{\mathbf{r}}_k) \right) \\
&= \sum_{k=1}^{n} (\mathbf{r}_k \times \mathbf{F}_k) \\
&= \sum_{k=1}^{n} (\mathbf{r}_k \times \mathbf{F}_k^{\text{ext}}) + \sum_{\substack{j,k=1 \\ j \neq k}}^{n} (\mathbf{r}_k \times \mathbf{F}_{jk}) \\
&= \mathbf{M}_{\text{ges}}.
\end{aligned}$$

Hier ging wieder ein, dass die Beiträge der inneren Kräfte sich kompensieren, was durch eine Aufspaltung der Doppelsumme und die Ausnutzung des Reaktionsprinzips leicht gezeigt werden kann.

Die Rechnung führt beispielsweise NOLTING 1, Kapitel 3.1.2, vollständig durch.

Als Ergebnis folgt der für alle Inertialsysteme gültige **Drehimpulssatz**

$$\frac{\mathrm{d}}{\mathrm{d}t} \mathbf{L}_{\text{ges}} = \mathbf{M}_{\text{ges}}. \tag{B 3.11}$$

Nur die äußeren Drehmomente ändern den Gesamtdrehimpuls.

Ist das betrachtete Mehrteilchensystem abgeschlossen, gilt also **Gesamtdrehimpulserhaltung**

$$\frac{\mathrm{d}}{\mathrm{d}t} \mathbf{L}_{\text{ges}} = 0 \;\Rightarrow\; \mathbf{L} = \text{const.}$$

Im Unterschied zum linearen Gesamtimpuls lässt sich $\mathbf{L}$ im Allgemeinen nicht in Schwerpunktkoordinaten darstellen, da das äußere Drehmoment von den Ortsvektoren aller Massen abhängt. Wenn der Schwerpunkt aber selbst ruht, hängen Gesamtdrehmoment und -impuls nur noch von den Relativkoordinaten $\tilde{\mathbf{r}}_k$ und ihren Impulsen ab:

$$\mathbf{L}_{\text{ges}} = \sum_{k=1}^{n} \tilde{\mathbf{r}}_k \times \tilde{\mathbf{p}}_k \;\text{ und }\; \mathbf{M}_{\text{ges}} = \sum_{k=1}^{n} \tilde{\mathbf{r}}_k \times \mathbf{F}_k^{\text{ext}}.$$

Energieerhaltung in Mehrteilchensystemen

Als letzte Erhaltungseigenschaft bleibt die **Energieerhaltung** zu betrachten. Auch die kinetische Energie eines Mehrteilchensystems kann in Schwerpunkt- und Relativanteil zerlegt werden, und im Gegensatz zu den Gesamtimpulsen spielen bei der Gesamtbewegungsenergie auch beide eine Rolle:

$$
\begin{aligned}
T_{\text{ges}} &= \sum_{k=1}^{n} \frac{m_k}{2} \dot{\mathbf{r}}_k^2 = \sum_{k=1}^{n} \frac{m_k}{2} \left(\dot{\tilde{\mathbf{r}}}_k + \dot{\mathbf{r}}_S \right)^2 \\
&= \sum_{k=1}^{n} \frac{m_k}{2} \dot{\tilde{\mathbf{r}}}_k^2 + \underbrace{\sum_{k=1}^{n} m_k \dot{\tilde{\mathbf{r}}}_k \cdot \dot{\mathbf{r}}_S}_{=0} + \sum_{k=1}^{n} \frac{m_k}{2} \dot{\mathbf{r}}_S^2 \\
&= T_{\text{rel}} + T_S.
\end{aligned}
\tag{B 3.12}
$$

Hier ging ein, dass die Summe über alle relativen Impulse nach Definition verschwindet, denn sonst würde sie zum Schwerpunktimpuls beitragen.

Ganz analog zur Herleitung der Energieerhaltung für ein einzelnes Teilchen funktioniert auch die Betrachtung für Mehrteilchensysteme. Die Herleitung von Gleichung (A 2.9) lässt sich leicht auf ein System von n Massepunkten erweitern:

$$
\sum_{k=1}^{n} \mathbf{F}_k \cdot \dot{\mathbf{r}}_k = -\frac{\mathrm{d}}{\mathrm{d}t} V_{\text{ges}}(\mathbf{r}_1, ..., \mathbf{r}_n).
\tag{B 3.13}
$$

Hier fließt allerdings die Annahme ein, dass ein Gesamtpotential $V_{\text{ges}}(\mathbf{r}_1, ..., \mathbf{r}_n)$ für alle beteiligten Kräfte existiert. Für die inneren Kräfte $\mathbf{F}_{jk}$ ist das in der Natur nahezu immer der Fall. Sie können als konservative Zentralkräfte mit paarweisen Potentialen $V_{jk}(\mathbf{r}_j, \mathbf{r}_k)$ betrachtet werden. Bei den externen Kräften, die für die Schwerpunktbewegung sorgen, treten hingegen grundsätzlich ebenso konservative wie nicht-konservative Kräfte auf.

Ist die äußere Gesamtkraft aber wie in Abschnitt B 2.3.2 konservativ, erweitert sich Gleichung (B 3.13) zu

$$
\begin{aligned}
\sum_{k=1}^{n} \left(\sum_{\substack{j=1 \\ j \neq k}}^{n} \mathbf{F}_{jk} + \mathbf{F}_k^{\text{ext}} \right) \cdot \dot{\mathbf{r}}_k &= -\frac{1}{2} \frac{\mathrm{d}}{\mathrm{d}t} \sum_{\substack{j,k=1 \\ j \neq k}}^{n} V_{jk}(\mathbf{r}_j, \mathbf{r}_k) - \frac{\mathrm{d}}{\mathrm{d}t} \sum_{k=1}^{n} V_k^{\text{ext}}(\mathbf{r}_k) \\
&= -\frac{\mathrm{d}}{\mathrm{d}t} V_{\text{ges}}(\mathbf{r}_1, ..., \mathbf{r}_n)
\end{aligned}
$$

Die Kombination mit Gleichung (B 3.12) zeigt dann, dass die **Gesamtenergie** E_{ges} erhalten ist:

$$
\frac{\mathrm{d}}{\mathrm{d}t}(T_{\text{ges}} + V_{\text{ges}}) = 0
$$

$$
\Rightarrow E_{\text{ges}} := T_{\text{ges}} + V_{\text{ges}} = \text{const.}
$$

Ist das Mehrteilchensystem hingegen **dissipativ**, $\mathbf{F}_k^{\text{ext}} \neq 0$, lautet der **Energiesatz**

$$\frac{\mathrm{d}}{\mathrm{d}t} E_{\text{ges}} = \sum_{k=1}^{n} \mathbf{F}_k^{\text{ext}} \cdot \dot{\mathbf{r}}_k. \tag{B 3.14}$$

Erwartungsgemäß entspricht die Leistung der dissipativen Kräfte also der Änderung der Gesamtenergie des Systems.

Ein Mehrteilchensystem als Ganzes heißt konservativ, wenn alle in ihm auftretenden Kräfte konservativ sind, und dissipativ, sobald dies nicht der Fall ist.

> Eine ausführlichere Rechnung zum Energiesatz (unter Verwendung der Vektoranalysis) wird bei NOLTING 1, Kapitel 3.1.3, ausgeführt. Einen kompakten alternativen Zugang bietet REBHAN 1, Kapitel 3.2.4.

B 3.3.2　Erhaltungsgrößen und Invarianz

In abgeschlossenen, konservativen Mehrteilchensystemen gibt es, wie im vorigen Abschnitt gezeigt, insgesamt mindestens **zehn** voneinander unabhängige **skalare Erhaltungsgrößen**. Diese sind genau dann unabhängig voneinander, wenn sich keine als Funktion der anderen ausdrücken lässt.

Die Zahl zehn ist uns in diesem Zusammenhang aus Abschnitt B 3.2.1 vertraut: Es ist die Zahl der Komponenten der allgemeinen Galilei-Transformation, vergleiche Gleichung (B 3.1). Zwischen diesen **Symmetrietransformationen** und den Erhaltungsgrößen besteht tatsächlich ein tieferer Zusammenhang.

		Erhaltungsgröße	Symmetrietransformation
3	$\mathbf{p}_{\text{ges}}$	Gesamtimpuls	Translation im Raum
3	$\boldsymbol{\mu}_S$	Schwerpunktträgheit	Boost der Geschwindigkeit
3	$\mathbf{L}_{\text{ges}}$	Gesamtdrehimpuls	Rotation im Raum
1	E_{ges}	Gesamtenergie	Translation in der Zeit

Die Tabelle verknüpft die spezifischen Transformationen mit den unabhängigen skalaren Erhaltungsgrößen. Die **Invarianz** eines abgeschlossenen Mehrteilchensystems ist direkt mit dessen Erhaltungsgrößen verbunden. Die Ursache und tiefere Bedeutung dieser Beobachtung wird in der Analytischen Mechanik durch das **Noether-Theorem** klar, das ausführlich in HENZ/LANGHANKE 2 behandelt wird.

Dort werden wir einen strengen mathematischen Beweis dieser wichtigen Aussage führen. Eine Anschauung lässt sich aber auch im Rahmen der Newtonschen Mechanik durch Betrachtung der Gleichungen (B 3.7), (B 3.10), (B 3.11) und (B 3.14) gewinnen. So bedeutete zum Beispiel die Invarianz eines Systems unter räumlichen Translationen, dass äußere Kräfte nach jeder beliebigen Verschiebung noch die gleiche Wirkung zeigen müssten. Dies lässt sich im Impulssatz nur erfüllen, wenn die äußere Gesamtkraft in Richtung der Verschiebung überall verschwindet, was die Gesamtimpulserhaltung zur Folge hat.

Ein konkretes System kann auch noch weitere Symmetrien aufweisen, die zur Erhaltung weiterer unabhängiger Größen führen.

Ein prominentes Beispiel ist die Richtung des **Runge-Lenz-Vektors A** = $\mathbf{p} \times \mathbf{L} - m\mathbf{e}_r$ in einem Zentralpotential der Form $V(\mathbf{r}) = 1/|\mathbf{r}|$, wie es in der Himmelsmechanik eine große Rolle spielt. Wir werden dieses als Kepler-Problem bekannte Potential in Aufgabe 5.5 eingehend behandeln.

Die Erhaltungsgrößen sind außerordentlich nützlich, um die Bewegungsgleichungen eines konkreten Systems zu lösen. Ein System mit n Teilchen hat $3n$ voneinander unabhängige Bewegungsmöglichkeiten, genannt **Freiheitsgrade** f:

$$f = 3n.$$

Grundsätzlich sind also $3n$ Bewegungsgleichungen zu lösen. Das entspricht der Lösung eines Systems von $6n$ skalaren Differentialgleichungen erster Ordnung für die $2f = 6n$ Variablen $\mathbf{r}_k$ und $\dot{\mathbf{r}}_k$, wie in Abschnitt B 2.3 behandelt. Das bedeutet nicht nur viel Arbeit, sondern ist ab $n = 3$ ($\Rightarrow 2f = 18$) überhaupt nur noch in wenigen Spezialfällen exakt möglich.

Für jede unabhängige Erhaltungsgröße ist eine Differentialgleichung weniger zu lösen. Im Fall des allgemeinen **Zweikörperproblems** ($2f = 12$) reduzieren die Erhaltungsgrößen die Rechnung also auf zwei Integrationen. Siehe dazu auch Aufgabe 4.5. Im Kepler-Problem reduzieren sie die Rechnung wegen des Runge-Lenz-Vektors sogar auf nur eine Integration. Dabei ist zu unterscheiden zwischen den zehn Erhaltungsgrößen, die in allen abgeschlossenen Mehrteilchensystemen existieren, und der zusätzlichen Erhaltung zum Beispiel des Runge-Lenz-Vektors, die wir in Aufgabe 5.5.3 verwenden.

> Gute Darstellungen zu Erhaltungsgrößen und ihrem Nutzen in der Newtonschen Mechanik finden sich bei REBHAN 1, Kapitel 3.2, und mit vielen Beispielen bei KUYPERS, Kapitel 2.3.

B 3.M   Mathematische Abschnitte

Matheabschnitt 19:

Drehmatrizen

In Matheabschnitt 11 haben wir lineare Abbildungen kennengelernt und diese durch Abbildungsmatrizen dargestellt. Lineare Abbildungen erhalten die Struktur von Vektorräumen und erlauben es daher, Rechnungen sowohl vor

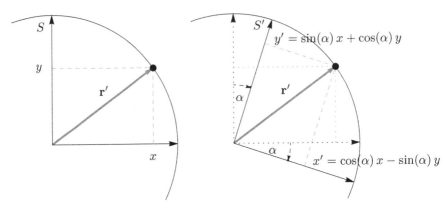

Abb. B 3.4 Drehung des beschreibenden Koordinatensystems in der Ebene um den Winkel α. Der Vektor $\mathbf{r}$ bekommt so in den neuen Koordinaten die Darstellung $\mathbf{r}'$

als auch nach Anwendung der linearen Abbildung auszuführen und einfach miteinander in Beziehung zu setzen.

Von spezieller Bedeutung sind dabei diejenigen linearen Abbildungen, die **Längen unverändert lassen**. Aus der Alltagserfahrung wissen wir, dass Drehungen und Spiegelungen genau diese Eigenschaft haben.

Etwas mathematischer gefasst, bedeutet die Forderung an eine Abbildung, linear sowie längen- und winkelerhaltend zu sein, dass das sich Skalarprodukt zwischen zwei Vektoren $\mathbf{a}$ und $\mathbf{b}$ bei der durch die Abbildungsmatrix R vermittelten linearen Abbildung nicht ändert:

$$(R\,\mathbf{a})^T \cdot (R\,\mathbf{b}) \stackrel{!}{=} \mathbf{a}^T \cdot \mathbf{b}.$$

In der Indexschreibweise liest sich das als

$$a_j b_j \stackrel{!}{=} (R_{jk}a_k)^T R_{jl}b_l = a_k R_{kj} R_{jl} b_l$$

$$\Rightarrow R_{kj}R_{jl} = \delta_{kl} \text{ beziehungsweise } R^T R = \mathbb{1}. \tag{B 3.15}$$

Man nennt eine lineare Abbildung und die ihr zugeordnete Abbildungsmatrix **orthogonal**, wenn sie $R^T R = \mathbb{1}$ erfüllt.

Außerdem folgt unter Verwendung der Eigenschaften der Determinante (siehe Matheabschnitt 14), dass die Determinante einer Matrix und ihrer Transponierten den gleichen Wert haben, $\det(R^T) = \det(R)$,

$$\det(R^T R) = \det(R^T)\det(R) = (\det R)^2 \tag{B 3.16}$$

$$\text{und } \det(R^T R) = \det \mathbb{1} = 1. \tag{B 3.17}$$

Für orthogonale Abbildungen gilt also immer

$$\det(R) = \pm 1.$$

Dabei enthalten Abbildungen mit Determinante -1 Spiegelungen – jene Abbildungen, bei denen ein Vektor in sein Negatives übergeht. Drehungen hingegen sind orthogonale Abbildungen mit positiver Determinante.

Das Gleichungssystem (B 3.15), das Drehungen im dreidimensionalen Ortsraum beschreibt, beinhaltet wegen $(R^T R)^T = R^T R$ sechs skalare Gleichungen für die neun Einträge von R. Damit hat eine Drehung drei freie Parameter – zum Beispiel eine (normierte) Achse und einen Winkel oder drei Winkel, wenn drei Achsen fest vorgegeben sind. Wählt man beispielsweise die drei kartesischen Basisvektoren $\mathbf{e}_x$, $\mathbf{e}_y$, $\mathbf{e}_z$, so liefert eine einfache geometrische Überlegung wie in Abbildung B 3.4 die häufig benutzten Drehmatrizen

$$R_x(\alpha_1) = \begin{pmatrix} 1 & 0 & 0 \\ 0 & \cos(\alpha_1) & -\sin(\alpha_1) \\ 0 & \sin(\alpha_1) & \cos(\alpha_1) \end{pmatrix},$$

$$R_y(\alpha_2) = \begin{pmatrix} \cos(\alpha_2) & 0 & -\sin(\alpha_2) \\ 0 & 1 & 0 \\ \sin(\alpha_2) & 0 & \cos(\alpha_2) \end{pmatrix},$$

$$R_z(\alpha_3) = \begin{pmatrix} \cos(\alpha_3) & -\sin(\alpha_3) & 0 \\ \sin(\alpha_3) & \cos(\alpha_3) & 0 \\ 0 & 0 & 1 \end{pmatrix}.$$

Kombiniert man zwei Drehungen, so ist die entstehende Transformation ebenfalls eine Drehung. Außerdem existiert zu jeder Drehung eine **inverse Drehung** (mit negativem Winkel, wegen Symmetrie beziehungsweise Antisymmetrie des Cosinus bweziehungsweise Sinus dargestellt mittels der transponierten Matrix). Die Einheitsmatrix $\mathbb{1}$ gehört selbst zu den Drehungen, hier verschwinden alle Winkel. Damit bilden die Drehungen eine mathematische **Gruppe** – ein Konzept, das wir in Matheabschnitt 25 genauer definieren. Da Drehungen allerdings im Allgemeinen nicht kommutieren, ist diese Gruppe nicht Abelsch.

Es ist kein Zufall, dass beispielsweise der 2×2-Block oben links in R_z die Basisvektoren der ebenen Polarkoordinaten in der xy-Ebene als Spalten enthält. Durch Kombination zweier Drehmatrizen lassen sich genau so die Basisvektoren der Kugelkoordinaten erzeugen. Das dahintersteckende Prinzip ist, dass orthogonale Matrizen als Einträge Spaltenvektoren haben, die paarweise orthogonal sind. Somit wird ein orthonormales Koordinatensystem mittels einer orthogonalen Transformation wieder in ein neues orthonormales Koordinatensystem überführt.

Eine ähnliche Einführung liefert SCHECK 1, Kapitel 1.13. Bei NOLTING 1, Kapitel 1.6.3 wird ergänzend die konkrete Form der Matrizen hergeleitet, sowohl mit geometrischen als auch mit algebraischen Methoden.

Pfad C

Geometrische und abstrakte Newtonsche Mechanik

Pfad C – geometrisch und abstrakt

In Pfad C wird der **geometrisch-abstrakte Zugang** zur Mechanik entwickelt. Dabei stellen wir in Kapitel C 1 zunächst Überlegungen zum **Zusammenhang von Axiomen und Gesetzen** an, bevor wir aus den kinematischen Axiomen eine **koordinatenfreie Beschreibung** des physikalischen Raums und der Bewegungen in diesem herleiten. Entscheidend ist dabei, dass – im Unterschied zu den Pfaden A und B – der mathematische Raum selbst und damit die **Geometrie** in Form von **Mannigfaltigkeiten** und **affinem Raum** aus den physikalischen Axiomen folgt, anstatt a priori vorgegeben zu sein.

Diese mathematisch etwas anspruchsvollere Herangehensweise erlaubt es, in Kapitel C 2 die dynamischen Axiome wieder näher an der Alltagserfahrung zu formulieren als in Pfad B. Generell liegt der Fokus hier nicht auf aufwendigen Rechnungen, sondern auf dem **Verständnis** von Aussagen und Zusammenhängen zwischen der klassischen Mechanik **auf einer abstrakteren Ebene** und ihrer mathematischen Beschreibung mittels der entwickelten Werkzeuge. Wir werden dabei jedoch auch schnell an die **Grenzen der Newtonschen Formulierung** der Mechanik stoßen und daher viele Konzepte einführen, ohne sie direkt zur konkreten Lösung von Problemen zu nutzen. Bei der geometrisch-abstrakten Behandlung der Newtonschen Mechanik wird besonders deutlich, warum sie historisch durch die Langrangesche und Hamiltonsche Mechanik ergänzt wurde.

In Kapitel C 3 wird der **Phasenraum** eingeführt und die **Forminvarianz** der dynamischen Gleichungen unter Operationen der **Galilei-Gruppe** diskutiert. Die Definition des **Konfigurationsraums** sowie der durch die physikalischen **Freiheitsgrade** definierten Konfigurationsmannigfaltigkeit runden die Diskussion ab.

Im gesamten Pfad C greifen Physik und Mathematik sehr eng ineinander. Aus diesem Grund sind die Matheabschnitte hier in den fließenden Text eingebunden, und nicht am Ende der Kapitel gesammelt.

C 1 Geometrische Kinematik

C 1.1   Notation und kinematische Axiome

Für die formale Entwicklung der Newtonschen Mechanik ist es unumgänglich, einige Überlegungen zum Wesen physikalischer Theorien und zu den Unterschieden zwischen darin als unumstößlich angenommenen Axiomen und den daraus gefolgerten Gesetzen anzustellen. Darauf aufbauend stellen wir die kinematischen Axiome der klassischen Mechanik zusammen.

Auch wenn wir sie hier im Rahmen der Newtonschen Mechanik vorstellen, sind sie allgemein gültig, auch im Rahmen der Lagrangeschen und Hamiltonschen Formulierung. Die hingegen nur der Newtonschen Mechanik eigenen dynamischen Axiome werden in Kapitel C 2 behandelt.

C 1.1.1   Methode der Physik: Axiome und Gesetze

Für die abstrakte Entwicklung einer physikalischen Theorie ist eine strenge Unterscheidung zwischen **angenommenen Axiomen** und den aus diesen Axiomen **gefolgerten Gesetzen** entscheidend. Axiome sind dabei Grundaussagen, die im Rahmen der Theorie als unumstößlich wahr angenommen werden. Gesetze werden aus diesen Axiomen durch das **Ziehen logischer Schlussfolgerungen** gewonnen. Diese Methode wird **Deduktion** genannt.

Nur falls sich aus einer so gewonnenen Menge von Gesetzen wieder die ursprünglichen Axiome (ohne Zuhilfenahme dieser Axiome selbst) folgern lassen, kann man auch diese Menge von Gesetzen zu einem alternativen Axiomensystem der Theorie erheben. Die beiden **Axiomensysteme** sind dann **äquivalent**.

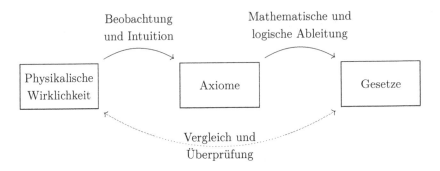

Abb. C 1.1 Zum Zusammenhang von Axiomen und Gesetzen mit der experimentell zugänglichen Wirklichkeit.

Es ist wichtig, sich genau bewusst zu sein, an welchen Stellen einer logischen Argumentation physikalische, also **messbare, experimentell überprüfbare Aussagen** einfließen und wo die Schlussfolgerungen rein logisch gezogen werden. Nur so kann gewährleistet werden, dass einzig der formal-mathematische, durch Axiome festgelegte Inhalt einer physikalischen Theorie als Grundlage gewählt wird. Genau diese Axiome sind dann ausreichend zur Schlussfolgerung aller Gesetze.

Experimentelle Ergebnisse und **physikalische Intuition**, das heißt die aus Experimenten oder aber früheren Erfahrungen mit anderen Theorien gewonnenen Erfahrungen, dürfen daher nur an genau zwei Stellen eingehen – bei der Auswahl eines Axiomensystems und bei der späteren Überprüfung von daraus abgeleiteten Gesetzen durch Vergleich mit der physikalischen Wirklichkeit, nicht jedoch beim Ziehen der mathematisch-logischen Schlüsse. Diese Aufteilung stellt die fundamentale Arbeitsteilung zwischen Theoretischer und Experimenteller Physik dar: Unsere physikalische Intuition dient als Anregung, testweise ein Axiomensystem zu wählen. Daraufhin untersucht die Theoretische Physik die Schlussfolgerungen und Gesetze, die sich aus diesen Axiomen herleiten lassen, ohne jedoch weitere Annahmen einfließen zu lassen.Messbare Voraussagen in Form von Gesetzen werden dann mit den tatsächlich durchgeführten Experimenten verglichen und daraufhin das Axiomensystem entweder bestätigt, modifiziert oder verworfen. Diese Zusammenhänge sind in Abbildung C 1.1 dargestellt.

Dabei ist es wichtig zu verstehen, dass sich eine (physikalische) Theorie in diesem Sinne nie verifizieren, das heißt mit absoluter Sicherheit bestätigen, sondern nur **falsifizieren**, also widerlegen, lässt. Aus einem System von Axiomen lassen sich immer beliebig viele Gesetze folgern, und es ist prinzipiell unmöglich, diese alle zu überprüfen. Je mehr Vorhersagen eines Axiomensystems im Rahmen einer Theorie jedoch experimentell bestätigt werden, desto unwahrscheinlicher wird es, dass die Theorie durch ein neues Experiment doch noch widerlegt wird.

Einige tiefer gehende Anmerkungen zur Logik finden sich bei WÜST 1, Kapitel 1. Für das Verhältnis von Theorie, Mathematik und Experiment sei noch auf FALK/RUPPEL, Kapitel 1 verwiesen.

C 1.1.2 Kinematische Axiome der klassischen Mechanik

Als Grundlage der formalen Entwicklung der Newtonschen Mechanik nehmen wir die folgenden zwei experimentell motivierten Tatsachen als Axiome an. Dies sind die **kinematischen Axiome** der Newtonschen Mechanik.

1. Axiom – Kinematik – Euklidischer Raum

Der **Raum** ist dreidimensional und Euklidisch, die **Zeit** ist eindimensional.

2. Axiom – Kinematik – Galileisches Relativitätsprinzip

Es existieren **Inertialsysteme**, auch inertiale **Bezugssysteme genannt**, die durch folgende Eigenschaften charakterisiert werden:

- In allen Inertialsystemen sind alle Naturgesetze zu allen Zeiten identisch.
- Bewegt sich ein System geradlinig gleichförmig relativ zu einem Inertialsystem, so ist es ebenfalls ein Inertialsystem.

Bei der ursprünglichen Formulierung der Axiome sind experimentelle Erfahrung und physikalische Intuition eingeflossen. So stellt man zum Beispiel – auch ohne genaue Kenntnis der Bewegungsgesetze – fest, dass sich Objekte gleich verhalten, unabhängig davon, ob man sie in einem (idealisiert) ruhenden oder dazu gleichförmig geradlinig bewegten System beschreibt.

Festgelegt werden durch diese Axiome also die Grundbegriffe Zeit und Raum sowie deren Dimensionalität (drei beziehungsweise eins) und Euklidische Grundstruktur. Darüber hinaus wird die Existenz von Naturgesetzen und unendlich vielen besonders ausgezeichneten Systemen (Inertialsystemen) postuliert. Auch wenn wir noch nicht wissen, wie diese Naturgesetze lauten, ist entscheidend, dass es unendlich viele Systeme gibt, in denen sie gültig sind. Gleichzeitig stehen diese Systeme allerdings in einer ganz bestimmten Beziehung zueinander, die wir in Abschnitt C 3.2 herausarbeiten werden. Sie sind also gegenüber anderen Systemen ausgezeichnet. Innerhalb eines Systems hingegen ist kein Punkt im Raum ausgezeichnet.

Die folgenden Abschnitte dienen dazu, formale Folgerungen aus den Axiomen für die mathematische Beschreibung des physikalischen Raums abzuleiten. Dabei sollen also insbesondere keine weiteren Annahmen als die obigen zuhilfe genommen werden.

C 1.2   Kinematik des Euklidischen Raums

Gemäß Axiom 1 betrachten wir zunächst das direkte Produkt zweier Vektorräume passender Dimension, nämlich $\mathbb{R} \times \mathbb{R}^3$, als Modell für den physikalischen Raum und $(t, \mathbf{x}) \in \mathbb{R} \times \mathbb{R}^3$ als Ereignis darin. Man bezeichnet mit t die Zeit- und mit $\mathbf{x}$ die Ortskoordinate eines Ereignisses und nennt die Menge aller Ereignisse die physikalische **Raumzeit.**

Bei der Definition der Euklidischen Struktur der Raumzeit werden einige Begriffe aus der Linearen Algebra benötigt, die wir in Matheabschnitt 20 kurz einführen.

Auf dem räumlichen Anteil wird die Euklidische Struktur durch die **Euklidische Metrik** realisiert. Der **räumliche Abstand** zweier gleichzeitiger Ereignisse ist gegeben durch

$$
\begin{aligned}
| \cdot , \cdot | : \quad & \mathbb{R}^3 \times \mathbb{R}^3 \to \mathbb{R} \\
& (\mathbf{x}, \mathbf{y}) \mapsto \sqrt{(\mathbf{x} - \mathbf{y}) \cdot (\mathbf{x} - \mathbf{y})}.
\end{aligned}
\qquad (\text{C 1.1})
$$

Man beachte, dass die Euklidische Struktur nur auf dem räumlichen Anteil eingeführt wurde. Die Zeit spielt bei der Definition des räumlichen Abstands in der klassischen Mechanik keine Rolle, ebenso wie die Ortskoordinaten in die Berechnung eines Zeitintervalls $\Delta t := t_2 - t_1$ nicht eingehen. Raum und Zeit sind also unabhängig voneinander. Zwei Ereignisse $(t_1, \mathbf{x}_1)$ und $(t_2, \mathbf{x}_2) \in \mathbb{R} \times \mathbb{R}^3$ heißen gleichzeitig, falls $\Delta t = 0$. In Abbildung C 1.2 ist das Konzept der Gleichzeitigkeit zweier Ereignisse dargestellt.

Der Schritt vom physikalischen Raum zum mathematisch-idealisierten Konzept des $\mathbb{R} \times \mathbb{R}^3$ ist alles andere als klein. Insbesondere bei Betrachtung des räumlichen Teils $\mathbb{R}^3$ stößt diese mathematische Beschreibung auch schnell an ihre Grenzen.

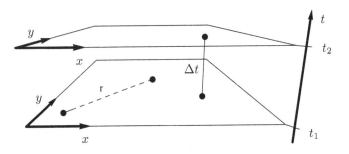

Abb. C 1.2 Konzept der Gleichzeitigkeit: Die zwei Ebenen stehen für den Raum aller gleichzeitigen Ereignisse zu zwei unterschiedlichen Zeitpunkten t_1 und t_2. Die durchgezogene Linie gibt den zeitlichen Abstand zweier Ereignisse an gleichem Ort, die gestrichelte Linie den Euklidischen Abstand zweier gleichzeitiger Ereignisse im Raum

Matheabschnitt 20:
Begriffe der Linearen Algebra

Hier sollen kurz einige wichtige Begriffe aus der Linearen Algebra zusammengestellt werden.

Isomorphie
Seien V und W zwei Vektorräume über demselben Körper $\mathbb{K}$. Eine Abbildung $\Phi : V \to W$ heißt **Isomorphismus**, falls gilt:

1. Φ ist **bijektiv**, das heißt, zu jedem $w \in W$ existiert genau ein $v \in V$, sodass $\Phi(v) = w$,
2. Φ ist ein **Homomorphismus**, also eine **lineare Abbildung**, das heißt, für alle $v_1, v_2 \in V$ gilt $\Phi(v_1 + v_2) = \Phi(v_1) + \Phi(v_2)$, und für alle $v \in V$, $\alpha \in \mathbb{K}$ gilt $\Phi(\alpha v) = \alpha \, \Phi(v)$.

Isomorphismen sind umkehrbare Abbildungen, die die Vektorraumstruktur erhalten. Zwei zueinander isomorphe Vektorräume sind also strukturell gleich. Insbesondere haben zwei isomorphe Vektorräume immer die gleiche Dimension. Allgemeiner gilt: Zwei Vektorräume über einem Körper sind genau dann zueinander isomorph, wenn ihre Dimensionen übereinstimmen.

Norm
Sei V ein $\mathbb{K}$-Vektorraum mit $\mathbb{K} = \mathbb{R}$ oder $\mathbb{K} = \mathbb{C}$ (siehe Mathekasten 28). Eine **Norm** ist eine Abbildung

$$| \cdot | : V \to \mathbb{R}_{\geq 0},$$

die für alle $x, y \in V$ und alle $\alpha \in \mathbb{K}$ die folgenden Axiome erfüllt:

1. $|x| = 0 \Rightarrow x = 0$ (Definitheit),
2. $|\alpha \cdot x| = |\alpha| \, |x|$ (absolute Homogenität),
3. $|x + y| \leq |x| + |y|$ (Dreiecksungleichung).

Dabei ist $|\alpha|$ als der übliche Absolutbetrag über den reellen oder komplexen Zahlen zu interpretieren. Das Paar $(V, |\cdot|)$ heißt **normierter Raum**.

Metrik
Sei X eine Menge (zum Beispiel $X = V$, wobei V ein $\mathbb{K}$-Vektorraum mit $\mathbb{K} = \mathbb{R}$ oder $\mathbb{K} = \mathbb{C}$ ist). Eine **Metrik** ist eine Abbildung

$$|\cdot, \cdot| : X \times X \to \mathbb{R}_{\geq 0},$$

die für alle $x, y, z \in X$ die folgenden Axiome erfüllt:

1. $|x, y| = 0 \Leftrightarrow x = y$ (Definitheit),

2. $|x, y| = |y, x|$ (Symmetrie),

3. $|x, z| \leq |x, y| + |y, z|$ (Dreiecksungleichung).

Das Paar $(X, |\cdot, \cdot|)$ heißt **metrischer Raum**.

Für die Definition von Norm und Metrik wurde jeweils das gleiche Symbol $|\cdot, \cdot|$ verwandt, bei der Norm gibt es jedoch immer nur ein Argument, während eine Metrik immer zwischen zwei Elementen einer Menge gebildet wird. Dies hat den Hintergrund, dass aus jeder Norm auf einem Vektorraum V eine Metrik auf V durch die Definition $|x, y| := |x - y|$ konstruiert werden kann. Umgekehrt gilt dies jedoch nicht. Der Begriff der Metrik ist also allgemeiner als der der Norm.

Kartesisches und direktes Produkt

Seien X und Y zwei Mengen. Das **kartesische Produkt** $X \times Y$ ist die Menge alle geordneten Paare (x, y) mit $x \in X$ und $y \in Y$. Das kartesische Produkt ist also eine Methode, um aus gegebenen Mengen eine neue Menge zu konstruieren.

Ist auf den Mengen zusätzlich noch eine Verknüpfung definiert, handelt es sich also zum Beispiel um Vektorräume, so lässt sich das kartesische Produkt zum **direkten Produkt** erweitern, indem man die Verknüpfungen komponentenweise ausführt. So ist zum Beispiel das direkte Produkt $\mathbb{R} \times \mathbb{R}^3$ definiert als die Menge aller geordneten Paare von Vektoren (v_j, w_j) mit $v_j \in \mathbb{R}$, $w_j \in \mathbb{R}^3$ und $(v_1, w_1) +_{\mathbb{R} \times \mathbb{R}^3} (v_2, w_2) := (v_1 +_{\mathbb{R}} v_2, w_1 +_{\mathbb{R}^3} w_2)$, wobei der Index am Pluszeichen den jeweiligen Raum, auf dem die Verknüpfung definiert ist, angibt.

> Die hier eingeführten Begriffe finden sich in jedem Lehrbuch der Linearen Algebra oder beispielsweise auch bei GOLDHORN/HEINZ/KRAUS 1, Kapitel 1.A.

Als zweidimensionales Beispiel stelle man sich dazu die Herausforderungen bei der Projektion der gekrümmten Erdoberfläche auf eine ebene Landkarte vor – und die Unzulänglichkeiten einer solchen Darstellung. Obwohl Formen und Distanzen auf kleinen Skalen, das heißt lokal, fast akkurat wiedergegeben werden, sind sie global verzerrt. Die Darstellung des physikalischen räumlichen Teils des physikalischen Raums hat die gleichen Herausforderungen – mit der zusätzlichen Komplikation, dass wir es nicht unbedingt mit einer Kugel als Ausgangsform zu tun haben.

Besser zur Naturbeschreibung geeignet ist daher ein allgemeinerer mathematischer Raum: eine **Punktmenge**, schlicht eine Menge von Punkten, zusammen mit Abbildungen in eine lokale Version des Euklidischen Raums. Genau ein solches Konzept stellt die **Mannigfaltigkeit** dar, die wir im Folgenden mathematisch eingehender betrachten.

Matheabschnitt 21:
Differenzierbare Mannigfaltigkeiten

Anschaulich gesprochen, ist eine Mannigfaltigkeit eine Menge von Punkten, die lokal aussieht wie der $\mathbb{R}^n$ mit einem geeigneten $n \in \mathbb{N}$. Mit lokal meinen wir, dass immer nur hinreichend kleine Abschnitte betrachtet werden. Um diese Anschauung mathematisch zu präzisieren, definieren wir zunächst einige Begriffe:

Eine **Karte** ist ein Paar $(U(P), \phi)$, bestehend aus einer Umgebung U um einen Punkt $P \in M$ in einer Menge M und einer bijektiven, stetigen Abbildung

$$\phi : U(P) \to \phi(U(P)) \subset \mathbb{R}^n,$$

für die auch die Umkehrabbildung ϕ^{-1} stetig ist. Die Stetigkeit garantiert dabei, dass mit $U(P)$ auch $\phi(U(P))$ offen ist. Der Vektor $\phi(P) \in \mathbb{R}^n$ enthält die lokalen Koordinaten des Punkts $P \in M$.

Ein **Atlas** ist eine Familie von Karten (U_j, ϕ_j), sodass

$$M = \bigcup_j U_j.$$

Karten können überlappende Definitionsbereiche haben.

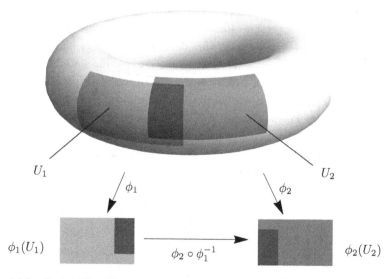

Abb. C 1.3 Ein Torus als Beispiel für eine (im $\mathbb{R}^3$ eingebettete) Mannigfaltigkeit mit zwei Karten (U_1, ϕ_1) und (U_2, ϕ_2) mit überlappendem Definitionsbereich $U_1 \cap U_2$. Die Abbildung $\phi_2 \circ \phi_1^{-1}$ vermittelt einen Wechsel zwischen den beiden Karten

Wir nennen zwei Karten (U_i, ϕ_i) und (U_j, ϕ_j) kompatibel, falls der **Kartenwechsel** oder **Koordinatenwechsel**

$$\phi_j \circ \phi_k^{-1} : \phi_k(U_j \cap U_k) \to \phi_j(U_j \cap U_k)$$

stetig differenzierbar ist. $\circ$ symbolisiert dabei die **Komposition** oder **Verkettung**, also die Hintereinanderausführung zweier Abbildungen, wie in Abbildung C 1.3 deutlich wird.

Eine Menge M mit einem Atlas von kompatiblen Karten heißt differenzierbare **Mannigfaltigkeit** der Dimension n. Wenn wir im Folgenden von Mannigfaltigkeiten sprechen, sind immer differenzierbare Mannigfaltigkeiten gemeint.

Die Einführung des Konzepts Mannigfaltigkeit erlaubt es uns also, um jeden Punkt herum einen kleinen Bereich auszuzeichnen, in dem wir uns wie im $\mathbb{R}^n$ bewegen können. Daher sagt man wie eingangs angedeutet, eine Mannigfaltigkeit sieht lokal aus wie der $\mathbb{R}^n$.

Man beachte, dass wir in dieser Definition nicht vorausgesetzt haben, dass die Ausgangsmenge M außer der Möglichkeit, Umgebungen um Punkte auszuzeichnen, irgendeine Art von Struktur besitzt. Daher sind Mannigfaltigkeiten ein ausgesprochen allgemeines Konzept. Sie erlauben es, eine abstrakte Menge von Punkten mit Koordinaten im $\mathbb{R}^n$ zu versehen und mithilfe der in den folgenden Matheabschnitten eingeführten Konzepte die bekannten Techniken zur Differential- und Integralrechnung anzuwenden.

Natürlich kann die Menge M auch eine Teilmenge eines Vektorraums wie des $\mathbb{R}^m$ sein (oder auch der gesamte Raum – in dem Fall ist die Kartenabbildung besonders einfach). Ein Beispiel wäre die Oberfläche einer Kugel S^2 im $\mathbb{R}^3$. Diese kann man mit nur zwei Karten überdecken, die jeweils Abbildungen $S^2 \to \mathbb{R}^2$ sind und den bereits bekannten Kugelkoordinaten mit $r = 1$ entsprechen. Die zweite Karte wird nötig aufgrund der Ambiguität der Koordinaten an den Polen, also bei $\theta = 0$ beziehungsweise $\theta = \pi$. Die Kugeloberfläche ist somit eine zweidimensionale Mannigfaltigkeit.

Man spricht dann von einer zweidimensionalen **Untermannigfaltigkeit** des $\mathbb{R}^3$ oder von einer **eingebetteten Mannigfaltigkeit**. Differenzierbare Kurven im $\mathbb{R}^n$ sind immer Untermannigfaltigkeiten.

Darüber hinaus kann man zeigen, dass jede n-dimensionale Mannigfaltigkeit mindestens eine Einbettung im $\mathbb{R}^{2n}$ besitzt.

Aus der physikalischen Perspektive gibt es bei ARNOLD, Kapitel 4.2, eine gute Definition der auch hier gebrauchten Begriffe sowie Beispiele für physikalisch relevante Untermannigfaltigkeiten. Etwas mathematisch rigider werden Mannigfaltigkeiten bei GOLDHORN/HEINZ/KRAUS 1, Kapitel 1.B, eingeführt. Einen etwas anderen Ansatz verfolgt GOLDHORN/HEINZ 2, Kapitel 21.A.

Um die Struktur der physikalischen Raumzeit noch besser zu verstehen erinnern wir uns, dass es gemäß Axiom 2 in einer physikalischen Raumzeit keine absolut ausgezeichneten Punkte geben darf. Dies ist bei Mannigfaltigkeiten als Menge von Punkten automatisch gegeben.

Physikalische Bewegungen beziehungsweise deren Trajektorien sind dann gegeben durch (stetig) **differenzierbare Kurven** auf einer Mannigfaltigkeit. Die Geschwindigkeit entlang dieser Kurve bildet man durch Differentiation nach dem Parameter τ, der zum Beispiel die physikalische Zeit repräsentieren kann. Wie man differenzierbare Kurven und deren Differentiation auf Mannigfaltigkeiten erklärt, wollen wir im folgenden Matheabschnitt herausarbeiten.

Matheabschnitt 22:
Tangentialräume

Eine Abbildung

$$\gamma: \; (-\epsilon, \epsilon) \subset \mathbb{R} \to U(P) \subset M, \; \tau \mapsto \gamma(\tau)$$

nennt man eine stetig differenzierbare **Kurve**, falls für eine Karte $(U(P), \phi)$,

$$\phi \circ \gamma: \; (-\epsilon, \epsilon) \subset \mathbb{R} \to \phi(U(P)) \subset \mathbb{R}^n, \; \tau \mapsto (\phi \circ \gamma)(\tau),$$

$\phi \circ \gamma$ stetig differenzierbar ist im Sinne von Matheabschnitt 12.

Wir wählen die Parametrisierung τ ohne Beschränkung der Allgemeinheit so, dass $\gamma(0) = P$. Um die obige Definition der Differenzierbarkeit anwenden zu können, muss ϵ hinreichend klein gewählt werden, damit wir innerhalb einer einzigen Karte operieren können.

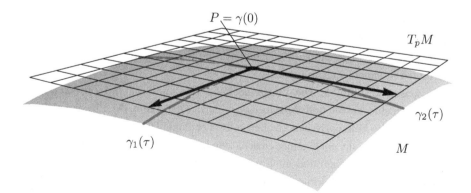

Abb. C 1.4 Tangentialraum T_pM an einen Punkt P auf einer Mannigfaltigkeit M mit zwei Kurven $\gamma_k(\tau)$ und den entsprechenden Tangentialvektoren, die den Tangentialraum an P aufspannen

Man nennt einen Repräsentanten der Menge von Kurven, für die die Ableitung bei $\tau = 0$, also am Punkt $P \in M$, übereinstimmt, einen **Tangentialvektor** am Punkt P und schreibt kompakt

$$\gamma'(0) = \lim_{h \to 0} \frac{\gamma(h) - \gamma(0)}{h},$$

wobei in dieser Kurzschreibweise auf der rechten Seite die Koordinaten bezüglich einer Karte zu verstehen sind. In jedem Fall sind die Koordinaten jedoch Vektoren im $\mathbb{R}^n$, und das Gleiche gilt auch für den Tangentialvektor. Man beachte jedoch, dass die Definition unabhängig von der Wahl der Karte ist.

Die Menge aller Tangentialvektoren an einem Punkt P der Mannigfaltigkeit M heißt **Tangentialraum** $T_P M$ an diesen Punkt, wie in Abbildung C 1.4 dargestellt. $T_P M$ erbt dabei die formale Stuktur eines Vektorraums (vergleiche Matheabschnitt 11) vom $\mathbb{R}^n$, und es gilt

$$\dim(T_P M) = \dim(M) = n.$$

Als n-dimensionaler Vektorraum hat $T_P M$ eine n-elementige Basis. Um sie zu bestimmen, erinnern wie uns zurück an Matheabschnitt 13. Man wiederhole die dortige Herleitung zum totalen Differential für $f = \gamma$ und mit eingefügten Karten. Daraus ist ersichtlich, dass die als partielle Ableitungen eingeführten Objekte eine **Basis des Tangentialraums** sind. Diese zugegebenermaßen sehr heuristische Begründung wird in der angegebenen Literatur konkretisiert.

> Für ein weiterführendes Studium verweisen wir auf die Literatur aus Matheabschnitt 21.

Der **Tangentialraum** $T_P M$ ist also gerade der Raum aller möglichen Geschwindigkeiten physikalischer Kurven durch den Punkt P. Die Geschwindigkeiten physikalischer Bewegungen und die mathematische Struktur von Tangentialräumen stehen also in engem Zusammenhang.

Wir fassen zusammen: Die mathematische Beschreibung des physikalischen Raums ist nichts Festes und Absolutes, sondern wird durch die Physik, genauer gesagt durch die kinematischen Größen selbst, erzeugt. Diese Beobachtung, deren Wichtigkeit man nicht hoch genug einschätzen kann, werden wir im laufe von Pfad C noch mehrmals machen und auch noch weiter ausbauen. Darüber hinaus ist sie fundamental für die moderne Physik, insbesondere für die Allgemeine Relativitätstheorie und daraus abgeleitete Theorien, bis hin zu Quantengravitation und Stringtheorie.

Neben der Geschwindigkeit lässt sich auch die Beschleunigung in der Sprache der Mannigfaltigkeiten formulieren. Jedoch müsste dafür, analog zum Differenzenquotienten aus Matheabschnitt 3, die Differenz zwischen den Tangentialvektoren γ_1' und γ_2' gebildet werden. Diese liegen jedoch in verschiedenen Tangentialräumen $T_{P_1}M$ beziehungsweise $T_{P_2}M$. Um ihren Abstand zu messen, müssten wir also einen Weg finden, $T_{P_1}M$ mit $T_{P_2}M$ zu verbinden. Das würde jedoch den mathematischen Rahmen dieses Buches sprengen. Selbstverständlich ist eine solche Konstruktion möglich, und zwar mithilfe des mathematischen Konzepts des Zusammenhangs. Dieser Stoff wird in jedem Lehrbuch zur Allgemeinen Relativitätstheorie behandelt. Im Rahmen der in HENZ/LANGHANKE 2 behandelten Analytischen Mechanik ist das alles aber gar nicht mehr nötig, da Beschleunigungen dort keine fundamentale Rolle mehr spielen. Dort hängen die mathematische und die physikalische Struktur daher noch enger zusammen.

Für die weitere Beschreibung der Newtonschen Mechanik beschränken wir uns daher auf Räume, die global mit dem $\mathbb{R}^3$ beziehungsweise $\mathbb{R} \times \mathbb{R}^3$ assoziiert, das heißt mit einer einzigen Karte beschrieben werden können.

Trotzdem werden sich Mannigfaltigkeiten auch in Räumen, die sich global mit dem $\mathbb{R}^n$ assoziieren lassen, als sehr nützlich herausstellen: Insbesondere wenn es darum geht, bestimmte Teilmengen beziehungsweise Kurven zu beschreiben.

C 1.3 Galilei-Euklidischer Raum und koordinatenfreie Formulierung

Aufgrund der Ergebnisse des vorigen Abschnitts wollen wir nun diskutieren, wie auch unter Verwendung einer einzelnen Kopie des $\mathbb{R}^3$ die unphysikalische Auszeichnung eines einzelnen Punkts (des Ursprungs) vermieden werden kann, wie sie bei der Beschreibung durch Koordinaten (vergleiche Abschnitt B 1.3) auftritt.

Wir führen dazu in Matheabschnitt 23 den affinen Raum ein.

Matheabschnitt 23:

Affiner Raum und affine Koordinaten

Ein n-dimensionaler **affiner Raum**

$$\mathbb{A}^n := (A, V, \ominus)$$

ist ein Tripel aus einer Menge von Punkten A, einem n-dimensionalen Vektorraum V und einer Abbildung $\ominus$,

$$\ominus : A \times A \to V,$$

welche die folgenden Bedingungen erfüllt:

1. Für alle $P, Q, R \in A$ gilt $(P \ominus Q) + (Q \ominus R) = (P \ominus R)$ (Dreiecksregel).
2. Für alle $(P, \mathbf{v}) \in A \times V$ existiert genau ein $Q \in A$, sodass $(P \ominus Q) = \mathbf{v}$ (Abtragbarkeitsregel).

Man beachte, dass in den vorigen Gleichungen + eine Operation auf dem Vektorraum V ist, wohingegen $\ominus$ die oben bezeichnete Abbildung zwischen $A \times A$ und V vermittelt. Die zwei Regeln repräsentieren genau unsere Alltagsvorstellung von Punkten im Raum: Zwei Punkten P und Q wird durch $\ominus$ der Verbindungsvektor $P \ominus Q$ zugeordnet, wie es in Abbildung C 1.5 zu sehen ist.

Um eine bessere Vorstellung von affinen Räumen zu bekommen, konstruieren wir einen affinen Raum $\mathbb{A} = (A, V, \ominus)$ wie folgt:

$$A := \mathbf{a} + V := \{\mathbf{a} + \mathbf{v}, \ \mathbf{v} \in V\} \text{ mit festem } \mathbf{a} \in V \qquad \text{(C 1.2)}$$

und für $P = \mathbf{a} + \mathbf{v}_P \in A$, $Q = \mathbf{a} + \mathbf{v}_Q \in A$,

$$P \ominus Q := \mathbf{a} + \mathbf{v}_P - (\mathbf{a} + \mathbf{v}_Q) = \mathbf{v}_P - \mathbf{v}_Q \in V.$$

Tatsächlich kann man das Konzept des affinen Raums auch direkt über den obigen Zusammenhang zum zugrundeliegenden Vektorraum einführen. Wegen Gleichung (C 1.2) wirken Vektoren aus V auf $\mathbb{A}$ als parallele Verschiebungen. Wenn keine Verwechselung zu befürchten ist, schreibt man statt $\mathbb{A}$ auch häufig einfach A.

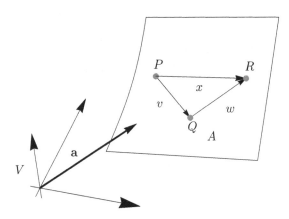

Abb. C 1.5 Verdeutlichung der Abtragbarkeitsregel und der Dreiecksregel an der Koordinatendarstellung eines affinen Raums $\mathbb{A}^3 = (A, V, \ominus)$ für $V = \mathbb{R}^3$, eine Menge von Punkten A und einen Stützvektor $\mathbf{a}$. Es gilt $\mathbf{v} = (P \ominus Q)$, $\mathbf{w} = (Q \ominus R)$ und $\mathbf{x} = (P \ominus R)$

Wenn in A ein Punkt O ausgezeichnet wird, erhält man mittels

$$\pi_O : A \to V,\ P \mapsto P \ominus O$$

eine Abbildung vom affinen Raum in den zugrunde liegenden Vektorraum, die man **Projektion** nennt. O nennt man dann den Ursprung. Ein affiner Raum unterscheidet sich also vom zugrunde liegenden Vektorraum genau dadurch, dass es keinen solchen ausgezeichneten Ursprung gibt.

Umgekehrt kann auch aus jedem Vektorraum V ein affiner Raum erzeugt werden, in dem ein beliebiger Vektor aus $\mathbf{a} \in V$ ausgewählt und $\ominus := -$ gesetzt wird. Da bei der Subtraktion $\mathbf{a}$ genau wieder herausfällt, hat der so erzeugte affine Raum insbesondere keinen ausgezeichneten Ursprung mehr.

Da wir wissen, wie man auf einem Vektorraum V eine Basis und damit ein Koordinatensystem definiert, erhalten wir mittels π_O die Möglichkeit, Punkte im affinen Raum mit Koordinaten zu beschreiben.

> Mehr zu affinen Räumen ist (ausgehend von einer etwas anderen, aber äquivalenten Definition) bei WÜST 1, Kapitel 9.1, zu finden.

Wir wollen uns im Folgenden die Begriffe und Konstruktionen aus dem vorangegangenen Matheabschnitt zunutze machen, um physikalische Zusammenhänge zu beschreiben und besser zu verstehen.

Zunächst haben wir den abstrakten, affinen Raum eingeführt, als Erweiterung zum schon bekannten Konzept des Vektorraums. Insbesondere sind im affinen Raum statt der absoluten Lage eines Punktes im Raum nur noch Abstände zwischen zwei Punkten definiert.

Für $n = 3$ und $V = \mathbb{R}^3$ sind diese Abstände dann Vektoren im $\mathbb{R}^3$. Der aus $\mathbb{R}^3$ konstruierte affine Raum $\mathbb{A}^3$ respektiert so per Definition das Axiom 2.

Die Euklidische Struktur aus Abschnitt C 1.2 hängt nur von Abständen zwischen Punkten ab und lässt sich somit auf den $\mathbb{A}^3$ ohne Anpassung übertragen.

Mit der Erweiterung von $\mathbb{A}^3$ zu $\mathbb{A}^4$ ermöglichen wir eine Einbeziehung der Zeit als lineare Abbildung $t : \mathbb{R}^4 \to \mathbb{R}$. Wir stellen somit sicher, dass keine absoluten Zeitpunkte, sondern nur Zeitintervalle physikalische Relevanz haben. Zwei Ereignisse $A, B \in \mathbb{A}^4$ heißen dann gleichzeitig, falls $t(A \ominus B) = 0$ gilt. Die Menge der gleichzeitigen Ereignisse zeichnet einen Unterraum des $\mathbb{A}^4$ aus.

Der physikalische **Galilei-Euklidische Raum** besteht also aus dem vierdimensionalen affinen Raum $\mathbb{A}^4$, der Zeitabbildung t und der Euklidischen Metrik $|\cdot|$ auf dem Unterraum der gleichzeitigen Ereignisse $\mathbb{A}^3$. Man beachte, dass in dieser Formulierung von vornherein kein Koordinatensystem ausgezeichnet ist. Damit ist die Formulierung **koordinatenfrei**.

Alle Galilei-Euklidischen Räume sind zueinander **isomorph** und damit auch insbesondere isomorph zum bereits in Abschnitt C 1.2 behandelten **Koordina-**

tenraum $\mathbb{R} \times \mathbb{R}^3$. Der Leser mag sich fragen, warum zwischen $\mathbb{R}^4$ und $\mathbb{R} \times \mathbb{R}^3$ unterschieden wird. Wir tun dies zum einen, da viele Differentialoperatoren nur auf dem räumlichen Anteil $\mathbb{R}^3$ definierbar sind, und zum anderen, da die Zeit t in der Galilei-Struktur besonders ausgezeichnet ist. Die getrennte Behandlung von Raum und Zeit wird erst in der Speziellen Relativitätstheorie durch die Verallgemeinerung zur Lorentz-Struktur aufgehoben.

Um in der Galilei-Struktur der Newtonschen Mechanik einen bestimmten Isomorphismus

$$\phi : \mathbb{A}^4 \to \mathbb{R}^4 \simeq \mathbb{R} \times \mathbb{R}^3$$

auszuwählen, muss ein Punkt $O \in A$ als Ursprung des $\mathbb{R}^3$ ausgezeichnet werden.

Es ist so jederzeit möglich, Rechnungen im Koordinatenraum auszuführen – entweder mittels der Abbildung $\pi_O : A \to V$ oder aber durch die Wahl affiner Koordinaten, wie in Matheabschnitt 23 beschrieben. Dabei wird ein Ursprung ausgezeichnet – der Koordinatenraum kann daher die Galilei-Euklidische Struktur nicht widerspiegeln. Der abstrakte affine Raum A – und damit die Physik – ist hingegen Galilei-Euklidisch.

> Diese auf affinen Räumen basierende mathematische Behandlung des physikalischen Raums findet sich in größerer Ausführlichkeit im klassischen Lehrbuch von ARNOLD, Kapitel 1.1, sowie in Grundzügen bei SCHECK 1, Kapitel 1.1.

C 2 Axiomatik der Dynamik

Auch im Rahmen der mathematisch-abstrakteren Formulierung stellt sich die Frage nach der Ursache der Kinematik, also der **Dynamik**. Wir werden dazu, aufbauend auf dem in Kapitel C 1 begonnenen Axiomensystem, zwei weitere Axiome einführen und aus den insgesamt vier Axiomen die Newtonschen Gleichungen als Grundgleichungen der Mechanik herleiten.

Ein mechanisches System ist durch die Galilei-Euklidische Struktur, die ihm zugehörigen (Punkt-)Massen und die spezielle Form der Bewegungsgleichungen vollständig beschrieben. Der Fokus liegt sowohl in diesem als auch im Kapitel C 3 auf der Ableitung allgemeiner Gesetzmäßigkeiten und Einsichten, die sich häufig auch ohne konkrete Lösung der Bewegungsgleichungen bestimmen lassen, und weniger auf der Lösung konkreter physikalischer Probleme.

C 2.1   Masse und Impuls

Wir entwickeln die Dynamik für **Punktmassen**. Darunter werden punktförmige Objekte im Raum verstanden, die nur durch eine einzige Eigenschaft, nämlich ihre Masse $m \in \mathbb{R}_{>0}$ charakterisiert sind. Wir führen außerdem noch den **Impuls**

$$\mathbf{p}(t) \ := \ m\,\dot{\mathbf{r}}(t)$$

ein. Der Impuls hängt von der Masse m sowie der Geschwindigkeit $\dot{\mathbf{r}}$ und damit implizit auch von der Zeit t ab.

Wir machen uns kurz den mathematischen Ursprung und die Bedeutung des Auftretens der Geschwindigkeit, das heißt der Zeitableitung des Ortes $\mathbf{r}$, klar. Dafür betrachten wir einen Punkt P, der entweder Teil einer Mannigfaltigkeit M

oder eines affinen Raums A sein kann. Zum Zusammenhang beider Konzepte siehe
Abschnitt C 1.2 beziehungsweise Abschnitt C 1.3.

In beiden Fällen wählen wir (möglicherweise lokale) Koordinaten im $\mathbb{R}^n$ und
können damit die Geschwindigkeit $\dot{\mathbf{r}}$ berechnen. Falls $P \in M$ mit M einer Mannigfaltigkeit, liegt die Geschwindigkeit im Tangentialraum $T_P M$.

Falls $P \in A$ mit A ein affiner Raum, so können wir diesen Raum als Mannigfaltigkeit auffassen, die wir mit nur einer einzigen Karte überdecken können. Wir
können also die Definition von differenzierbaren Kurven übertragen und schreiben
für eine Kurve $\gamma(\tau)$ mit $\gamma(0) = P \in A$ symbolisch

$$\dot{\mathbf{r}} := \lim_{h \to 0} \frac{\gamma(h) \ominus \gamma(0)}{h}.$$

Da $\gamma(h) \ominus \gamma(0) \in \mathbb{R}^n$, ist die Geschwindigkeit an einem Punkt P genau wie bei
einer Mannigfaltigkeit ein Vektor im $\mathbb{R}^n$.

Man könnte die Geschwindigkeit auch hier direkt bezüglich eines Ursprungs
O und der Projektion π_O berechnen. Aus der Dreiecksregel folgt dann, dass die
Differenz zweier Punkte im affinen Raum unabhängig vom Ursprung O und damit
von der Wahl des Koordinatensystems ist. Das Äquivalent auf Mannigfaltigkeiten
ist die Unabhängigkeit des Tangentialvektors von der Wahl der zur Definition
benutzten Karte.

Sowohl Mannigfaltigkeiten als auch affine Räume erlauben also, die physikalischen Axiome sehr direkt in eine mathematische Beschreibung umzuwandeln –
mit dem Unterschied, dass auf einer allgemeinen Mannigfaltigkeit normalerweise
nur lokale Koordinaten gewählt werden können.

Das zweite kinematische Axiom aus Abschnitt C 1.1.2 verlangt jedoch, dass es
nicht nur keine ausgezeichneten Punkte im Raum geben darf – auch gleichförmig
geradlinig zu einem Inertialsystem bewegte Bezugssysteme sollen wieder Inertialsysteme sein und daher die gleiche Physik beschreiben. Das heißt insbesondere,
dass auch der Begriff der absoluten Geschwindigkeit keine physikalische Relevanz
hat. Um dies zu berücksichtigen, nutzen wir die in Matheabschnitt 23 besprochene
Möglichkeit, den Vektor $\dot{\mathbf{r}} \in \mathbb{R}^n$ wieder als Objekt eines affinen Raums aufzufassen,
$\dot{\mathbf{r}} \in A$, in dem dann wieder nur **Differenzen von Geschwindigkeiten** definiert
sind.

In der klassischen Mechanik nehmen wir als Idealisierung an, dass sich die Masse
als Objekteigenschaft und die umgebende physikalische Raumzeit nicht gegenseitig beeinflussen. Diese Annahme wird erst in der Allgemeinen Relativitätstheorie
aufgegeben.

C 2.2 Dynamische Axiome und Newtonsche Gleichungen

Zusätzlich zu den zwei kinematischen Axiomen aus Abschnitt C 1.2 sind noch zwei weitere **dynamische Axiome** nötig, um zu einer vollständigen Formulierung der Newtonschen Mechanik zu gelangen.

3. Axiom – Dynamik – Determinismusprinzip

Zur **vollständigen Beschreibung** der zeitlichen Entwicklung eines mechanischen Systems sind nur die **Orts- und Bewegungszustände** (Impulse) aller enthaltenen Objekte (Punktmassen) zu einem einzelnen, beliebigen Zeitpunkt nötig.

Für ein Teilchen in d Dimensionen sind dies gerade $2 \cdot d$ festzulegende Angaben. Aus Axiom 3 folgt zunächst, dass die zeitliche Entwicklung eines mechanischen Systems durch ein System von d Differentialgleichungen zweiter Ordnung in der Zeit beschrieben werden kann. Um d Differentialgleichungen zweiter Ordnung eindeutig zu lösen, sind genau $2 \cdot d$ Anfangsbedingungen nötig. Diese Differentialgleichungen nennt man **Bewegungsgleichungen**, und wir schreiben sie in expliziter Form vektoriell als

$$\ddot{\mathbf{r}}(t) = \tilde{\mathbf{F}}\left(t, \mathbf{r}(t), \dot{\mathbf{r}}(t)\right). \tag{C 2.1}$$

Wie schon in Abschnitt C 2.1 wollen wir kurz klären, welche Bedeutung dabei die Symbole $\mathbf{r}$ und $\dot{\mathbf{r}}$ haben, und dafür Gleichung (C 2.1) mit den in Pfad B postulierten Newtonschen Bewegungsgleichungen (B 2.3) vergleichen. Auch wenn es in Pfad B nicht explizit ausgeschrieben wird, enthalten beide Funktionen $\mathbf{F}$ beziehungsweise $\tilde{\mathbf{F}}$ in einem Koordinatensystem als Argumente Vektoren $\mathbf{r}$ beziehungsweise $\dot{\mathbf{r}} \in \mathbb{R}^d$, in Pfad B für $d = 3$. Die **physikalische Interpretation** des Vektorraums $\mathbb{R}^d$ ist aber fundamental anders! Während in Pfad B $\mathbb{R}^d$ direkt das mathematische Modell für den physikalischen Raum und damit immer ein Ursprung ausgezeichnet war, interpretieren wir Vektoren im $\mathbb{R}^d$ jetzt als das Bild unter der Abbildung $\ominus$ auf dem affinen Raum oder alternativ unter Verwendung der Mannigfaltigkeiten als das Bild unter einer Karte beziehungsweise als ein Vektor des Tangentialraums. Dabei ist aber auf einer Mannigfaltigkeit die Bildung der zweiten Zeitableitung auf der linken Seite der Gleichung (C 2.1) problematisch, wie wir in Abschnitt C 1.2 diskutiert haben.

Die Vektoren im $\mathbb{R}^d$ sind also nicht direkt die Punkte der physikalischen Raumzeit, sondern vielmehr die Differenz zweier solcher Punkte. Damit ist Gleichung (C 2.1) koordinatenfrei.

Da wir die Zeit t ebenfalls affin definiert hatten, können nur Zeitintervalle auftreten. Weil Zeit und Raum in der klassischen Mechanik allerdings unabhängig

sind, können nur gleichzeitige Ereignisse miteinander wechselwirken – das einzig
erlaubte Zeitintervall ist also $\Delta t = 0$. Daher lassen wir die explizite Zeitabhängigkeit der Funktion $\tilde{\mathbf{F}}$ fallen.

Die konkrete Form der Funktion $\tilde{\mathbf{F}}$ ist dann wieder für jedes physikalische Problem beziehungsweise für jede Klasse von Systemen experimentell zu bestimmen.
Sie definiert das konkrete physikalische System. Die Tilde über der Funktion $\tilde{\mathbf{F}}$
deutet schon an, dass dies noch nicht die finale Form ist. Vielmehr stellt man im
Rahmen der Klassifizierung von physikalischen Kräften fest, dass auch eine Änderung der Masse des Testobjekts zur Änderung des Bewegungszustands beiträgt.
Dem tragen wir Rechnung, indem wir auf die linke Seite nicht die Beschleunigung
$\ddot{\mathbf{r}}$, sondern die Zeitableitung des Impulses $\dot{\mathbf{p}}$ schreiben.

Wir erhalten also

$$\dot{\mathbf{p}}(t) = \mathbf{F}\left(\mathbf{r}(t), \dot{\mathbf{r}}(t)\right). \tag{C 2.2}$$

Dies ist die **Newtonschen Bewegungsgleichung**, oft auch zweites Newtonsches
Gesetz genannt, in ihrer verbreitetsten Form.

Die rechte Seite dieser Gleichungen wird in der Physik **Kraft** genannt. Wir
nehmen im Folgenden immer an, dass die Form der Kraft $\mathbf{F}$ nach Vorgabe gewisser
Randbedingungen eine eindeutige Lösung zulässt. Diese ist dann die **Trajektorie**
der Punktmasse.

In der folgenden Diskussion werden wir die Abhängigkeit von der Zeit t nicht
weiter explizit ausschreiben. Außerdem setzen wir aus Gründen der Übersichtlichkeit meistens $m = 1$, wie es in der Theoretischen Physik häufig praktiziert
wird.

Wir wenden uns nun dem vierten und letzten Axiom der Newtonschen Mechanik
zu.

4. Axiom – Dynamik – Existenz abgeschlossener Systeme

Es existieren Systeme, die nicht in Wechselwirkung mit ihrer Umgebung stehen. In diesen Systemen heben sich alle Kräfte auf. Wir nennen diese Systeme
abgeschlossene Systeme.

In einem abgeschlossenen System gilt also

$$\sum_j \mathbf{F}_j = 0 \quad \text{und damit auch} \quad \dot{\mathbf{p}}_{ges} = \sum_j \dot{\mathbf{p}}_j = 0.$$

Diese Aussagen sind gerade äquivalent zum dritten Newtonschen Axiom in der
Formulierung aus Abschnitt B 2.2. Dies ist am einfachsten zu verstehen, indem
man sich ein System mit zunächst einer, dann zwei und schließlich drei Punktmassen vorstellt und induktiv auf die angegebene Form schließt.

Mit dieser etwas abstrakteren Formulierung sieht man eine gewisse **Symmetrie zwischen den kinematischen und dynamischen Axiomen.** Während die Axiome 1 und 3 (Struktur der Raumzeit und Determinismus) die Rahmenbedingungen setzen, fordern die Axiome 2 und 4 (Relativitätsprinzip und Existenz abgeschlossener Systeme) die Existenz von bestimmten Systemen, in denen diese Rahmenbedingungen zu experimentell beobachtbarer Physik werden. Anstatt also wie in Abschnitt B 2.2 konkrete mathematisch-technische Formeln zu postulieren, haben wir nun den mathematischen Raum aus der physikalischen Beobachtung heraus gewonnen und die physikalischen Axiome darauf aufgebaut. Dieses Prinzip ist typisch für die geometrisch-abstrakte Herangehensweise an die Physik.

C 2.3   Lösungen der Bewegungsgleichung

Die Newtonsche Bewegungsgleichungen für einen Massepunkt ist ein System von d Differentialgleichungen zweiter Ordnung in der Zeit t.

Auch wenn die Vektoren $\mathbf{r}$ und $\dot{\mathbf{r}}$ im Rahmen der Newtonschen Mechanik auf affinen Räumen, wie wir sie hier entwickelt haben, aufgrund der Koordinatenunabhängigkeit eine fundamental andere physikalische Bedeutung als in der üblichen Herangehensweise in den Pfaden A und B haben, sind es doch die gleichen mathematischen Objekte. Die Lösung der Newtonschen Bewegungsgleichungen ist damit im Rahmen der mathematischen Theorie der Differentialgleichungen, die in Grundzügen in Kapitel B 2.3 vorgestellt wurde, im Prinzip abgehandelt.

An dieser Stelle interessieren wir uns daher weniger für die (analytische oder numerische) Lösung eines konkreten Satzes von Bewegungsgleichungen, sondern wollen vielmehr einige allgemeinere Überlegungen zur Lösung von Bewegungsgleichungen anstellen.

Die Exponentialfunktion ist aufgrund ihrer Eigenschaft, bei Ableitung wieder in sich selbst überzugehen (siehe Matheabschnitt 26), bei der Lösung von Differentialgleichungen häufig sehr nützlich (vergleiche Matheabschnitt 27). Darüber hinaus lässt sie sich mittels ihrer Reihendarstellung sehr einfach auf allgemeinere Objekte als reelle oder komplexe Zahlen erweitern.

Hier ist für uns vor allem die **Exponentialfunktion einer Matrix** $A \in \mathbb{R}^{n \times n}$ interessant, wobei als Einträge von A auch Funktionen über den reellen Zahlen zugelassen seien. Man definiert

$$\exp(A) := \sum_{j=0}^{\infty} \frac{A^j}{j!}, \text{ mit } A := \begin{pmatrix} a_{11} & a_{12} & \dots & a_{1n} \\ a_{21} & a_{22} & \dots & a_{2n} \\ \vdots & \ddots & & \vdots \\ a_{n1} & a_{n2} & \dots & a_{nn} \end{pmatrix}.$$

Stellt man sich nun ein System aus n linearen, homogenen Differentialgleichungen vor, kann man dieses zunächst im Spezialfall von Differentialgleichungen erster Ordnung in Matrixnotation sehr kompakt schreiben als

$$\mathbf{y}'(x) = A(x)\mathbf{y}(x), \tag{C 2.3}$$

mit

$$A(x) = \begin{pmatrix} a_{11}(x) & a_{12}(x) & \dots & a_{1n}(x) \\ a_{21}(x) & a_{22}(x) & \dots & a_{2n}(x) \\ \vdots & \ddots & & \vdots \\ a_{n1}(x) & a_{n2}(x) & \dots & a_{nn}(x) \end{pmatrix} \quad \text{und } \mathbf{y}(x) = \begin{pmatrix} y_1(x) \\ y_2(x) \\ \vdots \\ y_n(x) \end{pmatrix},$$

sowie den Anfangsbedingungen $\mathbf{y}(x_0) = \mathbf{y}_0$.

Die Funktionen $a_{jk}(x)$ sind also gerade die Koeffizienten der Funktion $y_k(x)$ in der j-ten Differentialgleichung, wie durch Ausführung der Matrixmultiplikation leicht nachzuprüfen ist.

Was ist dann die Lösung der Differentialgleichung (C 2.3)? Analog zum Fall einer einzelnen Differentialgleichung wählen wir als **Ansatz**

$$\mathbf{y}(x) = \exp\left(\int_{x_0}^{x} A(x')\,\mathrm{d}x'\right) \cdot \mathbf{y}_0, \tag{C 2.4}$$

mit der obigen Definition der Exponentialfunktion einer Matrix und entsprechend komponentenweiser Integration in den Einträgen von A. Durch komponentenweise Differentiation lässt sich umgekehrt auch leicht überprüfen, dass die Funktion (C 2.4) tatsächlich eine Lösung der Differentialgleichung (C 2.3) ist.

Das auf diese Art und Weise gelöste System von n-Differentialgleichungen ist ein System erster Ordnung. In der Newtonschen Mechanik kommen aufgrund der Natur der Bewegungsgleichungen typischerweise Differentialgleichungen zweiter Ordnung in der Zeit t vor.

Um die bisherigen Überlegungen anwenden zu können, wird also eine Methode benötigt, ein **System von homogenen linearen Differentialgleichungen zweiter Ordnung** in ein homogenes lineares System von Differentialgleichungen erster Ordnung zu übersetzen. Allgemein ist es möglich, ein System von n_1 homogenen linearen Differentialgleichungen der Ordnung n_2 in ein System von $n_1 \cdot n_2$ Differentialgleichungen erster Ordnung umzuformulieren.

Wir demonstrieren dies am Beispiel $n_1 = 1$, $n_2 = n$, und betrachten dazu die Differentialgleichung

$$y^{(n)} = f_{n-1}(x)y^{(n-1)}(x) + f_{n-2}(x)y^{(n-2)}(x) + \ldots + f_0(x)y(x)$$

mit entsprechenden Anfangsbedingungen. Mit $y^{(j)}(x)$ ist dabei die j-te Ableitung der Funktion y nach x gemeint. Definiert man nun Funktionen $z_j(x)$ mittels

$$z_j(x) := y^{(j-1)},$$

wobei $y^{(0)}(x) := y(x)$, und substituiert alle Ableitungen von y durch die $z_j(x)$, erhält man ein System aus n Differentialgleichungen erster Ordnung, das sich schreiben lässt als

$$\mathbf{z}' = \begin{pmatrix} z_1' \\ z_2' \\ \vdots \\ z_{n-1}' \\ z_n' \end{pmatrix} = \begin{pmatrix} z_2 \\ z_3 \\ \vdots \\ z_n \\ f_{n-1}z_n + f_{n-2}z_{n-1} + \ldots + f_0 z_1 \end{pmatrix} \qquad (\text{C 2.5})$$

$$= \begin{pmatrix} 0 & 1 & 0 & 0 & \cdots & 0 & 0 \\ 0 & 0 & 1 & 0 & \cdots & 0 & 0 \\ \vdots & \vdots & & & \ddots & \vdots & \vdots \\ 0 & 0 & 0 & 0 & \cdots & 0 & 1 \\ f_0 & f_1 & f_2 & f_3 & \cdots & f_{n-2} & f_{n-1} \end{pmatrix} \cdot \begin{pmatrix} z_1 \\ z_2 \\ \vdots \\ z_{n-1} \\ z_n \end{pmatrix}$$

$$=: A\,\mathbf{z}.$$

Dabei haben wir der Übersichtlichkeit halber die explizite Abhängigkeit der Größen von x nicht mehr ausgeschrieben.

Das System von n Differentialgleichungen erster Ordnung (C 2.5) hat genau die Form von Gleichung (C 2.3), von der unsere Überlegungen ausgingen – wir können also sofort eine Lösung für $\mathbf{z}(x)$ angeben. Dies werden wir bei einer kompakten Lösung des harmonischen Oszillators in Abschnitt 4.4.4 ausnutzen.

C 3 Ausgewählte Themen der Dynamik

C 3.1 Erhaltungssätze und Phasenraum

In Abschnitt C 2.3 haben wir gezeigt, dass sich jedes System von n_1 linearen homogenen Differentialgleichungen der Ordnung n_2 in $n_1 \cdot n_2$ lineare homogene Differentialgleichungen erster Ordnung umwandeln lässt. Das gilt natürlich insbesondere auch für die vektoriell aufgeschriebenen Newtonschen Gleichungen (C 2.2). Wir erhalten:

$$\dot{\mathbf{r}} = \mathbf{p},$$
$$\dot{\mathbf{p}} = \mathbf{F}\left(\mathbf{p}, \mathbf{r}, t\right).$$

Den $2d$-dimensionalen Vektorraum, der die Menge aller möglichen Zustände $(\mathbf{r}, \mathbf{p}) \in \mathbb{R}^d \times \mathbb{R}^d$ eines physikalischen Systems beschreibt, nennt man **Phasenraum** oder **Zustandsraum**. Jedem Zustand des physikalischen Systems entspricht ein Punkt im Phasenraum.

Da wir in Axiom 3 angenommen haben, dass die Newtonschen Bewegungsgleichungen nach Vorgabe von Anfangsbedingungen eindeutig lösbar sind, können sich Phasenraumtrajektorien niemals schneiden. In ihrer Gesamtheit füllen sie allerdings den gesamten Phasenraum aus. Durch jeden Punkt $(\mathbf{r}, \mathbf{p})$ im Phasenraum geht also genau eine Lösungskurve des ursprünglichen Systems von Differentialgleichungen, die **Phasenraumtrajektorie** genannt wird.

Gemäß Matheabschnitt 21 ist jede Phasenraumtrajektorie als Kurve eine Untermannigfaltigkeit des Phasenraums.

Aus den Abschnitten A 3.1 beziehungsweise B 3.1 ist bekannt, dass es Erhaltungsgrößen G gibt, die sich unter Verstreichen der Zeit t nicht ändern.

Mit Einführung des Phasenraums haben wir nun noch eine neue Charakterisierung von Erhaltungsgrößen an der Hand, die die bisher gegebene mathematisch exakter und deutlich allgemeiner fasst.

Wir nennen eine Funktion

$$G : \mathbb{R} \times \mathbb{R}^3 \times \mathbb{R}^3 \to \mathbb{R}, \ (t, \mathbf{r}, \mathbf{p}) \mapsto G(t, \mathbf{r}, \mathbf{p})$$

eine **Erhaltungsgröße**, wenn sich ihr Wert entlang einer Phasenraumtrajektorie nicht ändert. Die Zeit t aus der Einführung des Erhaltungsbegriffs der Pfade A und B ist nur ein Möglichkeit, diese Kurve zu parametrisieren, und $\mathbf{r}$ und $\mathbf{p}$ sind nur eine Option, (lokale) Koordinaten an der Stelle t zu wählen.

Für die **Auszeichnung einer konkreten Lösung** der Newtonschen Gleichungen, und damit einer speziellen physikalischen Bewegung, kann also entweder ein Paar von Anfangswerten $(\mathbf{r}(t_0), \mathbf{p}(t_0))$ angegeben oder aber aus der Menge aller Phasenraumtrajektorien eine einzelne ausgewählt werden.

In einem System mit **Energieerhaltung** ist das besonders leicht. Da die Phasenraumtrajektorien durch die Newtonschen Gleichungen definiert werden, ist entlang einer solchen Kurve die Energie E immer erhalten. Der Wert der Erhaltungs-

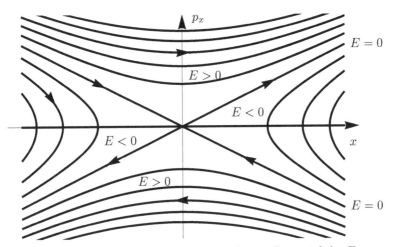

Abb. C 3.1 Beispiel eines Phasenraums für ein Potential der Form

$$V \sim -\frac{1}{2} m x^2.$$

Je nach Wert der Energie schränkt sich der zugängliche Phasenraum ein, für $E = 0$ sind die Phasenraumtrajektorien hier die Geraden: $p_x \sim \pm m x$, denn die Phasenraumtrajektorien sind durch die Energiegleichung

$$\frac{p^2}{2m} = E - \frac{1}{2} mx^2$$

definiert. Im Nullpunkt herrscht ein (instabiles) Gleichgewicht

größe Energie klassifiziert also die Menge der Phasenraumtrajektorien und damit auch die unendlich vielen, durch die Phasenraumtrajektorien erzeugten Untermannigfaltigkeiten des Phasenraums.

Hat man also den Wert einer Erhaltungsgröße fest angegeben, so ist die Anzahl der benötigten Anfangsbedingungen zur Lösung um 1 verringert. Die Vorgabe weiterer Erhaltungsgrößen verkleinert den physikalisch zugänglichen Phasenraum, wie in Abbildung C 3.1 dargestellt ist.

Besonders gut sieht man dies bei der **Impulserhaltung**. Ist der Impuls in einer bestimmten physikalischen Raumrichtung erhalten, so ist diese Richtung im Phasenraum trivial, und man braucht nur den konstanten Wert des Impulses anzugeben – alle Phasenraumtrajektorien liegen dann in dem durch diesen Wert definierten Ausschnitt des Phasenraums.

Für andere Erhaltungsgrößen transformiert man am besten die Koordinatenbeschreibung von der Standardbasis $\{\mathbf{e}_x, \mathbf{e}_p\}$ in eine der Erhaltungsgröße angepasste Basis (vgl. Abschnitt B 1.3), um die gleiche Eigenschaft auszunutzen. Bei erhaltenen **Drehimpulsen** sind zum Beispiel meist sphärische Koordinatensysteme vorteilhaft.

Die Verkleinerung des zugänglichen Phasenraums macht man sich im Rahmen der Lagrangeschen und Hamiltonschen Formulierung zunutze, indem man von vornherein angepasste Koordinaten, sogenannte verallgemeinerte Koordinaten, und dazu besonders angepasste, sogenannte kanonisch konjugierte Impulse wählt. Wir werden diese Formulierungen in HENZ/LANGHANKE 2 ausführlich entwickeln und verwenden.

Besteht eine Phasenraumtrajektorie nur aus einem einzelnen Punkt, sind offensichtlich alle physikalischen Größen erhalten. Man spricht in diesem Fall von einem Zustand im **Gleichgewicht**.

> Mehr zum Thema Phasenraum findet man bei SCHECK 1, Kapitel 1.15 und folgende, und bei REBHAN 1, Kapitel 3.2.6 und 4.1.4, sowie in den Anwendungen 4.4 und 4.5.

C 3.2   Transformationen der Raumzeit und Galilei-Gruppe

In Matheabschnitt 11 wurden lineare Abbildungen als genau diejenigen Abbildungen zwischen Vektorräumen eingeführt, welche die Vektorraumstruktur erhalten. Entsprechend definieren wir **affine Abbildungen** als genau diejenigen Abbildungen zwischen affinen Räumen, die affine Strukturen, und damit die der physikalischen Raumzeit zugrundeliegende mathematische Struktur, erhalten. In Matheabschnitt 24 werden diese Abbildungen genauer betrachtet.

Matheabschnitt 24:

Affine Abbildungen

In Folge von Matheabschnitt 23 nennen wir eine Abbildung

$$\Phi : \mathbb{A}^n = (A, V_A, \ominus_A) \to \mathbb{B}^m = (B, V_B, \ominus_B),\ a \in A \mapsto \Phi(a) \in B,$$

zwischen affinen Räumen $\mathbb{A}^n$ und $\mathbb{B}^m$ affin, wenn es eine lineare Abbildung $\phi : V_A \to V_B$ gibt, für die gilt:

$$\Phi(a_1) \ominus_B \Phi(a_2) = \phi(a_1 \ominus_A a_2). \tag{C 3.1}$$

Da $a_1 \ominus_A a_2 \in V_A$, zeigt diese Bedingung anschaulich, dass die affine Abbildung die Operation $\ominus$ respektiert, ähnlich wie eine lineare Abbildung die Vektorraumoperationen respektiert. Die lineare Abbildung ϕ ist durch diese Forderung eindeutig bestimmt.

Eine andere, graphische Art und Weise, den Zusammenhang zwischen affiner Abbildung Φ und zugeordneter linearer Abbildung ϕ auszudrücken und damit den Begriff der affinen Abbildung zu definieren, bieten kommutative Diagramme. Man fordert, dass das **Diagramm von Abbildungen**

$$
\begin{array}{ccc}
A \times A & \xrightarrow{\ \ominus_A\ } & V_A \\
\downarrow{\scriptstyle \Phi \times \Phi} & & \downarrow{\scriptstyle \phi} \\
B \times B & \xrightarrow{\ \ominus_B\ } & V_B
\end{array}
$$

kommutiert. Kommutieren heißt, dass beide durch die Pfeile gekennzeichneten Abbildungsverknüpfungen zum gleichen Ergebnis führen. Also gilt

$$\ominus_B \circ (\Phi \times \Phi) = \phi \circ \ominus_A,$$

was genau der Forderung aus Gleichung (C 3.1) entspricht.

Genau wie die Verknüpfung zweier linearer Abbildungen wieder linear ist, ist auch die Verknüpfung zweier affiner Abbildungen wieder eine affine Abbildung. Eine affine Abbildung Φ ist genau dann injektiv (beziehungsweise surjektiv), wenn die ihr zugeordnete lineare Abbildung ϕ injektiv (surjektiv) ist.

Ähnlich wie für lineare Abbildungen kann man auch für affine Abbildungen eine **Koordinatendarstellung** angeben. Wählt man also einen festen Bezugspunkt O, und damit mittels der Projektion π_O Koordinaten, kann man schreiben:

$$\Phi : \mathbf{a} \mapsto A \cdot \mathbf{a} + \mathbf{b}, \tag{C 3.2}$$

wobei A eine Matrix und $\mathbf{a}$ sowie $\mathbf{b}$ Vektoren sind.

Affine Abbildungen unterscheiden sich also von linearen Abbildungen dadurch, dass in Ergänzung zur Multiplikation eines Koordinatenvektors mit einer Matrix noch eine zusätzliche Verschiebung um einen konstanten Vektor erlaubt ist. Auf einem Vektorraum würde dies die additive Struktur zerstören. Da auf einem affinen Raum aber eben gerade kein Ursprung ausgezeichnet wird, ist die zusätzliche Verschiebung um einen konstanten Vektor **b** erlaubt.

Die einschlägige Physik-Literatur versteht unter dem Begriff der affinen Abbildung meist nur die Koordinatendarstellung aus Gleichung (C 3.2).

Die **Galilei-Gruppe** ist die Gruppe aller affinen Abbildungen, welche die kinematischen Axiome der physikalischen Raumzeit aus Abschnitt C 1.1.2 respektieren. Wir wenden dazu die Koordinatendarstellung aus Gleichung (C 3.2) auf die physikalische Raumzeit an – also $\mathbf{a} \in \mathbb{R} \times \mathbb{R}^3$ und $A \in \mathbb{R}^{4 \times 4}$. Zeitliche und räumliche Abstände mischen sich in der Newtonschen Mechanik bekanntlich nicht, daher gilt:

$$A = \begin{pmatrix} a & 0 & 0 & 0 \\ 0 & & & \\ 0 & & R & \\ 0 & & & \end{pmatrix}, \text{ mit } R \in \mathbb{R}^{3 \times 3}, \ \mathbf{b} = \begin{pmatrix} b_0 \\ b_1 \\ b_2 \\ b_3 \end{pmatrix}.$$

Sollen **zeitliche Abstände** Δt erhalten bleiben, ist $a = 1$ zu fordern, und wir setzen $b_0 = \tau$. Um **räumliche Abstände** zu erhalten, könnten b_1, b_2, b_3 zunächst beliebig sein. Wir wissen aber aus Pfad B, dass genau die orthogonalen Abbildungen Längen erhalten, daher muss R eine orthogonale Matrix sein, vergleiche Matheabschnitt 19.

Der zweite Baustein bei der konkreten Darstellung der Galilei-Gruppe ist das **Galileische Relativitätsprinzip** aus Axiom 2. Alle geradlinig gleichförmig zueinander bewegten Bezugssysteme sind äquivalent, während beschleunigt zueinander bewegte Bezugssysteme nicht zu dieser Klasse von äquivalenten Bezugssystemen gehören. Die Vektorkomponenten b_j, $1 \geq j \geq 3$ dürfen also nur geradlinig gleichförmige, nicht aber beschleunigte Bewegungen vermitteln und daher höchstens linear in der Zeit t sein. Wir können die räumlichen Komponenten des Vektors **b** daher schreiben als

$$b_j = s_j + u_j\, t, \ 1 \geq j \geq 3$$

mit Parametern s_j, u_j.

Die so definierten Transformationen entsprechen gerade den schon in Abschnitt B 3.2.1 hergeleiteten Galilei-Transformationen – nur dass wir sie hier aus fundamentalen Eigenschaften der physikalischen Raumzeit und aus dem Relativitätsprinzip gewonnen haben.

Die Menge der **Galilei-Transformationen** bildet mit ihrer Hintereinanderausführung als Verknüpfung eine mathematische **Gruppe**. Untergruppen der Galilei-Gruppe sind die Zeit- beziehungsweise Raumtranslationen, die Galilei-Boosts sowie die Rotationen des Raums. Die Inverse einer Transformation erhält man, indem man alle beteiligten Parameter in ihr Inverses überführt. In Aufgabe 5.1.8 werden die Gruppeneigenschaften der Galilei-Transformationen konkret überprüft. Die **Galilei-Gruppe** ist die **Symmetriegruppe** der physikalischen Raumzeit.

Gruppen treten an vielen Stellen sowohl in der klassischen Physik als auch in der modernen Quantentheorie auf. Matheabschnitt 25 fasst die Grundlagen zusammen.

Matheabschnitt 25:

Gruppen

Sei M eine Menge und $* : M \times M \to M$ eine Abbildung, die zwei Elementen $a, b \in M$ ein weiteres Element $c \in M$ zuordnet, sodass

$$* : (a, b) \mapsto a * b \in M.$$

Das Paar $(M, *)$ aus Menge und Verknüpfung wird **Gruppe** genannt, falls die folgenden drei Axiome erfüllt sind:

1. Für alle $a, b, c \in M$ gilt $(a * b) * c = a * (b * c)$ (Assoziativität).
2. $\exists\, e \in M$, sodass gilt $a * e = a$ (neutrales Element).
3. Für alle $a \in M\ \exists\, a^{\text{inv}} \in M$, sodass gilt $a * a^{\text{inv}} = e$ (inverses Element).

Gilt zusätzlich die Bedingung

$$\text{für alle } a, b \in M : a * b = b * a,$$

dann wird $(M, *)$ **Abelsch** oder **kommutativ** genannt.

Man nennt $e \in M$ das (rechts-)neutrale und $a^{\text{inv}} \in M$ das (rechts-)inverse Element. Es lässt sich zeigen, dass e und a^{inv} eindeutig sind, das heißt, in jeder Gruppe $(M, *)$ existiert genau ein neutrales Element und zu jedem Gruppenelement $a \in M$ genau ein inverses a^{inv}. Außerdem ist das rechtsneutrale Element auch linksneutral und das rechtsinverse auch linksinvers, daher kann man die Axiome auch folgendermaßen schreiben:

1. Für alle $a, b, c \in M$ gilt $(a * b) * c = a * (b * c)$ (Assoziativität).
2. $\exists e \in M$ sodass gilt $a * e = e * a = a$ (neutrales Element).
3. Für alle $a \in M\ \exists\, a^{\text{inv}} \in M$, sodass gilt
$$a * a^{\text{inv}} = a^{\text{inv}} * a = e$$
     (inverses Element).

Es ist offensichtlich, dass aus der zweiten Version der Axiome für das neutrale und inverse Element die erste Formulierung folgt. Es gilt aber auch die andere Richtung! Damit sind beide Definitionen **äquivalent**. Da die erste jedoch weniger fordert, ist sie im Sinne der angestrebten Abstraktion zu favorisieren.

Eine **Untergruppe** $(N, *)$ ist eine abgeschlossene Teilmenge $N \subset M$ einer Gruppe mit derselben Verknüpfung $*$. Abgeschlossen bedeutet dabei, dass für $n_1, n_2 \in N$ auch $n_1 * n_2 \in N$ gilt.

Beispiele für Gruppen sind die reellen Zahlen mit entweder Addition $(\mathbb{R}, +)$ oder Multiplikation $(\mathbb{R} \setminus \{0\}, \cdot)$ als Verknüpfung, wobei im Falle der Multiplikation die 0 auszuschließen ist. Beide Gruppen sind auch Abelsch.

Wenn dann für die Verknüpfung aus Multiplikation und Addition zusätzlich das Distributivgesetz gilt, nennt man $(M, +, \cdot)$ auch einen **Körper**.

> Die Definition der Gruppen wird in jedem grundlegenden Mathematik-Lehrbuch behandelt, zum Beispiel bei GOLDHORN/HEINZ 1, Kap. 1.A.

Zur Herleitung der Galilei-Gruppe wurden bisher nur Begriffe der Kinematik herangezogen – die Existenz von Inertialsystemen und die Galilei-Euklidische Raumzeit. Aus der Eigenschaft der Galilei-Transformationen, höchstens linear in der Zeit t zu sein, folgt beim Übergang zur Dynamik dann auch die **Forminvarianz** der Newtonschen Gleichungen (C 2.2). Dafür ist es wichtig, dass sich insbesondere auch die linke Seite $\dot{\mathbf{p}}$ der Newtonschen Gleichungen unter Galilei-Transformationen nicht ändert. Für Details sei hier auf Abschnitt B 3.2 verwiesen.

In Systemen, in denen große Geschwindigkeiten v nahe der Lichtgeschwindigkeit c auftreten, stellt sich heraus, dass die Galilei-Transformationen nicht die exakten Symmetrien der physikalischen Raumzeit sind. Vielmehr müssen sie durch die sogenannten **Lorentz-Transformationen** ersetzt werden. Im Grenzfall $v \ll c$ gehen die Lorentz-Tranformationen wieder in die Galilei-Transformationen über – die Galilei-Transformationen sind also eine gute Beschreibung, solange die Geschwindigkeiten (und damit die beteiligten Energien) nicht zu groß werden.

Diesen Übergang von der klassischen Mechanik zur **Speziellen Relativitätstheorie** können wir in unserer abstrakten Formulierung jedoch ohne großen Aufwand skizzieren. Wir transformieren dazu $\mathbb{R} \times \mathbb{R}^3 \to \mathbb{R}^4$ und modifizieren die Metrik aus Gleichung (C 1.1) indem wir nun zusätzlich zu den räumlichen Komponenten auch die Zeit einfließen lassen.

Experimentell stellt man fest, dass die Lichtgeschwindigkeit c in allen Bezugssystemen konstant ist. Die Invariante beim Wechsel von Bezugssystemen ist also nicht mehr der Euklidische Abstand $\mathbf{r} \cdot \mathbf{r}$, sondern die Größe $s^2 := -c^2 t^2 + \mathbf{r} \cdot \mathbf{r}$. Um dies zu erreichen, muss die Zeitkomponente in der Metrik mit umgekehrtem Vorzeichen eingehen. Die Euklidische Metrik wird dann durch diese sogenannte **Minkowski-Metrik** ersetzt.

Zur Weiterbeschäftigung mit der Galilei-Gruppe empfehlen sich zum Beispiel
SCHECK 1, Kap. 1.13 und folgende, oder auch HEIL/KITZKA, Kap. 1.3.5.2, und
insbesondere auch für unseren Zugang über den affinen Raum ARNOLD, Kap. 1.2.
Der Übergang zur Speziellen Relativitätstheorie wird bei SCHECK 1, Kap. 4 gut
dargestellt.

C 3.3   Konfigurationsraum des n-Teilchensystems

Üblicherweise besteht ein physikalisches System nicht aus einem einzigen, sondern
aus mehreren Objekten, wobei für jedes einzelne der n Teilchen die Newtonschen
Gleichungen gelten. Die Einführung des **Konfigurationsraums** ermöglicht, die
n vektoriellen, das heißt $d \cdot n$ skalaren Gleichungen, auf gut handhabbare Art
zusammenzufassen.

Der Konfigurationsraum besteht aus allen Vektoren

$$\mathbf{r} = (\mathbf{r}_1, \mathbf{r}_2, \ldots, \mathbf{r}_n) \in \mathbb{R}^{d \cdot n},$$

wobei der Index an den einzelnen Komponenten von $\mathbf{r}$ die Teilchen nummeriert.
Die Dimension des Konfigurationsraums entspricht der Anzahl der maximal möglichen **Freiheitsgrade** des Systems, $f_{max} = d \cdot n$. Im Gegensatz zum Phasenraum
aus Abschnitt C 3.1 enthält der Konfigurationsraum also keine Geschwindigkeiten
beziehungsweise Impulse.

Häufig ist ein physikalisches Problem durch äußere **Zwänge** so eingeschränkt,
dass nicht der ganze $\mathbb{R}^{d \cdot n}$ als Konfigurationsraum für die Bewegung zur Verfügung
steht und somit die Anzahl der Freiheitsgrade kleiner ist als f_{max}. Kann man eine
Zwangsbedingung in der Form $f(\mathbf{r}, t) = 0$, also als Funktion der räumlichen
Koordinaten und der Zeit, schreiben, so nennt man sie **holonom**. Die Menge al-
ler **holonomen Zwangsbedingungen** definiert eine Untermannigfaltigkeit des
Konfigurationsraums im Sinne von Matheabschnitt 21, die man **Konfigurati-
onsmannigfaltigkeit** nennt. Gibt es s holonome Zwangsbedingungen, so ist die
Konfigurationsmannigfaltigkeit $f = d \cdot n - s$-dimensional. Dabei bezeichnet f die
Anzahl der physikalischen Freiheitsgrade, vergleiche auch Abschnitt B 3.3.2.

Auf der Konfigurationsmannigfaltigkeit können dann wieder lokale, manchmal
sogar globale Koordinaten gewählt werden, um eine den Zwängen optimal angepasste Beschreibung des physikalischen Systems zu erhalten. Da sich hierbei auch
die Dimensionen der Tangentialräume verringern und damit die möglichen Ge-
schwindigkeitsvektoren eingeschränkt werden, erhält man einen Phasenraum der
Dimension $2(d \cdot n - s)$.

Als einfache Beispiele betrachten wir verschiedene Pendel. Ein **ebenes Pendel**
schwingt in einem festen Abstand um seinen Aufhängepunkt. Auch wenn die Bewegung a priori im $\mathbb{R}^2$ stattfindet, schränkt die Länge l des Pendels die Bewegung

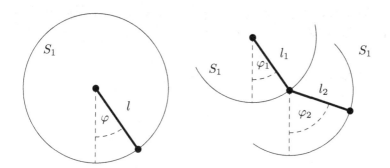

Abb. C 3.2 Ein ebenes Pendel (links) und ein ebenes Doppelpendel (rechts) mit den entsprechenden Zwangsbedingungen und Konfigurationsmannigfaltigkeiten S_1 (links, Kreislinie) und $S^1 \times S^1$ (rechts, zweidimensionaler Torus)

ein. Mathematisch haben wir also als Zwangsbedingung $f(x, y) = x^2 + y^2 - l^2 = 0$. Die Konfigurationsmannigfaltigkeit ist daher die eindimensionale Kreislinie S^1, wie man sich am besten durch Verwendung ebener Polarkoordinaten klarmacht.

Hängt man an unserem ersten ebenen Pendel ein zweites Pendel auf, erhält man ein ebenes **Doppelpendel**. Es sind somit $n = 2$ Körper zu betrachten und damit a priori ein $2 \cdot 2$-dimensionaler Phasenraum. Mit

$$f_1(x_1, y_1, x_2, y_2) = x_1^2 + y_1^2 - l_1^2 = 0$$

und

$$f_2(x_1, y_1, x_2, y_2) = (x_2 - x_1)^2 + (y_2 - y_1)^2 - l_2^2 = 0$$

sind zwei Zwangsbedingungen gegeben, wie in Abbildung C 3.2 zu sehen ist. Die Konfigurationsmannigfaltigkeit ist damit das zweidimensionale Produkt aus Kreislinien $S^1 \times S^1$.

Bei der Definition des Konfigurationsraums hatten wir alle Ortsvektoren der n Teilchen zu einem Vektor mit $d \cdot n$ Einträgen zusammengefasst. Fasst man ebenso die auf jedes einzelne Teilchen wirkenden Kräfte in dem Vektor

$$\mathcal{F}(\mathbf{r}) = (\mathbf{F}_1(\mathbf{r}), \mathbf{F}_2(\mathbf{r}), \dots, \mathbf{F}_n(\mathbf{r})) \in \mathbb{R}^{d \cdot n}$$

zusammen, lassen sich die Newtonschen Gleichungen mithilfe einer linearen Abbildung $\mathcal{M}$ schreiben als

$$\mathcal{M}(\ddot{\mathbf{r}}) = \mathcal{F}(\mathbf{r}).$$

Die Koordinatendarstellung von $\mathcal{M}$ in der Abwesenheit von äußeren Zwängen ist eine Diagonalmatrix mit den Massen der Teilchen auf der Diagonalen. Jede Masse kommt dann genau d-mal hintereinander vor:

$$\mathcal{M} = \mathrm{diag}(m_1, m_1, m_1, \dots, m_n, m_n, m_n) \cdot \ddot{\mathbf{r}} = \mathcal{F}(\mathbf{r}).$$

Eine Lösung $\mathbf{r}(t)$ dieser Gleichung bezeichnet man als eine **Trajektorie im Konfigurationsraum**. Sie ist das Äquivalent zu den n Trajektorien im physikalischen Raum.

Darstellungen zum Konfigurationsraum finden sich bei ARNOLD, Kap. 4.1 und 4.2, und moderner und sehr empfehlenswert bei REBHAN 1, Kap. 3.2.5.

Pfade A-B-C

Anwendungen und Aufgaben
zur Newtonschen Mechanik

Pfade A-B-C
Anwendungen und Aufgaben

In den bisherigen 3 × 3 Kapiteln haben wir die klassische Newtonsche Mechanik aus drei Blickwinkeln erarbeitet und erläutert.

In **Pfad A** wurde dabei Wert auf Anschaulichkeit und einen intuitiven Zugang über alltägliche Erfahrungen und deren methodische Idealisierung gelegt. In diesem Rahmen haben wir dir die Newtonschen Axiome als „Gesetze" eingeführt. Wichtige Begriffe wurden aus der Rechenpraxis motiviert und erst danach in mathematischen Aussagen formuliert und in speziellen Koordinatensystemen betrachtet.

Im Gegensatz dazu wählte **Pfad B** einen formaleren Zugang, indem die Newtonsche Mechanik axiomatisch eingeführt und wichtige Begriffe daraus mathematisch abgeleitet wurden. Dabei fand – im Gegensatz zu der Herangehensweise aus Pfad A – der Vergleich mit der physikalischen Alltagserfahrung erst nach der Ableitung von Gesetzen aus diesen Axiomen statt.

Dieser axiomatisch-formale Zugang bot dann konkrete Rechenmethoden zum Lösen auch anspruchsvoller physikalischer Probleme.

Während in den Pfaden A und B die Mathematik möglichst als Werkzeug für die physikalische Idealisierung und Modellierung verwandt wurde, entwickelte **Pfad C** in einem geometrisch-abstrakten Zugang die nötige, exakt angepasste Mathematik aus den physikalischen Axiomen heraus.

Das beinhaltet auch die koordinatenfreie Formulierung der Mechanik. Diese bietet für die konkrete Lösung von Aufgaben weniger Vorteile, ist jedoch essentiell für das Verständnis tieferer physikalischer Zusammenhänge und deren Realisierung in der Mathematik, sowie nützlich zum Verständnis der weiteren Entwicklung sowohl der klassischen Mechanik als auch moderner physikalischer Theorien.

4 Anwendungen der Newtonschen Mechanik

Auf den drei Pfaden haben wir uns durch die wesentlichen Bestandteile der Theorie der Newtonschen Mechanik bewegt. Doch auch Theoretische Physik muss den Schritt zurück in die physikalische Wirklichkeit machen — in der **Anwendungspraxis** müssen die entwickelten Konzepte bestehen.

In diesem pfadübergreifenden Kapitel werden wir daher einige Modellsysteme, die die entwickelte Theorie illustrieren, und wichtige Anwendungen der Newtonschen Mechanik behandeln. Dabei werden **Methoden und Ideen aus allen Pfaden** einfließen – dennoch müssen sie vorher nicht alle durchgearbeitet werden. Es wird jeweils auf den entsprechenden Abschnitt verwiesen, wenn besondere theoretische Konzepte benötigt werden. An wichtigen Stellen stellen werden so **Bezüge zum Theorieteil** hergestellt, die auch zum Zurückblättern zu noch nicht „beschrittenen" Pfaden anregen sollen. Es wird an verschiedenen Stellen deutlich werden, in welchen Fällen der Zugang über einen der verschiedenen Pfade leichter zum Ziel führt als über ein anderen.

Ziel dieses Kapitels ist es also, das erworbene Wissen an Modellsystemen und Anwendungsbeispielen zu erproben und zu vertiefen, nachdem ein Verständnis für die Grundlagen der Newtonschen Mechanik gewonnen wurde. Erst in der Beschäftigung mit konkreten Fragestellungen zeigt sich, ob man die Ideen hinter der Theorie wirklich verstanden hat. Das braucht immer **Übung und Geduld** – in der Beschäftigung mit vielen verschiedenen Anwendungen liegt ein wesentlicher Teil des Studiums. Auch das vorliegende Buch kann dazu nur ein Einstieg sein, auf viele weitere Möglichkeiten wird in den **Literaturangaben** verwiesen.

Wir versuchen auch hier, die Rechnungen zwar so ausführlich wie nötig, aber doch so kurz wie möglich zu halten und stattdessen für die verschiedenen Bedürfnisse passende Verweise auf bekannte und auch weniger bekannte, aber ebenso nützliche Lehrbücher und Aufgabensammlungen zu geben.

Es gibt eine überschaubare Anzahl von **Modellsystemen** in der klassischen Mechanik, die jeder Physiker kennen sollte und mit denen sich möglichst jeder eigenständig auseinandergesetzt haben sollte. Das sind vor allem der harmonische Oszillator und das Zentralpotential, die wir in diesem Kapitel ausführlich behandeln.

Zur Kinematik sind konkrete Beispiele bereits in den vorherigen Kapiteln, vor allem in Pfad A, enthalten. Rein kinematische Anwendungen, zum Beispiel zu Bahnkurven und verschiedenen Koordinatensystemen, werden nur in Form von Aufgaben in Abschnitt 5.1 aufgegriffen.

Viele weitere Anwendungen zur Dynamik werden ebenfalls als ausführlich begleitete Aufgaben in den Abschnitten 5.2 bis 5.4 gezeigt, zum Beispiel das Kepler-Problem, Schwingungen jenseits des harmonischen Oszillators und die Theorie der Stöße.

4.1 Differentialgleichungen – freier Fall mit Reibung

In Matheabschnitt 8 haben wir den **radioaktiven Zerfall** mit der dazugehörigen Differentialgleichung

$$\dot{N}(t) = -\lambda\, N(t)$$

untersucht. Sie besagt, dass die Anzahl der pro Zeiteinheit zerfallenden Kerne $\dot{N}$ negativ proportional zur Anzahl der noch vorhandenen Kerne N ist. Mithilfe der Methode der Trennung der Variablen haben wir die Lösung der Differentialgleichung auf die Lösung des unbestimmten Integrals

$$\int \frac{1}{N'} \, dN'$$

zurückgeführt, hatten allerdings noch keine Möglichkeit, eine Stammfunktion $F(x)$ zu ermitteln, deren Ableitung gerade $1/x$ ergibt. Das wollen wir hier nachholen – und führen daher in Matheabschnitt 26 die Exponentialfunktion sowie ihre Umkehrung, den natürlichen Logarithmus ein.

Mit dem Anfangswert $N_0 := N(t_0)$ ergibt sich jetzt

$$\int_{N_0}^{N(t)} \frac{1}{N'} \, dN' = -\lambda\,(t - t_0)$$

$$\Rightarrow \ln(N(t)) - \ln(N_0) = \ln\left(\frac{N(t)}{N_0}\right) = -\lambda\,(t - t_0).$$

Aufgrund der Umkehrbarkeit der Exponentialfunktion ist ihre Anwendung auf beiden Seiten der Gleichung möglich, und es folgt:

$$N(t) = N_0 \, \exp\left(-\lambda(t - t_0)\right).$$

Damit haben wir die Differentialgleichung des radioaktiven Zerfalls allgemein gelöst.

Wie verhält es sich aber, wenn die dem physikalischen Problem zugrundeliegende Differentialgleichung weder direkt integriert werden kann, noch separabel ist? Dies ist zum Beispiel beim **freien Fall mit Reibung** gegeben, der der Bewegungsgleichung

$$m\,\ddot{z} = -m\,g - \gamma\,\dot{z}, \text{ für } m, g, \gamma > 0, \tag{4.1}$$

gehorcht, vergleiche auch Aufgabe 5.2.3. Dabei ist $m\ddot{z}$ die linke Seite der Newtonschen Bewegungsgleichung, während $-mg$ der Anziehung durch die Erde und $-\gamma\dot{z}$ der Reibungskraft entspricht.

Die Differentialgleichung enthält also sowohl die Ableitungen $\ddot{z}$ und $\dot{z}$ als auch einen von z unabhängigen Term. Man nennt $-mg$ eine **Inhomogenität**. Matheabschnitt 27 klärt den Umgang mit inhomogenen linearen Differentialgleichungen.

Um die Erkenntnisse nutzen zu können, schreiben wir die Bewegungsgleichung (4.1) zunächst in der Form

$$\ddot{z} + \alpha\,\dot{z} = -g$$

mit $\alpha := \gamma/m$. Wir setzen dann für den homogenen Teil $z_h(t) = \exp(\lambda\,t)$ an und erhalten das charakteristische Polynom

$$\lambda^2 + \alpha\,\lambda = 0$$

mit den zwei Lösungen

$$\lambda_1 = 0 \text{ und } \lambda_2 = -\alpha < 0.$$

Wir haben damit als Lösung der homogenen Gleichung:

$$z_h(t) = a_1 + a_2 \exp(-\alpha\,t),$$

wobei die Konstanten a_1 und a_2 von den Anfangsbedingungen abhängen. Eine spezielle Lösung für die inhomogene Gleichung raten wir leicht als

$$z_s(t) = -\frac{g}{\alpha}t.$$

Die allgemeine Lösung der inhomogenen Differentialgleichung lautet also

$$z(t) = z_h(t) + z_s(t) = a_1 + a_2 \exp(-\alpha\,t) - \frac{g}{\alpha}t.$$

Für die Anfangsbedingungen $z(0) = \dot{z}(0) = 0$ haben wir zum Beispiel

$$z(t) = -\frac{g}{\alpha}\left(t + \frac{\exp(-\alpha\,t)-1}{\alpha}\right).$$

Beim freien Fall mit Reibung stellt sich die Frage, was mit der Geschwindigkeit $v(t) = \dot{z}(t)$ für große Zeiten t passiert. Wir berechnen dazu mit den obigen Anfangsbedingungen

$$\dot{z}(t) = -\frac{g}{\alpha}\left(1 - \exp(-\alpha\,t)\right).$$

Für sehr große Zeiten $t \to \infty$ geht die Exponentialfunktion $\exp(-\alpha\,t)$ gegen 0. Die Geschwindigkeit wächst also nicht ewig, sondern nähert sich dem Wert $-g/\alpha$ immer weiter an. Bei genügend langer Falldauer heben sich Reibungs- und Erdanziehungskraft also genau auf, und die Beschleunigung

$$\ddot{z}(t) = -g \exp(-\alpha\,t)$$

verschwindet im Grenzwert großer Zeiten:

$$\lim_{t\to\infty} \ddot{z}(t) = 0.$$

Was würde passieren, wenn die Reibung, und damit α, beliebig klein wird? Hier bietet sich eine Taylor-Entwicklung (vergleiche Matheabschnitt 17) an. Wir entwickeln die Exponentialfunktion in α in ihre Taylor-Reihe, dabei deutet die Notation $\mathcal{O}(\alpha^3)$ alle Terme der Taylor-Entwicklung an, die höhere Potenzen von α enthalten. Diese interessieren uns nicht, da wir ja den Fall eines sehr kleinen α betrachten wollen und die höheren Terme daher vernachlässigbar klein werden.

Wir finden

$$\begin{aligned}
z(t) &= -\frac{g}{\alpha}\left(t + \frac{(1 - \alpha t + \frac{1}{2}\alpha^2 t^2 + \mathcal{O}(\alpha^3)) - 1}{\alpha}\right) \\
&= -\frac{g}{\alpha}\left(t - t + \frac{1}{2}\alpha\,t^2 + \mathcal{O}(\alpha^2)\right) \\
&= -\frac{1}{2}g\,t^2 + \mathcal{O}(\alpha).
\end{aligned}$$

Im Grenzwert verschwindender Reibung $\alpha \to 0$ erhielte man also – wie zu erwarten ist – exakt das Ergebnis für den freien Fall ohne Reibung, siehe Aufgabe 5.2.3. Eine solche Prüfung auf Konsistenz der Ergebnisse ist immer sehr empfehlenswert!

Matheabschnitt 26:
Exponentialfunktion und Logarithmus

Insbesondere für das Lösen der in der Physik häufig vorkommenden Differentialgleichungen ist es hilfreich, Funktionen zu finden, deren Ableitungen besonders einfach sind. Insbesondere suchen wir eine Funktion $f(x)$, die ihre eigene Ableitung ist,

$$\frac{\mathrm{d}f(x)}{\mathrm{d}x} \overset{!}{=} f(x),$$

und damit natürlich auch $f^{(n)}(x) = f(x)$, wenn $f^{(n)}(x)$ die n-te Ableitung von f nach x bezeichnet.

Wie sieht eine solche Funktion konkret aus? Um dies zu sehen, entwickeln wir f um einen beliebigen Punkt x_0 in eine Taylor-Reihe (vergleiche Matheabschnitt 17) und finden:

$$\begin{aligned}
f(x) &= \sum_{k=0}^{\infty} \frac{1}{k!} f^{(k)}(x_0) \cdot (x - x_0)^k \\
&= \sum_{k=0}^{\infty} \frac{1}{k!} f(x_0) \cdot (x - x_0)^k = f(x_0) \sum_{k=0}^{\infty} \frac{1}{k!} (x - x_0)^k.
\end{aligned}$$

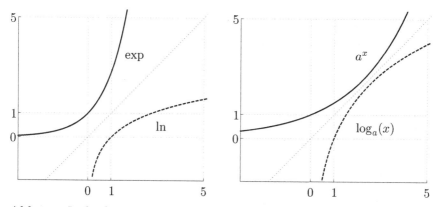

Abb. 4.1 Links die Exponentialfunktion $\exp(x)$ und der natürliche Logarithmus $\ln(x)$, rechts die Potenzfunktion a^x und der allgemeine Logarithmus $\log_a(x)$ für $a = 1,5$

Damit ist die gesuchte Funktion $f(x)$ durch die Forderung, dass alle Ableitungen übereinstimmen, bereits bis auf eine Konstante $f(x_0)$ festgelegt. Setzt
man speziell $x_0 = 0$ und $f(x_0) = 1$, erhält man die sogenannte **Exponentialfunktion**

$$\exp(x) := \sum_{k=0}^{\infty} \frac{1}{k!} x^k. \tag{4.2}$$

Die Exponentialfunktion ist offensichtlich auf ganz $\mathbb{R}$ stetig und streng monoton wachsend. Außerdem ist sie immer positiv. Auf der Zielmenge $\mathbb{R}_{>0}$ ist
sie damit auch umkehrbar. Die zugehörige Umkehrfunktion ist der **natürliche Logarithmus** $\log(x)$ oder auch $\ln(x)$:

$$\ln(\exp(x))) = \exp(\ln(x)) = x.$$

Abbildung 4.1 zeigt links die Exponentialfunktion und den natürlichen
Logarithmus und rechts die daraus abgeleiteten verallgemeinerten Potenz-
und Logarithmusfunktionen:

Aus $\exp(x)$ und $\ln(x)$ wird die allgemeine **Potenzfunktion** a^x zusammengesetzt:

$$a^x := \exp\left(\ln(a) \cdot x\right) \quad \text{für } a, x \in \mathbb{R}, \ a > 0.$$

Genauso ergibt sich dann der **allgemeine Logarithmus** $\log_a(x)$ als Umkehrfunktion von a^x:

$$a^{\log_a(x)} = \log_a(a^x) = \log_a\left(\exp(\ln(a) \cdot x)\right) = x.$$

Die Zahl $e \in \mathbb{R}$, für die $\ln(e) = 1$ gilt, also $e^x = \exp(x)$, nennt man die
Eulersche Zahl, ihr Wert ist $e = \sum_{n=0}^{\infty} \frac{1}{n!} \approx 2,72$. Wir nutzen die Schreibweisen e^x und $\exp(x)$ gleichbedeutend, häufig wird auch nur von der e-Funktion
gesprochen.

Die Exponentialfunktion und der natürliche Logarithmus erfüllen die folgenden **Funktionalgleichungen**:

$$\begin{aligned} \exp(x+y) &= \exp(x) \cdot \exp(y), \\ \ln(x \cdot y) &= \ln(x) + \ln(y). \end{aligned}$$

Außerdem gilt damit auch

$$\begin{aligned} \exp(-x) &= (\exp(x))^{-1}, \\ \ln(x^{-1}) &= -\ln(x). \end{aligned}$$

Die Funktionalgleichung für die Exponentialfunktion lässt sich dabei über
ihre Reihendarstellung und die allgemeine binomische Formel herleiten.

Wir verweisen dazu auf die unten angegebene Literatur. Die Funktionalgleichung des Logarithmus folgt dann aus der Umkehreigenschaft.

Die folgende Betrachtung führt uns zur **Ableitung des natürlichen Logarithmus**. Es gilt einerseits

$$\frac{\mathrm{d}}{\mathrm{d}x} \ln(\exp(x)) = \frac{\mathrm{d}}{\mathrm{d}x} x = 1$$

und andererseits mithilfe der Kettenregel und mit $y := \exp(x)$

$$\frac{\mathrm{d}}{\mathrm{d}x} \ln(\exp(x)) = \frac{\mathrm{d}}{\mathrm{d}y} \ln(y) \cdot \frac{\mathrm{d}}{\mathrm{d}x} \exp(x)$$

$$\Rightarrow 1 = \frac{\mathrm{d}}{\mathrm{d}y} \ln(y) \cdot \exp(x)$$

$$\Rightarrow \frac{\mathrm{d}}{\mathrm{d}y} \ln(y) = \frac{1}{\exp(x)} = \frac{1}{y}.$$

Die Ableitung des Logarithmus ist also das Inverse seines Arguments. Damit
ist der natürliche Logarithmus $\ln(x)$ die gesuchte Stammfunktion von $\frac{1}{x}$.

Neben der Exponentialfunktion gibt es noch weitere Funktionen, die sich
sehr gut über Potenzreihen definieren lassen. Zwei für die Physik besonders
wichtige sind zum Beispiel die aus Matheabschnitt 6 bekannten Winkelfunktionen Sinus und Kosinus:

$$\sin(x) := \sum_{k=0}^{\infty} (-1)^k \frac{x^{2k+1}}{(2k+1)!},$$

$$\cos(x) := \sum_{k=0}^{\infty} (-1)^k \frac{x^{2k}}{(2k)!}. \tag{4.3}$$

Wir werden in Matheabschnitt 28 sehen, dass diese Definition mit der geometrischen Definition am Dreieck übereinstimmt. Mit der Reihendarstellung
von Sinus und Kosinus lassen sich ihre Ableitungen leicht ausrechnen:

$$\frac{\mathrm{d}}{\mathrm{d}x} \sin(x) = \sum_{k=0}^{\infty} (-1)^k \frac{(2k+1)x^{2k}}{(2k+1)!} = \sum_{k=0}^{\infty} (-1)^k \frac{x^{2k}}{(2k)!} = \cos(x),$$

$$\frac{\mathrm{d}}{\mathrm{d}x} \cos(x) = \sum_{k=0}^{\infty} (-1)^k \frac{(2k)x^{2k-1}}{(2k)!} = \sum_{k=1}^{\infty} (-1)^k \frac{x^{2k-1}}{(2k-1)!} = -\sin(x).$$

Eine knappe Einführung findet sich bei NOLTING 1, Kapitel 1.1.7, weiterfüh-
rend ist WÜST 1, Kapitel 4.7, ab Satz 4.39. Eine alternative Definition bietet
FISCHER/KAUL 1, Kapitel 1.3.2.

Matheabschnitt 27:

Inhomogene lineare Differentialgleichungen

In den Matheabschnitten 7 und 8 haben wir bereits zwei Möglichkeiten zur Lösung von Differentialgleichungen kennengelernt, zum einen die direkte Integration für einfache Fälle und zum anderen die Trennung der Variablen. Für viele in der Physik vorkommende Differentialgleichungen sind diese Methoden jedoch nicht anwendbar. Wir verwenden daher hier die in Matheabschnitt 26 eingeführte Exponentialfunktion, um eine Lösung zu einer gegebenen linearen Differentialgleichung zu erhalten. Dabei nutzen wir ihre für uns wichtigste Eigenschaft: dass sie unter Ableitung in sich selbst übergeht.

Wir betrachten dazu wieder, wie in Matheabschnitt 8, die allgemeine lineare Differentialgleichung der Form

$$\sum_{k=0}^{n} \alpha_k \, \frac{\mathrm{d}^k x(t)}{\mathrm{d} t^k} = \beta(t) \tag{4.4}$$

und setzen $\beta(t) = 0$, beschränken uns also zunächst auf den homogenen Fall.

Eine gebräuchliche Methode ist, zunächst einen allgemeinen **Ansatz** zu wählen und dann Bedingungen für diesen Ansatz herzuleiten. Aufgrund ihrer Eigenschaften eignet sich die Exponentialfunktion. Wir gehen daher von einem allgemeinen **Exponentialansatz**

$$x(t) = \exp(\lambda t)$$

aus.

Eingesetzt in Gleichung (4.4) erhalten wir

$$0 = \sum_{k=0}^{n} \alpha_k \, \frac{\mathrm{d}^k x(t)}{\mathrm{d} t^k} = \sum_{k=0}^{n} \alpha_k \, \lambda^k \exp(\lambda t)$$

$$= \exp(\lambda t) \sum_{k=0}^{n} \alpha_k \, \lambda^k$$

$$\Rightarrow 0 = \sum_{k=0}^{n} \alpha_k \, \lambda^k, \tag{4.5}$$

wobei wir im letzten Schritt ausgenutzt haben, dass $\exp(\lambda t) \neq 0$ für alle $t \in \mathbb{R}$.

Die rechte Seite der Gleichung (4.5) nennt man das **charakteristische Polynom** der Differentialgleichung. Die Lösung der Differentialgleichung wird somit zurückgeführt auf das Auffinden der Nullstellen eines Polynoms, also das Lösen einer rein algebraischen Gleichung ohne Ableitungen. Hat man die

m Nullstellen λ_j gefunden, gilt aufgrund des Superpositionsprinzips (vergleiche Matheabschnitt 8) für die allgemeine Lösung der homogenen, linearen Differentialgleichung

$$x(t) = \sum_{j=1}^{m} a_j \exp(\lambda_j t)$$

mit von den Anfangsbedingungen abhängenden Konstanten a_j.

Etwas aufwendiger ist das Lösen von **inhomogenen Differentialgleichungen**. Die Standardmethode ist, erst das homogene Problem zu lösen und dann zu dieser allgemeinen Lösung eine beliebige **spezielle Lösung** $x_s(t)$ zu addieren, was wegen des Superpositionsprinzips immer noch eine Lösung ergibt. Diese ist aber gleichzeitig auch schon die allgemeinste Lösung, denn sie hängt immer noch von genau m Parametern ab.

Eine spezielle Lösung lässt sich meist leicht erraten, wenn wir in $x_s(t)$ nur möglichst niedrige Potenzen von t zulassen – und die meisten Konstanten somit irrelevant werden.

Zu Eigenschaften und Lösungen von linearen Differentialgleichungen sind ganze Bücher geschrieben worden, unsere Darstellung ist nur eine Zusammenfassung des Allernotwendigsten. Wir empfehlen daher die ausführlicheren, aber dennoch überschaubaren Darstellungen bei NOLTING 1, Kapitel 2.3.2, oder auch bei EMBACHER 1, Kapitel 1.4.5. Wirklich ausreichend und umfassend bieten das allerdings nur Lehrbücher zur Mathematik der Physik, gut sind hier zum Beispiel in aufsteigender Reihenfolge der mathematischen Tiefe OTTO, Kapitel 7, WELTNER 1, Kapitel 9, GROSSMANN, Kapitel 9, und GOLDHORN/HEINZ 1, Kapitel 4.

4.2   Potentiale und Arbeit

Anknüpfend an Abschnitt A 2.3.2 beziehungsweise B 2.3.2 beschäftigen wir uns hier mit dem Begriff der Arbeit bei konservativen und nicht-konservativen Kräften. Bei einer einfachen Klasse von konservativen Kräften berechnen wir das Potential explizit.

4.2.1   Arbeit im konservativen Zentralfeld

Wir betrachten Zentralkräfte $\mathbf{F} \sim \mathbf{e}_r$, also Kräfte, die nur in radialer Richtung wirken. Dabei sind zwei Typen zu unterscheiden, entweder ist $\mathbf{F} = f(\mathbf{r})\,\mathbf{e}_r$ oder $\mathbf{F} = f(r)\,\mathbf{e}_r$. Im ersten Fall hängt $\mathbf{F}$ vom vollen Ortsvektor $\mathbf{r}$ ab, während im zweiten die Kraft nur von dessen Betrag r abhängt. Die Kraft ist im zweiten Fall also zusätzlich noch rotationssymmetrisch.

Um zu überprüfen, wann eine Zentralkraft konservativ ist und damit ein Potential besitzt, brauchen wir den in Aufgabe 5.1.6 hergeleiteten Ausdruck für die Rotation in Kugelkoordinaten:

$$\nabla \times \mathbf{F} = \frac{1}{r \sin \vartheta} \left(\frac{\partial}{\partial \vartheta} (F_\varphi \sin \vartheta) - \frac{\partial F_\vartheta}{\partial \varphi} \right) \mathbf{e}_r$$
$$+ \frac{1}{r} \left(\frac{1}{\sin \vartheta} \frac{\partial F_r}{\partial \varphi} - \frac{\partial}{\partial r} (r F_\varphi) \right) \mathbf{e}_\vartheta + \frac{1}{r} \left(\frac{\partial}{\partial r} (r F_\vartheta) - \frac{\partial F_r}{\partial \vartheta} \right) \mathbf{e}_\varphi.$$

Für Zentralkräfte ist $F_\varphi = F_\vartheta = 0$, es gilt also

$$\operatorname{rot} \mathbf{F} = \nabla \times \mathbf{F} = \frac{1}{r} \frac{1}{\sin \vartheta} \frac{\partial F_r}{\partial \varphi} \mathbf{e}_\vartheta - \frac{1}{r} \frac{\partial F_r}{\partial \vartheta} \mathbf{e}_\varphi.$$

Ist $\mathbf{F} = f(r) \mathbf{e}_r$ und damit insbesondere unabhängig von φ und ϑ, verschwindet die Rotation – die rotationssymmetrische Zentralkraft ist also konservativ, während dies für $\mathbf{F} = f(\mathbf{r}(\varphi, \vartheta, r)) \mathbf{e}_r$ im Allgemeinen nicht gilt.

Am Spezialfall der konservativen Kraft

$$\mathbf{F}_\alpha(\mathbf{r}) := \alpha \, r^2 \mathbf{e}_r$$

untersuchen wir die Frage, welche Arbeit verrichtet wird, wenn ein Massepunkt im Feld der Kraft $\mathbf{F}_\alpha$ vom Punkt $\mathbf{r}_0 = (0, 0, 0)$ zum Punkt $\mathbf{r}_1 = (1, 0, 1)$ läuft, wie in Abbildung 4.2 gezeigt.

Angenommen, wir sind an der Arbeit entlang des Weges

$$\gamma : [0, 1] \to \mathbb{R}^3, \; t \mapsto \left(\sin \left(\frac{\pi}{2} t \right), \sin(2\pi t), \frac{1}{2} \left(\sin \left(\frac{\pi}{2} t \right) + t \right) \right)^T$$

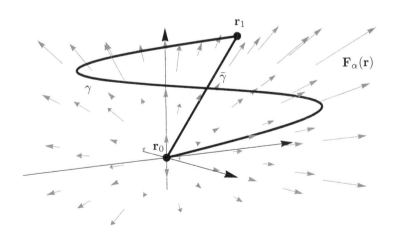

Abb. 4.2 Zwei mögliche Bahnen γ und $\bar{\gamma}$, von $\mathbf{r}_0$ nach $\mathbf{r}_1$ im konservativen Zentralfeld $\mathbf{F}_\alpha(\mathbf{r}) = \alpha \, r^2 \mathbf{e}_r$

interessiert. Wie gehen wir vor?

Selbstverständlich wäre es möglich, das entsprechende Kurvenintegral mit den Methoden aus Matheabschnitt 9 zu bestimmen. Es gibt jedoch einen deutlich einfacheren Weg – da $\mathbf{F}_\alpha$ ja konservativ ist, existiert ein Potential $V_\alpha(r)$, und damit ist die Arbeit insbesondere wegunabhängig.

Anstatt also über den komplizierten Weg γ zu integrieren, können wir auch einen einfacher zu integrierenden Weg wählen. Ein besonders einfacher ist natürlich der direkte, radial nach außen zeigende Weg vom Ursprung zum Punkt $r\,\mathbf{e}_r$, den wir $\bar\gamma$ nennen wollen. Im obigen Beispiel ist $\mathbf{e}_r = \frac{1}{\sqrt{2}}(1,0,1)$ und $r = \sqrt{2}$.

Eine allgemeine Parametrisierung ist durch

$$\bar\gamma : [0, r] \to \mathbb{R}^3,\ t \mapsto t\,\mathbf{e}_r$$

gegeben. Wir berechnen damit

$$
\begin{aligned}
W &= \int_{\bar\gamma} \mathbf{F}_\alpha(\mathbf{r}') \cdot \mathrm{d}\mathbf{r}' = \int_{\bar\gamma} \alpha\, r'^2 \mathbf{e}_{r'} \cdot \mathrm{d}\mathbf{r}' \\
&= \int_0^r \alpha\, t^2 \mathbf{e}_{r'} \cdot \frac{\mathrm{d}(t\,\mathbf{e}_{r'})}{\mathrm{d}t}\,\mathrm{d}t = \int_0^r \alpha\, t^2\,\mathrm{d}t \\
&= \alpha\,\frac{r^3}{3},
\end{aligned}
$$

wobei wir ausgenutzt haben, dass für den Weg $\bar\gamma$ der Basisvektor $\mathbf{e}_{r'}$ immer parallel zu $\mathrm{d}\mathbf{r}'$ und das Skalarprodukt deswegen einfach auszuführen ist.

Im Ausgangsfall haben wir $r = |(1,0,1)| = \sqrt{2}$, und damit ist die gesuchte Arbeit

$$W = \alpha\,\frac{\sqrt{2}^3}{3}.$$

Nebenbei haben wir damit auch ein Potential für $\mathbf{F}_\alpha(\mathbf{r})$ gefunden:

$$V_\alpha(r) = -\alpha\,\frac{r^3}{3}.$$

4.2.2 Arbeit im nicht-konservativen Kraftfeld

Wir betrachten die Kraft auf einen Massepunkt m, die durch das Feld

$$\mathbf{F}(\mathbf{r}) := \alpha \begin{pmatrix} x\,y \\ -z^2 \\ 0 \end{pmatrix}$$

vermittelt wird.

Um festzustellen, ob $\mathbf{F}$ konservativ ist, berechnen wir, wie in Abschnitt B 2.3.2 beschrieben, die Rotation von $\mathbf{F}$:

$$\operatorname{rot}\mathbf{F}(\mathbf{r}) = \begin{pmatrix} \frac{\partial}{\partial x} \\ \frac{\partial}{\partial y} \\ \frac{\partial}{\partial z} \end{pmatrix} \times \begin{pmatrix} \alpha\, x\, y \\ -\alpha\, z^2 \\ 0 \end{pmatrix} = \alpha \begin{pmatrix} 2z \\ 0 \\ -x \end{pmatrix} \neq \mathbf{0}.$$

Die Kraft ist also nicht konservativ, und es existiert kein Potential. Die in diesem Potential verrichtete Arbeit ist somit abhängig vom Weg.

Wir berechnen zur Anschauung die Arbeit entlang des „direkten" Wegs γ_{direkt} von $(0,0,0)^T$ nach $(1,1,3)^T$. Zunächst parametrisieren wir dazu γ_{direkt} über einen Parameter t:

$$\gamma_{\text{direkt}} : [0,1] \to \mathbb{R}^3, \ t \mapsto (t,t,3t)^T.$$

Damit haben wir dann

$$\mathbf{F}(\mathbf{r}(t)) = \alpha(t^2, -9t^2, 0)^T$$
$$\Rightarrow \mathbf{F}(\mathbf{r}(t)) \cdot \dot{\mathbf{r}}(t) = \alpha(t^2 - 9t^2) = -8\alpha\, t^2$$
$$\Rightarrow W_{\text{direkt}} = +8\alpha \int_0^1 t^2 \mathrm{d}t = \frac{8}{3}\alpha.$$

Um die Wegabhängigkeit der verrichteten Arbeit zu demonstrieren, folgt nun die Berechnung der Arbeit entlang eines gekrümmten Wegs γ_{krumm} von $(0,0,0)^T$ nach $(1,1,3)^T$. Er soll durch die Koordinatenbeziehungen $x = y^2$ und $z = 3\sqrt{y}$ festgelegt sein, die alle Punkte des Weges erfüllen sollen, insbesondere natürlich auch die Endpunkte.

Die Parametrisierung einer so gegebenen krummen Bahn kann man einfach schrittweise festlegen, dafür sei zum Beispiel $y(t) = t$ gesetzt, sodass

$$\gamma_{\text{krumm}} : [0,1] \to \mathbb{R}^3, \Rightarrow\ t \mapsto \left(t^2, t, 3\sqrt{t}\right)^T,$$

was die Bedingungen $y(0) = 0$ und $y(1) = 1$ erfüllt. Damit folgt dann

$$\mathbf{F}(\mathbf{r}(t)) = \alpha\left(t^3, -9t, 0\right)$$
$$\Rightarrow \mathbf{F}(\mathbf{r}(t)) \cdot \dot{\mathbf{r}}(t) = \alpha\left(2t^4 - 9t\right)$$
$$\Rightarrow W_{\text{krumm}} = -\alpha \int_0^1 \left(2t^4 - 9t\right) \mathrm{d}t = \frac{41}{10}\alpha.$$

Offensichtlich gilt $W_{\text{direkt}} \neq W_{\text{krumm}}$, wie erwartet.

Diese Anwendungen lehnen sich eng an KUYPERS, Beispiel 1.2-3, und NOLTING 1, Aufgabe 2.4.4, an. In beiden Büchern, sowie bei FLIESSBACH (ARBEITSBUCH), Aufgabe 1.7, finden sich auch noch weitere Beispiele für die Berechnung der Arbeit in konservativen und nicht-konservativen Kraftfeldern.

4.3 Dynamik in besonderen Bezugssystemen

4.3.1 Hantelbewegung in Schwerpunktkoordinaten

Wir werfen eine **Hantel** – also zwei durch eine masselose Stange der Länge l verbundene Massen m_1 und m_2 – im Schwerefeld der Erde in eine beliebige Richtung. Zwei Dinge sind bei dieser Bewegung von Interesse – wie bewegt sich die Hantel als Ganzes und wie dreht sie sich in der Luft? Das Erste ist die Frage nach der **Bewegung des Schwerpunkts** des Systems, das Zweite die Frage der **Relativbewegung** der Massen m_1, m_2 um den Schwerpunkt, vergleiche Abschnitt A 3.3.

Wir wählen zunächst ein kartesisches Koordinatensystem, sodass $\mathbf{g} = (0, 0, -g)$, wie in Abbildung 4.3 dargestellt. Als wirkende Kräfte lassen sich leicht die Schwerkraft auf die einzelnen Massen

$$\mathbf{F}_{g,k} := m_k \, \mathbf{g}, \text{ mit } k = 1, 2,$$

als äußere Kräfte und die gegenseitige Kraft der zwei Massen aufeinander, die durch die Stange vermittelt wird,

$$\mathbf{F}_{12} = -\mathbf{F}_{21},$$

als innere Kräfte finden. Die äußere Gesamtkraft ist also

$$\mathbf{F}_g := \sum_{k=1}^{2} \mathbf{F}_{g,k} = M \, \mathbf{g},$$

mit $M = m_1 + m_2$.

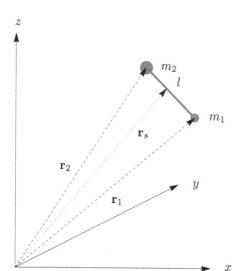

Abb. 4.3

Hantel der Länge l mit zwei unterschiedlich schweren Massen m_1 und m_2. Der Vektor

$$\mathbf{r}_S = \frac{m_1 \mathbf{r}_1 + m_2 \mathbf{r}_2}{m_1 + m_2}$$

bezeichnet den Ortsvektor des Schwerpunkts

Die Bewegungsgleichungen für die Schwerpunktkoordinaten ergeben sich so zu

$$m_1\,\ddot{\mathbf{r}}_1 = m_1\,\mathbf{g} + \mathbf{F}_{12},$$
$$m_2\,\ddot{\mathbf{r}}_2 = m_2\,\mathbf{g} + \mathbf{F}_{21},$$
$$\Rightarrow M\,\ddot{\mathbf{r}}_S = M\,\mathbf{g}.$$

Die Bahn des Schwerpunkts ist also eine einfache, gleichmäßig beschleunigte Bewegung. Wie in Aufgabe 5.2.1 ergibt sie sich durch direkte Integration mit den zwei Anfangsbedingungen $\mathbf{r}_S(t=0)=0$ und $\dot{\mathbf{r}}_S(t=0)=\mathbf{v}_{S0}$ zu

$$\mathbf{r}_S(t) = \frac{1}{2}\mathbf{g}\,t^2 + \mathbf{v}_{S0}\,t.$$

Der **Gesamtdrehimpuls** lässt sich in einen Relativanteil $\mathbf{L}_{\text{rel}} := \mu\,(\mathbf{r}_{12} \times \dot{\mathbf{r}}_{12})$ und einen Schwerpunktanteil $\mathbf{L}_{\text{s}} := M\,(\mathbf{r}_S \times \dot{\mathbf{r}}_S)$ zerlegen mittels

$$\mathbf{L} = \sum_{k=1}^{2} m_k(\mathbf{r}_k \times \dot{\mathbf{r}}_k) = \mathbf{L}_{\text{rel}} + \mathbf{L}_{\text{s}}.$$

Den Schwerpunktdrehimpuls kann man direkt ausrechnen zu

$$\mathbf{L}_{\text{s}} = M\left(\frac{1}{2}\mathbf{g}\,t^2 + \mathbf{v}_{S0}\,t\right) \times \left(\mathbf{g}\,t + \mathbf{v}_{S0}\right)$$
$$= M\left(\frac{1}{2}(\mathbf{g}\times\mathbf{g})t^3 + \frac{1}{2}(\mathbf{g}\times\mathbf{v}_{S0})t^2 + (\mathbf{v}_{S0}\times\mathbf{g})t^2 + (\mathbf{v}_{S0}\times\mathbf{v}_{S0})t\right)$$
$$= M\left(-\frac{1}{2}(\mathbf{v}_{S0}\times\mathbf{g}) + (\mathbf{v}_{S0}\times\mathbf{g})\right)t^2 = \frac{1}{2}M\left(\mathbf{v}_{S0}\times\mathbf{g}\right)t^2.$$

Die Bewegungsgleichung für die Relativbewegung aufzustellen, ist dann in Schwerpunktkoordinaten auch einfach, wir erhalten

$$\ddot{\mathbf{r}}_{12} = \ddot{\mathbf{r}}_1 - \ddot{\mathbf{r}}_2 = \left(\frac{\mathbf{F}_{g,1}}{m_1} + \frac{\mathbf{F}_{12}}{m_1}\right) - \left(\frac{\mathbf{F}_{g,2}}{m_2} + \frac{\mathbf{F}_{21}}{m_2}\right)$$
$$= \mathbf{g} + \frac{\mathbf{F}_{12}}{m_1} - \mathbf{g} - \frac{-\mathbf{F}_{21}}{m_2} = \frac{m_1 + m_2}{m_1 \cdot m_2}\mathbf{F}_{12}$$
$$= \frac{1}{\mu}\mathbf{F}_{12}$$
$$\Rightarrow \mathbf{F}_{12} = \mu\,\ddot{\mathbf{r}}_{12}.$$

Man kann also auch den Relativanteil der Hantelbewegung effektiv wie ein Teilchen in einem Zentralfeld beschreiben, vergleiche Anwendung 4.5. Daher muss der relative Drehimpulsanteil eine Erhaltungsgröße sein,

$$\mathbf{L}_{\text{rel}} = \text{const.},$$

und daher die Relativbewegung in einer durch ihn festgelegten Ebene ablaufen. Sie ist damit effektiv zweidimensional.

Bei effektiv zweidimensionalen Zentralkräften bieten sich immer die Polarkoordinaten aus Abschnitt A 1.3.2 mit $\varphi = \varphi(t)$ zur Beschreibung an. Wir setzen zweckmäßigerweise

$$r = |\mathbf{r}_1 - \mathbf{r}_2| = l.$$

Da die Länge sich nicht ändert, ist $\dot{r} = 0$, und wir erhalten die Zeitableitungen

$$\mathbf{r}_{12}(t) = l\,\mathbf{e}_r,$$
$$\dot{\mathbf{r}}_{12}(t) = l\,\dot{\varphi}\,\mathbf{e}_{\varphi},$$
$$\ddot{\mathbf{r}}_{12}(t) = -l\,\dot{\varphi}^2\,\mathbf{e}_r + l\,\ddot{\varphi}\,\mathbf{e}_{\varphi}.$$

Nach dem Newtonschen Bewegungsgesetz gilt für Zentralkräfte $\ddot{\mathbf{r}} \sim \mathbf{e}_r$. Damit muss die Winkelbeschleunigung verschwinden, $\ddot{\varphi} = 0 \Rightarrow \dot{\varphi} =: \omega = $ const. Die Bewegungsgleichung reduziert sich auf den radialen Anteil

$$\ddot{\mathbf{r}}_{12} = -l\,\omega^2\,\mathbf{e}_r$$
$$\Rightarrow \ddot{r} = -\omega^2 r.$$

Die Lösung dieser Differentialgleichung wird ausführlich in Anwendung 4.4 besprochen.

Mit den Rückübersetzungen in die Einzelortsvektoren $\mathbf{r}_1 = \frac{m_2}{M}\mathbf{r}_{12} + \mathbf{r}_S$ und $\mathbf{r}_2 = -\frac{m_1}{M}\mathbf{r}_{12} + \mathbf{r}_S$ findet man dann die Lösungen

$$\mathbf{r}_1(t) = l\,\frac{m_2}{M}\left(\cos(\omega t)\,\mathbf{e}_x + \sin(\omega t)\,\mathbf{e}_y\right) + \left(\frac{1}{2}\mathbf{g}\,t^2 + \mathbf{v}_{S0}\right)\mathbf{e}_z,$$
$$\mathbf{r}_2(t) = l\,\frac{m_1}{M}\left(\cos(\omega t)\,\mathbf{e}_x + \sin(\omega t)\,\mathbf{e}_y\right) + \left(\frac{1}{2}\mathbf{g}\,t^2 + \mathbf{v}_{S0}\right)\mathbf{e}_z,$$

wobei wir die Anfangsgeschwindigkeit des Schwerpunktes auf Null gesetzt haben.

Die Hantelenden laufen also mit konstanter Winkelgeschwindigkeit ω auf **Kreisbahnen**, deren Radien $\rho_1 := l\,\frac{m_2}{M}$ beziehungsweise $\rho_2 := l\,\frac{m_1}{M}$ im Verhältnis

$$\frac{\rho_1}{\rho_2} = \frac{m_2}{m_1}$$

zueinander stehen.

> Die Hantel im Schwerefeld betrachten im Rahmen der Newtonschen Mechanik zum Beispiel auch NOLTING 1, Aufgabe 3.3.5, und DREIZLER/LÜDDE 1, Beispiel 3.2.2.3.

4.3.2   Die Erde als beschleunigtes Bezugssystem

Als Beispiel dafür, wann es sinnvoll sein kann, in einem **Inertialsystem** zu arbeiten, und wann es ratsam sein kann, das Bezugssystem mitzudrehen und damit insbesondere zu beschleunigen, betrachten wir eine beliebige Bewegung auf der Erde.

Die Erde dreht sich bekanntlich um sich selbst, es gibt daher zwei naheliegende Möglichkeiten, ein Bezugssystem zu wählen. Entweder man wählt ein festes Koordinatensystem S, zum Beispiel mit dem Ursprung im Erdmittelpunkt, das unabhängig von der Erddrehung fix im Weltall verankert und daher ein Inertialsystem ist. Alternativ kann auch eines gewählt werden, das sich mit der Erde mitdreht. Dieses wird gerne **Laborsystem** S' genannt, es ist aber im Grunde nicht inertial.

Für S' wollen wir die folgenden Festlegungen treffen. Es habe seinen Ursprung am Ort unseres Labors auf der Erdoberfläche und sei kartesisch, rechtshändig mit den Achsen

$$x'\text{-Achse nach Osten,}$$

$$y'\text{-Achse nach Norden,}$$

$$z'\text{-Achse senkrecht nach oben.}$$

Wie lautet nun die Bewegungsgleichung eines Massepunkts m unter Einfluss der Erdbeschleunigung $\mathbf{g} = (0, 0, g)$ im System S'?

Wie immer ist es hilfreich, eine Skizze der Situation wie in Abbildung 4.4 anzufertigen und entsprechend weitere notwendige Größen zu benennen.

Zu berücksichtigen sind neben der Schwerkraft (siehe Abschnitt A 2.3.1) noch die durch die Rotation verursachten Trägheitskräfte aus Abschnitt B 3.2.2. Es ergibt sich

$$m\ddot{\mathbf{r}}' = m\mathbf{g} - m\ddot{\mathbf{r}}_0 - m\left(\boldsymbol{\omega} \times (\boldsymbol{\omega} \times \mathbf{r}')\right) - 2m\left(\boldsymbol{\omega} \times \dot{\mathbf{r}}'\right).$$

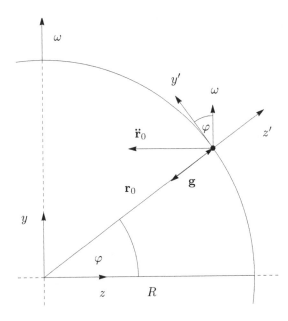

Abb. 4.4
Der Vektor $\mathbf{r}_0$ bezeichnet den Ortsvektor des Ursprungs von S' in S. Der Winkel φ ist die geographische Breite, R der Radius der Erde, $\boldsymbol{\omega}$ die Winkelgeschwindigkeit der Erddrehung und $\mathbf{g}$ die Erdbeschleunigung

Die Winkelgeschwindigkeit der Erde kann man leicht abschätzen zu

$$\omega = |\boldsymbol{\omega}| = \frac{2\pi}{24h} \approx 7 \cdot 10^{-5} \frac{1}{s}.$$

Der Abstand $\mathbf{r}'$ der Masse von der Erdoberfläche und vor allem $\boldsymbol{\omega}$ sind also um Größenordnungen kleiner als g. Daher trägt die Zentrifugalkraft kaum bei und die Bewegungsgleichung lässt sich vereinfachen zu

$$\ddot{\mathbf{r}}' = \mathbf{g} - \ddot{\mathbf{r}}_0 - 2\boldsymbol{\omega} \times \dot{\mathbf{r}}'.$$

Dennoch ist natürlich auch weiterhin interessant, wie groß die Korrekturen von $\mathbf{g}$, die sich aus der Beschleunigung des Ursprungs und der Corioliskraft ergeben, wirklich sind.

Der Ursprung $\mathbf{r}_0$ des Laborsystems läuft auf einem Kreis mit Radius $R\cos(\varphi)$ um die Drehachse. Die Ursprungsbeschleunigung $\ddot{\mathbf{r}}_0$ relativ zum Erdmittelpunkt ergibt sich daher mit dem Wissen zur Kreisbewegung aus Abschnitt A 1.2.2 zu

$$\ddot{\mathbf{r}}_0 = \omega^2 R \cos(\varphi) \left(\sin(\varphi)\mathbf{e}_{y'} - \cos(\varphi)\mathbf{e}_{z'} \right)$$
$$\Rightarrow |\ddot{\mathbf{r}}_0| = \omega^2 R \cos(\varphi).$$

Die auf der Erde im Laborsystem S' messbare Erdbeschleunigung ist folglich nicht $\mathbf{g}$, sondern

$$\hat{\mathbf{g}} = \mathbf{g} - \ddot{\mathbf{r}}_0 = \begin{pmatrix} 0 \\ -\omega^2 R \cos(\varphi)\sin(\varphi) \\ g + \omega^2 R \cos^2(\varphi) \end{pmatrix}.$$

Die tatsächlich spürbare Erdbeschleunigung weicht also von der reinen Gravitation ab, und zwar abhängig von der Drehgeschwindigkeit und geographischen Breite φ. Letzteres hat eine Abplattung der Erde an den Polen zur Folge.

Eine Bewegung mit Geschwindigkeit $\dot{\mathbf{r}}'$ wird zusätzlich von der Corioliskraft beeinträchtigt, auch diese ist nicht überall auf der Erde gleich, denn mit $\boldsymbol{\omega} = \omega(0, \cos(\varphi), \sin(\varphi))$ gilt:

$$\mathbf{F}'_{cor} = -2m \left(\boldsymbol{\omega} \times \mathbf{r}' \right) = -2m\,\omega \begin{pmatrix} \dot{z}'\cos(\varphi) - \dot{y}'\sin(\varphi) \\ \dot{x}'\sin(\varphi) \\ -\dot{x}'\cos(\varphi) \end{pmatrix}.$$

Da wir immer nach Vereinfachung der zu lösenden Differentialgleichungen streben, wollen wir mit dem jetzt gewonnenen Wissen das Laborsystem S' so definieren, dass die z-Achse senkrecht zur realen, abgeplatteten Erdoberfläche steht.

Wir übernehmen dabei $\mathbf{F}'_{cor}$ direkt von oben, denn der Winkel zwischen $\mathbf{g}$ und $\hat{\mathbf{g}}$ ist vernachlässigenswert klein. Es ergibt sich so

$$m\ddot{x}' = -2m\,\omega \left(\dot{z}'\cos(\varphi) - \dot{y}'\sin(\varphi) \right),$$
$$m\ddot{y}' = -2m\,\omega\,\dot{x}'\sin(\varphi) - \omega^2 R \cos(\varphi)\sin(\varphi),$$
$$m\ddot{z}' = m\,g + m\,\omega^2 R \cos^2(\varphi) + 2m\,\omega\,\dot{x}'\cos(\varphi). \tag{4.6}$$

In Aufgabe 5.2.6 besprechen wir die Lösung dieser Bewegungsgleichungen für konkrete Anfangsbedingungen.

| Dies wird auch bei NOLTING 1, Aufgabe 2.2.3, behandelt.

4.4 Harmonischer Oszillator

Der harmonische Oszillator ist das wichtigste **Modellsystem** in der Physik überhaupt. Neben der Mechanik spielt er auch eine große Rolle in der Elektrodynamik (Schwingkreis) und vor allem in der Quantenmechanik und -feldtheorie.

Der Begriff Oszillation bedeutet einfach **Schwingung**, also **zeitlich schwankende Bewegung** einer Größe um einen Mittelwert. Schwingungen können periodisch sein, das heißt, bestimmte Zustände der Größe wiederholen sich in regelmäßigen Abständen. Es gibt aber auch nicht-periodische Schwingungen.

Harmonisch nennt man eine periodische Schwingung dann, wenn ihr zeitlicher Verlauf durch eine **Sinusfunktion** beschrieben werden kann. Wie dieses Phänomen zustand kommt und wann ein System harmonisch schwingt, werden wir im Folgenden klären.

Die Beschäftigung mit dem harmonischen Oszillator hört im Leben eines Physikers nie auf. Aber nicht weil er so kompliziert wäre – ganz im Gegenteil, gerade weil die zugrundeliegende Gleichung so einfach ist und sich im reinen Fall immer exakt lösen lässt, wird er als Modell in unterschiedlichsten Bedeutungen und Zusammenhängen verwendet. Es ist daher sehr wichtig, den harmonischen Oszillator gut zu verstehen und gewisse notwendige Rechenkniffe sicher zu beherrschen.

Häufig handelt es sich bei der Rückführung auf den harmonischen Oszillator um eine Vereinfachung der vollständigen Bewegungsgleichung eines komplexeren Systems, dessen Lösung dadurch überhaupt erst möglich wird. Diese Rückführung wird meist durch eine Taylor-Entwicklung des Potentials erreicht.

Durch die Idealisierung eines physikalischen Systems als harmonischer Oszillator kann man es durch wenige charakteristische Größen beschreiben, im einfachsten Fall nur die Eigenfrequenz. Bei weiter ausgebauten Modellen kommen weitere wie zum Beispiel Anregungsfrequenz und Dämpfung hinzu.

4.4.1 Grundlagen

In der Mechanik kann man sich einige unterschiedliche Realisierungen des harmonischen Oszillators vorstellen, zum Beispiel ein **Federpendel**, ein Torsionspendel oder ein (nur leicht) ausgelenktes **Fadenpendel** (auch mathematisches Pendel genannt), siehe Abbildung 4.5.

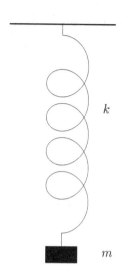

Abb. 4.5
Federpendel mit Federkonstante k und Masse m

Die Gemeinsamkeit dieser Systeme besteht darin, dass eine **lineare Rückstellkraft** wirkt, also eine Kraft, die proportional zur Auslenkung a ist und dieser entgegenwirkt. Das kann die Federkraft $\mathbf{F}_k$ aus Abschnitt A 2.3.1 sein oder auch andere **effektive Kräfte**, die ihre Ursache in der Gravitation haben, aber sich wegen der äußeren Umstände gut als lineare Rückstellkraft annähern lassen. Das dabei verwendete mathematische Werkzeug ist die **Taylor-Entwicklung** aus Matheabschnitt 17.

Zum Verständnis des Prinzips der harmonischen Schwingung ist es völlig ausreichend, eine Bewegung in einer Raumdimension zu betrachten, da sich Schwingungen in mehreren Dimensionen gemäß dem Superpositionsprinzip überlagern.

Die Anwendung des zweiten Newtonschen Gesetzes ergibt für ein Federpendel mit Federkonstante k und einer passend gewählten Ortskoordinate x die Bewegungsgleichung

$$\mathbf{F}_k(x) = -k\,x \;\Rightarrow\; m\,\ddot{x} + k\,x = 0.$$

Bei der Wahl solch passender Koordinaten lassen sich alle harmonischen Schwinger durch diese sogenannte **harmonische Differentialgleichung**

$$\ddot{x}(t) + \omega_0^2\, x(t) = 0 \;\Leftrightarrow\; \ddot{x}(t) = -\omega_0^2\, x(t) \tag{4.7}$$

beschreiben, wobei die Konstante ω_0 **Eigenfrequenz** genannt wird. Sie setzt sich je nach zugrundeliegendem Problem aus den jeweiligen Konstanten des Systems zusammen, im Fall der Federkraft also $\omega_0 = \sqrt{\frac{k}{m}}$. In der harmonischen Differentialgleichung nehmen wir konsistent damit immer $\omega_0 > 0$ an.

Es handelt sich um eine homogene Differentialgleichung zweiter Ordnung, die wir mittels eines **Exponentialansatzes** lösen können. Wir nehmen also an, dass die Lösung sich durch eine Kombination von Exponentialfunktionen ausdrücken lässt, wie in Matheabschnitt 26 beschrieben. Die Methode der Trennung der Variablen aus Abschnitt A 2.3.2 können wir nicht anwenden, da sie nur für Differentialgleichungen erster Ordnung funktioniert.

Wir wählen also als Ansatz für die Lösung der harmonischen Differentialgleichung eine Exponentialfunktion,

$$x(t) = e^{\lambda t},$$

und machen uns die rekursiven Ableitungseigenschaften der Exponentialfunktion zunutze:

$$\frac{\mathrm{d}x(t)}{\mathrm{d}t} = \frac{\mathrm{d}}{\mathrm{d}t}e^{\lambda t} = \lambda\,x(t) \;\Rightarrow\; \frac{\mathrm{d}^2 x(t)}{\mathrm{d}t^2} = \lambda\,\frac{\mathrm{d}}{\mathrm{d}t}\,e^{\lambda t} = \lambda^2 e^{\lambda t} = \lambda^2 x(t).$$

Im harmonischen Fall ergibt sich durch Einsetzen des Ansatzes in Gleichung (4.7) eine Gleichung für λ:

$$\lambda^2 e^{\lambda t} + \omega_0^2 e^{\lambda t} = 0 \quad \Rightarrow \quad \lambda^2 = -\omega_0^2.$$

Über den reellen Zahlen können wir diese Gleichung also nicht lösen, sondern nur formal schreiben als

$$\lambda = \pm \omega_0 \sqrt{-1}.$$

Um diese Gleichung zu lösen, führen wir daher im folgenden Matheabschnitt 28 die **komplexen Zahlen** ein.

Matheabschnitt 28:
Komplexe Zahlen

Das Quadrat einer reellen Zahl $x \in \mathbb{R}$ ist immer positiv, $x^2 \geq 0$. Daher kann eine Gleichung wie $x^2 + 1 = 0$ keine reelle Lösung besitzen. Man behilft sich, indem man den Zahlenraum von den reellen Zahlen $\mathbb{R}$ zu den komplexen Zahlen $\mathbb{C}$ erweitert und dazu die sogenannte **imaginäre Einheit** i einführt:

$$i := \sqrt{-1} \Leftrightarrow i^2 = -1.$$

Eine **komplexe Zahl** $z \in \mathbb{C}$ in der Standarddarstellung ist dann mittels

$$z := x + y\,i, \ x, y \in \mathbb{R}$$

definiert, also indem der reellen Zahl x ein (reelles) Vielfaches der imaginären Einheit $y\,i$ beigefügt wird. Man nennt $x = \mathrm{Re}(z) \in \mathbb{R}$ den **Realteil** und $y = \mathrm{Im}(z) \in \mathbb{R}$ den **Imaginärteil** der komplexen Zahl $z \in \mathbb{C}$.

Unser obiges Beispiel, $z^2 + 1 = 0$, hat erweitert auf die komplexen Zahlen zwei Lösungen: $z = 0 \pm i \in \mathbb{C}$. Tatsächlich besagt der **Fundamentalsatz der Algebra**, dass jedes Polynom n-ten Grades über den komplexen Zahlen genau n Nullstellen hat.

Die Rechenoperationen der Addition, Subtraktion, Multiplikation und Division zweier komplexer Zahlen lassen sich einfach über die entsprechenden Operationen auf den reellen Zahlen erklären, es gilt für zwei komplexe Zahlen $z_1 := x_1 + y_1\,i$ und $z_2 := x_2 + y_2\,i \in \mathbb{C}$:

$$z_1 \pm z_2 := (x_1 \pm x_2) + (y_1 \pm y_2)\,i,$$

$$z_1 \cdot z_2 := (x_1 + y_1\,i) \cdot (x_2 + y_2\,i) = (x_1 x_2 - y_1 y_2) + (x_1 y_2 + x_2 y_1)\,i,$$

wobei wir $i^2 = -1$ verwendet haben.

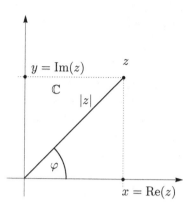

Abb. 4.6

Polardarstellung einer komplexen Zahl

$$z = |z| \cdot \exp(i\,\varphi)$$

in der Ebene der komplexen Zahlen $\mathbb{C}$

Viele reellwertige Funktionen lassen sich auch auf die komplexen Zahlen erweitern. Besonders einfach und gleichzeitig besonders wichtig ist dies für die Exponentialfunktion.

Nutzen wir die Reihendarstellungen der Exponential- und der trigonometrischen Funktionen aus den Gleichungen (4.2) und (4.3), ergibt sich mittels der Taylor-Entwicklung (siehe Matheabschnitt 17) der folgende Zusammenhang. Der Trick dieser Rechnung ist die Aufteilung der Reihenglieder nach geradem und ungeradem Index:

$$
\begin{aligned}
\exp(i\,z) &= \sum_{k=0}^{\infty} \frac{i^k z^k}{k!} \\
&= \sum_{k=0}^{\infty} i^{2k} \frac{z^{2k}}{(2k)!} + \sum_{k=0}^{\infty} i^{2k+1} \frac{z^{2k+1}}{(2k+1)!} \\
&= \sum_{k=0}^{\infty} (-1)^k \frac{z^{2k}}{(2k)!} + i \sum_{k=0}^{\infty} (-1)^k \frac{z^{2k+1}}{(2k+1)!} \\
&= \cos(z) + i \sin(z).
\end{aligned}
\tag{4.8}
$$

Dieser Zusammenhang wird auch **Eulersche Formel** genannt.

Da eine komplexe Zahl durch zwei reelle Zahlen festgelegt ist, haben wir eine natürliche Identifizierung zwischen $z \in \mathbb{C}$ und einem Vektor $(x, y) \in \mathbb{R}^2$. Analog zu den ebenen Polarkoordinaten aus Abschnitt A 1.3.2 führen wir daher für komplexe Zahlen die Schreibweise

$$z = |z| \big(\cos(\varphi) + i \sin(\varphi) \big)$$

ein, wobei $|z| := \sqrt{x^2 + y^2}$ den **Betrag** der komplexen Zahl z bezeichnet.

Aufgrund der Eulerschen Formel kann man dies auch als

$$z = |z| \cdot \exp(i\,\varphi)$$

schreiben, was als **Polardarstellung** bezeichnet wird, siehe auch Abbildung 4.6. Daran sieht man nun auch die Übereinstimmung der Definitionen der Winkelfunktionen am Dreieck aus Matheabschnitt 6 mit der Definition mithilfe von Potenzreihen (siehe Matheabschnitt 26).

Über die Eulersche Formel erhalten wir auch noch eine weitere Darstellung der Winkelfunktionen durch die e-Funktion:

$$\begin{aligned}
\sin(x) &= \frac{1}{2i}\left(e^{ix} - e^{-ix}\right), \\
\cos(x) &= \frac{1}{2}\left(e^{ix} + e^{-ix}\right).
\end{aligned}$$

Das kombiniert die trigonometrischen Funktionen, die für die Beschreibung von Schwingungen geeignet sind, mit der Exponentialfunktion, deren besonders einfache Ableitungsstruktur für die Lösung von Differentialgleichungen von großer Bedeutung ist.

> Gute Einführungen und Erläuterungen zu komplexen Zahlen finden sich zum Beispiel kompakt bei NOLTING 1, Kapitel 2.3.5, oder bei LANG/PUCKER, Kapitel 2.1. Tiefergehende Überlegungen finden sich beispielsweise bei GOLDHORN/HEINZ 1, Kapitel 1.D.

Wir können die Lösung der harmonischen Differentialgleichung also als

$$\lambda = \pm\,i\,\omega_0$$

angeben. Die gesuchte Lösung muss damit (wegen des Superpositionsprinzips für lineare Differentialgleichungen) von der Form

$$x(t) = \alpha\,e^{i\omega_0 t} + \beta\,e^{-i\omega_0 t}, \quad \alpha, \beta \in \mathbb{C}$$

sein. Hinter diesem etwas unhandlich aussehenden Ausdruck verbergen sich gut bekannte Funktionen, wenn man sich überlegt, ob die Koeffizienten α und β wirklich beliebige komplexe Zahlen sein können oder ob sie durch die Physik nicht eingeschränkt sind. Da die physikalische Bahnkurve $x(t)$ eine messbare, also reellwertige Größe sein muss, muss auch die rechte Seite der Gleichung reell sein. Wir schreiben sie daher um unter Benutzung von reellen Konstanten $a, b, c, d \in \mathbb{R}$, die $\alpha := a + ic$ und $\beta := b + id$ erfüllen.

Mit ihnen und der Eulerschen Formel $e^{\pm iz} = \pm i \sin(z) + \cos(z)$ (siehe Matheabschnitt 28) ergibt sich für die Bahnkurve

$$x(t) = ai\sin(\omega_0 t) + a\cos(\omega_0 t) + ic\cos(\omega_0 t) - c\sin(\omega_0 t)$$

$$- ib\sin(\omega_0 t) + b\cos(\omega_0 t) + id\cos(\omega_0 t) + d\sin(\omega_0 t) \stackrel{!}{\in} \mathbb{R},$$

$$\Rightarrow \quad a = b \text{ und } c = -d \text{ (damit die imaginären Terme sich aufheben)},$$

$$\Rightarrow x(t) = 2a\cos(\omega_0 t) + 2d\sin(\omega_0 t).$$

Die **allgemeine Lösung** der harmonischen Differentialgleichung lautet also

$$x(t) = A\sin(\omega_0 t) + B\cos(\omega_0 t), \ A, B \in \mathbb{R}, \tag{4.9}$$

mit zwei reellen Unbekannten $A(= 2a)$ und $B(= 2d)$, wie für eine reellwertige Differentialgleichung zweiter Ordnung zu erwarten ist. Diese werden durch die Anfangsbedingungen festgelegt:

$$x(0) = x_0 \text{ und } \dot{x}(0) = v_0,$$

$$\Rightarrow A = \frac{v_0}{\omega_0} \quad \text{und} \quad B = x_0.$$

Das Lösen mittels Exponentialansatz mag in diesem Fall recht umständlich wirken (die meisten Lehrbücher „erraten" gleich die trigonometrischen Funktionen als Lösung), aber es stellt einen sehr allgemeinen, auch bei komplizierteren Differentialgleichungen anwendbaren Weg dar. Es lohnt daher sich die Mühe zu machen, dieses Verfahren am einfachen Beispiel kennenzulernen. In Aufgabe 5.4 wird der Exponentialansatz noch einmal verwendet.

Die konkreten experimentellen Gegebenheiten bestimmen dann die Details der Lösung. Wenn zum Beispiel zu Beginn das Pendel ausgelenkt ist ($x_0 \neq 0$), aber ruht ($v_0 = 0$), ergibt sich die Bahn

$$x(t) = x_0 \cos(\omega_0 t).$$

Die Anfangsauslenkung bestimmt ihre maximale Auslenkung aus der Ruhelage, die **Amplitude** A der Schwingung genannt. In diesem Fall gilt also $A = x_0$.

Wenn zu Beginn das Pendel hingegen nicht ausgelenkt ist ($x_0 = 0$), aber mit endlichem v_0 angestoßen wird, ergibt sich die Bahn

$$x(t) = \frac{v_0}{\omega_0} \sin(\omega_0 t).$$

Aufschlussreich ist wie so oft auch eine **Energiebetrachtung**. Wir berechnen dazu zunächst die Arbeit, die ein mit Eigenfrequenz ω_0 schwingender harmonischer Oszillator verrichtet. Während der Dauer einer vollen Schwingung, **Periode**

$$T = \frac{2\pi}{\omega_0}$$

genannt, ist die Arbeit (nach Gleichung (A 2.13) beziehungsweise (B 2.7)) das Integral der Kraft über diese Zeitdauer T.

Bei Wahl des Koordinatenursprungs in der Ruhelage schwingt ein Pendel mit Amplitude A während einer Periode von A bis $-A$ und wieder zurück bis A. Daher ergibt sich:

$$
\begin{aligned}
W_T &= 2 \int_{-A}^{A} \mathbf{F}(x) \cdot \mathrm{d}\mathbf{r} = -2 \int_{-A}^{A} kx\, \mathbf{e}_x \cdot \mathbf{e}_x\, \mathrm{d}x \\
&= -2 \int_{-A}^{A} kx\, \mathrm{d}x = -2k \left[x^2 \right]_{-A}^{A} = -2k(A^2 - A^2) = 0.
\end{aligned}
$$

Eine harmonische Schwingung verrichtet folglich über eine gesamte Periode hinweg keine Arbeit. Dies ist intuitiv zu erwarten, da über eine volle Schwingung alle jemals in kinetische Energie umgewandelte potentielle Energie wieder zurückgewandelt wird und umgekehrt. Eine kurze Rechnung zeigt aber, dass bei harmonischen Kräften auch in mehr als einer Dimension rot $\mathbf{F} = 0$ gilt. Der harmonische Oszillator ist also sogar ein konservativer Vorgang.

Konservative Systeme besitzen immer ein Potential. Wenn wir das Potential des harmonischen Oszillators ausrechnen, wird auch auf grundsätzlicherem Wege nochmal klar, dass eine harmonische Bewegung keine Arbeit verrichten kann.

Mit der gleichen Rechnung wie oben, nur mit variablen Integralgrenzen, folgt

$$
\begin{aligned}
V(x) &= -\int_{x_0}^{x} \mathbf{F}(x') \cdot \mathrm{d}\mathbf{r}' = \frac{1}{2}kx^2 - \frac{1}{2}kx_0^2 \\
&\Rightarrow V(x) = \frac{1}{2}kx^2 \quad \text{für } x_0 = 0.
\end{aligned} \tag{4.10}
$$

Die sich aus der unteren Grenze ergebende Konstante ist beliebig wählbar, denn das Potential ist ja grundsätzlich nur bis auf eine Konstante eindeutig.

Das Potential der Schwingung ist also ein in der Schwingungsvariable rein **quadratisches Potential**, das daher auch **harmonisches Potential** genannt wird. Unabhängig von der experimentellen Situation ergeben quadratische Potentiale immer harmonische Schwingungen. Ihre Symmetrie sorgt dafür, dass über eine volle Periode keine Arbeit verrichtet wird.

4.4.2 Relevanz des harmonischen Oszillators

Der harmonische Oszillator wird häufig als Näherung für ein komplizierteres Problem genutzt. Diese **Idealisierung** ist **für lokale Minima des Potentials** eines betrachteten Systems zulässig.

Das betrachtete System habe also ein Potential $V(x)$, das ein lokales Minimum aufweist. Durch passende Wahl des Koordinatensystems nehmen wir an, es liege in $x = 0$.

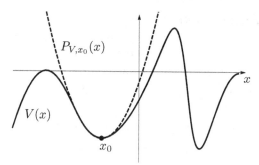

Abb. 4.7

Ein beliebiges Potential $V(x_0)$
mit der harmonischen Näherung
$P_{V,x_0}(x) = V(x_0) + \frac{1}{2}k(x - x_0)^2$
im Punkt x_0

Wir führen eine **Taylor-Entwicklung** (vergleiche Matheabschnitt 17) von V um die Stelle des Minimums herum durch und erhalten

$$P_{V,x_0}(x) = V(0) + \left.\frac{dV}{dx}\right|_{x=0} x(t) + \frac{1}{2}\left.\frac{d^2V}{dx^2}\right|_{x=0} x^2(t) + \frac{1}{6}\left.\frac{d^3V}{dx^3}\right|_{x=0} x^3(t) + \mathcal{O}(x^4).$$
(4.11)

Der Einfachheit halber betrachten wir hier nur den eindimensionalen Fall.

Was wissen wir über die einzelnen Terme? Der erste Term ist eine für das Potential unbedeutende Konstante. Der zweite Term verschwindet, weil bei $x = 0$ das Potential ein Extremum aufweist Da es sich um ein Minimum handelt, ist der dritte Term positiv. Falls das Potential rund um 0 auch noch näherungsweise symmetrisch ist, also $V(x) = V(-x)$ für $x \approx 0$, verschwinden auch alle weiteren ungeraden Potenzen von x, sodass sich die **Potentialmulde** wie in Abbildung 4.7 gut durch das harmonische Potential nähern lässt:

$$V(x) = \frac{1}{2}kx^2 + O(x^4), \quad k = \left.\frac{d^2V}{dx^2}\right|_{x=0}.$$

Die möglichen höheren Ordnungen verursachen dann leichte Anharmonizitäten der Schwingung.

Solche **anharmonischen Anteile** nehmen an Einfluss zu, je stärker die Auslenkung ist, je größer also die Energie des Systems ist. Erst wenn die Energie des genäherten Systems zu groß wird und die Koordinate den Bereich der Potentialmulde verlässt, bricht die Gültigkeit der Näherung zusammen.

In drei Dimensionen, für ein Potential $V(\mathbf{r})$, sind die Ableitungen in Gleichung (4.11) entsprechend für die Koordinate anzupassen, für die ein Minimum vorliegt.

In der Natur und Technik sind Potentiale, die lokale Minima aufweisen, in ganz verschiedenen Bereichen anzutreffen, zum Beispiel in Molekülen, bei der Behandlung von Antennen oder Musikinstrumenten. Ein gutes Beispiel für eine harmonische Näherung ist auch das Fadenpendel, das in Aufgabe 5.2.5 untersucht wird.

Anharmonische Schwingungen behandelt übersichtlich beispielsweise NOLTING 1, Aufg. 2.3.19. Wir gehen in Aufgabe 5.4.4 auf sie ein.

4.4.3 Abstraktion in den Phasenraum

Aus Sicht des Pfades C ist eine Betrachtung des **Phasenraums** des harmonischen Oszillators interessant, vergleiche Abschnitt C 3.1. Sie ermöglicht auf der Grundlage einer Symmetrieüberlegung ein Verständnis des Vorgangs, ohne Bewegungsgleichungen zu lösen.

Als System mit Energieerhaltung parametrisiert die Gesamtenergie alle Phasenraumtrajektorien:

$$E = T + V = \frac{1}{2}m\dot{x}^2 + \frac{1}{2}kx^2$$
$$= \frac{1}{2}\frac{1}{m}p_x^2 + \frac{1}{2}kx^2.$$

Auffällig ist die näherungsweise Symmetrie des Ausdrucks für E unter Vertauschung von Ort und Impuls. Mit den einfachen Reskalierungen der Koordinaten,

$$X(t) := \sqrt{k}x(t)$$
$$P(t) := \frac{1}{\sqrt{m}}p_x(t),$$

erhält man den in X und P völlig symmetrischen Ausdruck

$$E = \frac{1}{2}\left(X^2 + P^2\right). \tag{4.12}$$

Das **Phasenraumporträt** des harmonischen Oszillators in X und P enthält folglich nur **Kreise** mit Radius $R = \sqrt{2E}$ als Phasenraumtrajektorien, wie in Abbildung 4.8 dargestellt. Die Phasenraumtrajektorien des Oszillators sind unabhängig von Reskalierungen immer geschlossene Bahnen.

Die Winkelgeschwindigkeit ω, in der die Bahnen in einer Periode $T = \frac{2\pi}{\omega_0}$ durchlaufen werden, entspricht gerade der Eigenfrequenz des Oszillators

$$\omega = \frac{\text{Umfang}}{\text{Periode}} \cdot \text{Radius} = \frac{2\pi R}{T}R = \omega_0.$$

Aus dem trigonometrischen Wissen $\sin^2(z) + \cos^2(z) = 1$ und der gefundenen Kreisgeometrie der Phasenraumtrajektorien ergibt sich auch, dass die Bahnkurven von der Form

$$x(t) = \alpha \sin(\omega_0 t) + \beta \cos(\omega_0 t)$$

sein müssen, ohne die Bewegungsgleichungen gelöst zu haben.

Die Verlagerung der Beschreibung vom physikalischen Ortsraum in den abstrakteren Phasenraum ermöglicht also eine sehr einfache Beschreibung des Vorgangs. Sie lässt die Schwingung als das Durchlaufen eines Kreises auffassen, das Wechselspiel zwischen kinetischer und potentieller Energie wird deutlich.

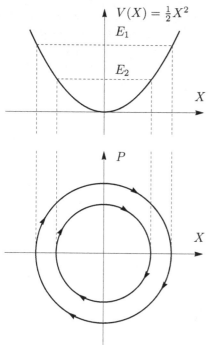

Abb. 4.8 Potentielle Energie (oben) und Phasenraumporträt (unten) für den harmonischen Oszillator in den skalierten Variablen aus Gleichung (4.12). Alle Trajektorien im Phasenraum sind geschlossen und jede Trajektorie entspricht genau einem Wert der Erhaltungsgröße Energie

4.4.4 Abstrakte Lösung der Bewegungsgleichungen

Zusätzlich zu den bereits in den vorigen Abschnitten vorgestellten Lösungsmethoden wollen wir uns hier noch einen weiteren Weg vorstellen, um die Differentialgleichung

$$\ddot{x} + \omega_0^2 x = 0$$

des harmonischen Oszillators zu lösen. Dabei werden wir auf die in Abschnitt C 2.3 entwickelten Methoden zurückgreifen.

Um die harmonische Differentialgleichung zweiter Ordnung durch zwei Differentialgleichungen erster Ordnung zu ersetzen, definieren wir $z_1 := x$ und $z_2 := \frac{\dot{x}}{\omega_0}$, was zu

$$\dot{\mathbf{z}} = A \cdot \mathbf{z}, \ A = \begin{pmatrix} 0 & \omega_0 \\ -\omega_0 & 0 \end{pmatrix}$$

führt. Hierfür kennen wir aber aus Gleichung (C 2.4) bereits eine Lösung, die sich mit

$$x(0) = x_0, \ \dot{x}(0) = v_0 \Leftrightarrow z_1(0) = x_0, \ z_2(0) = \frac{v_0}{\omega_0}$$

schreiben lässt als

$$\mathbf{z}(t) = \exp\left(\begin{pmatrix} 0 & \omega_0 \\ -\omega_0 & 0 \end{pmatrix} \cdot t\right) \begin{pmatrix} x_0 \\ \frac{v_0}{\omega_0} \end{pmatrix}. \tag{4.13}$$

Damit haben wir den eindimensionalen harmonischen Oszillator in wenigen Schritten gelöst – und haben neben dem Ort $x = z_1$ auch gleich einen Ausdruck für die Geschwindigkeit $\dot{x} = \omega_0 z_2$ mitgeliefert bekommen. Um zu sehen, dass diese tatsächlich mit Gleichung (4.9) für die Anfangsbedingungen $A = \frac{v_0}{\omega_0}$, $B = x_0$ übereinstimmt, beobachten wir, dass für die Matrix A gilt

$$A = \omega_0 \begin{pmatrix} 0 & 1 \\ -1 & 0 \end{pmatrix}, \; A^2 = -\omega_0^2 \begin{pmatrix} 1 & 0 \\ 0 & 1 \end{pmatrix}, \; A^3 = -\omega_0^3 \begin{pmatrix} 0 & 1 \\ -1 & 0 \end{pmatrix}, \dots$$

und damit induktiv die allgemeinen Ausdrücke

$$A^{2i} = \omega_0^{2i}(-1)^i \begin{pmatrix} 1 & 0 \\ 0 & 1 \end{pmatrix}, \; A^{2i+1} = \omega_0^{2i+1}(-1)^i \begin{pmatrix} 0 & 1 \\ -1 & 0 \end{pmatrix}.$$

Für die Exponentialfunktion der Matrix A erhalten wir auf diesem Weg

$$\begin{aligned}
\exp(A) &= \sum_{i=0}^{\infty} \frac{A^i}{i!} \\
&= \sum_{i=0}^{\infty} \frac{A^{2i}}{(2i)!} + \sum_{i=0}^{\infty} \frac{A^{2i+1}}{(2i+1)!} \\
&= \begin{pmatrix} 1 & 0 \\ 0 & 1 \end{pmatrix} \sum_{i=0}^{\infty} \frac{\omega_0^{2i}}{(2i)!} + \begin{pmatrix} 0 & 1 \\ -1 & 0 \end{pmatrix} \sum_{i=0}^{\infty} \frac{\omega_0^{2i+1}}{(2i+1)!} \\
&= \begin{pmatrix} 1 & 0 \\ 0 & 1 \end{pmatrix} \cos(\omega_0) + \begin{pmatrix} 0 & 1 \\ -1 & 0 \end{pmatrix} \sin(\omega_0) \\
&= \begin{pmatrix} \cos(\omega_0) & \sin(\omega_0) \\ -\sin(\omega_0) & \cos(\omega_0) \end{pmatrix},
\end{aligned}$$

wobei wir uns die Reihendarstellung des Sinus und des Cosinus zunutze gemacht haben.

Denkt man sich die Matrix A noch überall mit t multilpiziert wird deutlich, dass die Lösungen aus Gleichung (4.9) und (4.13) also tatsächlich übereinstimmen.

Bei SCHECK 1, Kapitel 1.17, wird die Phasenraumbetrachtung (in verallgemeinerten Koordinaten) kompakt dargestellt. Der harmonische Oszillator wird natürlich in jedem Lehrbuch behandelt, wir können folgende besonders empfehlen. Die Lösung der harmonischen Differentialgleichung (4.7) wird ausführlich bei NOLTING 1, Kapitel 2.3.6, behandelt. Sehr ausführlich ist die Diskussion auch bei DREIZLER/LÜDDE 1, Kapitel 4.2. Wer den experimentellen Bezug und viele Abbildungen sucht, wird bei BRANDT/DAHMEN 1, Kapitel 8, fündig. Mit vielen Anwendungsfällen, zum Beispiel verschieden gekoppelten Oszillatoren, sehr gut dargestellt ist es bei GREINER 1, Kapitel 21, oder auch ganz kurz und knapp bei FELDMEIER, Kapitel 3.3–3.9.

Im Aufgabenkapitel betrachten wir Vertiefungen wie den gedämpften Oszillator in Aufgabe 5.4.1.

4.5 Konservative Zentralkraft

Viele mechanische Systeme bestehen aus der Bewegung eines Objektes in einem **konservativen Zentralfeld**, also unter dem Einfluss einer konservativen, zentralen Kraft

$$\mathbf{F}(\mathbf{r}) = F(r)\,\mathbf{e}_r.$$

Dabei wird mit $r := |\mathbf{r}|$ der Abstand des Objekts vom Kraftzentrum bezeichnet, das im Ursprung des Koordinatensystems liegen soll, vergleiche auch Anwendung 4.2.1. Die Kraft wirkt also entweder zum Zentrum hin oder von ihm weg.

Beispiele sind die Gravitation zwischen Himmelskörpern oder auch klassische Näherungen für die elektromagnetischen Wechselwirkungen zwischen geladenen Teilchen.

Ganz allgemein lässt sich übrigens jedes abgeschlossene Zweiteilchensystem (vergleiche Abschnitt A 3.3) durch Galilei-Transformation in ein Zentralkraftproblem überführen, indem eines der Teilchen insbesondere durch Translation und Boost in den Ursprung gelegt wird. Die Galilei-Transformationen haben wir in Abschnitt B 3.2.1 eingeführt.

4.5.1 Bewegungsgleichungen

Die **allgemeine Bewegungsgleichung** für Zentralkräfte können wir direkt hinschreiben:

$$m\,\ddot{\mathbf{r}}(t) = F(r)\,\mathbf{e}_r = -\nabla V(r), \text{ mit } V(r) = \int_0^r F(r')\,\mathrm{d}r'. \qquad (4.14)$$

Wir machen uns zu ihrer Lösung von Beginn an die Erhaltungssätze zunutze. Das Kraftfeld soll konservativ sein, es gilt also die Erhaltung der Gesamtenergie. Aus der Abwesenheit von äußeren Drehmomenten folgt nach unseren Erkenntnissen aus Abschnitt B 3.3.1 außerdem der Erhalt des Drehimpulses um das Kraftzentrum, sodass gilt:

$$\mathbf{L} = \mathbf{r}(t) \times \mathbf{p}(t) = \text{const.}$$

Von den sechs Phasenraumdimension (vergleiche Abschnitt C 3.1) des Systems sind also vier bereits durch Erhaltungseigenschaften festgelegt, sodass nur zwei verbleiben. Die Kunst ist es nun, die **zwei verbleibenden Freiheitsgrade** zu identifizieren und ein Koordinatensystem zu wählen, das eine möglichst einfache Analyse des Systems ermöglicht. Auch dazu kann man wieder die Erhaltungssätze nutzen.

Wenn wir zunächst $\mathbf{L}$ skalar mit $\mathbf{r}(t)$ multiplizieren, ergibt sich offensichtlich

$$\mathbf{L} \cdot \mathbf{r}(t) = 0.$$

Der Drehimpuls steht also zu allen Zeiten senkrecht auf dem Ortsvektor und definiert dadurch die Bewegungsebene der verbliebenen zwei Freiheitsgrade.

Eine weitere Beobachtung lässt sich noch aus der Konstanz des Drehimpulses machen. In einem kurzen Zeitraum $\mathrm{d}t$ überstreicht der Ortsvektor in der Bewegungsebene eine Fläche $\mathrm{d}A$, die sich als das halbe Parallelogramm aus $\mathbf{r}(t)$ und $\mathbf{r}(t + \mathrm{d}t)$ nähern lässt, wenn die Zeiträume nur klein genug sind:

$$\mathrm{d}A = \frac{1}{2}\left|\mathbf{r}(t) \times \mathbf{r}(t + \mathrm{d}t)\right| = \frac{1}{2}\,\mathrm{d}t\,\left|\mathbf{r}(t) \times \dot{\mathbf{r}}(t)\right|.$$

Zur Verwendung des Kreuzproduktes siehe auch Abbildung A 1.12. Daraus folgt im infinitesimalen Grenzwert, vergleiche Matheabschnitt 3, der **Flächensatz**

$$\frac{\mathrm{d}A}{\mathrm{d}t} = \frac{1}{2m}\,|\mathbf{L}|.$$

Die Rate, in der die Fläche A vom Ortsvektor überstrichen wird, ist also bei Drehimpulserhaltung konstant. Mit anderen Worten: Der sogenannte **Fahrstrahl** $\mathbf{r}(t)$ überstreicht in gleichen Zeiten den gleichen Flächeninhalt, wie in Abbildung 4.9 dargestellt wird.

Die ganze bisherige Herleitung beruht auf dem Abstand r, daher ist es zweckmäßig, diesen auch als Koordinate und damit die Polarkoordinaten (r, φ) aus Abschnitt A 1.3.2 zu verwenden. Der nächste Schritt ist dann, den Drehimpuls in Zylinderkoordinaten auszudrücken und so zwei skalare, gekoppelte Bewegungsgleichungen in r und φ zu erhalten. Dazu betrachten wir die Basisvektoren aus Gleichung A 1.3.2 und ihre Zeitableitungen:

$$\mathbf{e}_r = \begin{pmatrix} \cos(\varphi) \\ \sin(\varphi) \end{pmatrix} \Rightarrow \dot{\mathbf{e}}_r = \frac{\mathrm{d}\mathbf{e}_r}{\mathrm{d}\varphi}\,\dot{\varphi} = \dot{\varphi}\,\mathbf{e}_\varphi,$$

$$\mathbf{e}_\varphi = \begin{pmatrix} -\sin(\varphi) \\ \cos(\varphi) \end{pmatrix} \Rightarrow \dot{\mathbf{e}}_\varphi = -\frac{\mathrm{d}\mathbf{e}_\varphi}{\mathrm{d}\varphi}\,\dot{\varphi} = -\dot{\varphi}\,\mathbf{e}_r.$$

Damit ergibt sich für den Ortsvektor und seine Zeitableitung die Darstellung

$$\mathbf{r}(r, \varphi) = r\,\mathbf{e}_r(\varphi)$$

$$\Rightarrow \dot{\mathbf{r}} = \dot{r}\,\mathbf{e}_r + r\,\dot{\mathbf{e}}_r = \dot{r}\,\mathbf{e}_r + r\,\dot{\varphi}\,\mathbf{e}_\varphi$$

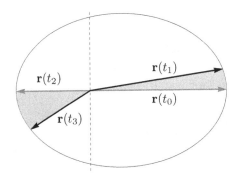

Abb. 4.9

Fahrstrahl in der Bewegungsebene mit $|t_0 - t_1| = |t_2 - t_3|$. Die grauen Flächen haben gemäß dem Flächensatz den gleichen Flächeninhalt und so für den konstanten Drehimpuls

$$\mathbf{L} = \mathbf{r} \times m\,\dot{\mathbf{r}} = r\,\mathbf{e}_r \times m\,(\dot{r}\,\mathbf{e}_r + r\,\dot{\varphi}\,\mathbf{e}_\varphi) \tag{4.15}$$
$$= m\,r^2\,\dot{\varphi}\,(\mathbf{e}_r \times \mathbf{e}_\varphi) = m\,r^2\,\dot{\varphi}\,\mathbf{e}_z = L\,\mathbf{e}_z.$$

Der Basisvektor $\mathbf{e}_z = \mathbf{e}_r \times \mathbf{e}_\varphi$ steht dabei gerade senkrecht auf der Bewegungs-ebene.

Aufgelöst nach $\dot{\varphi}$ ergibt sich daraus eine Bewegungsgleichung in φ, die **Azimutalgleichung** genannt wird,

$$\dot{\varphi} = \frac{L}{mr^2}. \tag{4.16}$$

Als Zweites formulieren wir auch die Energieerhaltung aus Abschnitt B 2.3.3 in Polarkoordinaten,

$$E = \frac{m}{2}\,\dot{\mathbf{r}}^2(t) + V(\mathbf{r}) = \frac{m}{2}\,(\dot{r}^2 + r^2\dot{\varphi}^2) + V(r)$$
$$= \frac{m}{2}\,\dot{r}^2 + \frac{L^2}{2mr^2} + V(r) = \frac{m}{2}\,\dot{r}^2 + U(r), \tag{4.17}$$

wobei wir zur Vereinfachung ein **effektives Potential**,

$$U(r) := V(r) + \frac{L^2}{2mr^2},$$

einführen, das in Abbildung 4.10 dargestellt ist.

Dieser gern genutzte Trick ermöglicht uns, den Energieerhaltungssatz vollständig wie im Fall einer eindimensionalen Bewegung aussehen zu lassen, nur mit $U(r)$

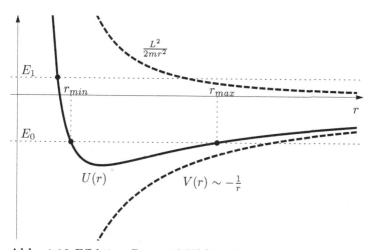

Abb. 4.10 Effektives Potential $U(r)$ bei Bewegung eines Objekts der Masse m in einem anziehenden Zentralfeld $V(r) \sim -\frac{1}{r}$. Bei Energien $E < E_0$ ergeben sich gebundene, oszillierende Lösungen der Radialgleichung. Bei Energien $E_1 > 0$ hingegen wird das Objekt durch das Zentralfeld ins Unendliche abgelenkt

statt $V(r)$ als Potential. Um aber die Bewegung als eindimensional in r zu beschreiben, müssen wir das Bezugssystem mit der Winkelgeschwindigkeit $\dot{\varphi}$ mitdrehen, also konstant beschleunigen. Der zusätzliche Term $\frac{L^2}{2mr^2}$ ist dann als Potential der dabei auftretenden Zentrifugalkraft zu verstehen, vergleiche die Herleitung der Trägheitskräfte in Abschnitt B 3.2.2.

Die Auflösung von Gleichung (4.17) nach $\dot{r}$ ergibt die zweite Bewegungsgleichung:

$$\dot{r} = \pm\sqrt{\frac{2}{m}\left(E - U(r)\right)}. \tag{4.18}$$

Sie wird **Radialgleichung** genannt und ist unabhängig von φ. Sie kann daher einfach integriert werden, und analog zu Abschnitt A 2.3.2 erhalten wir die implizite Lösung,

$$t(r) = t_0 \pm \int_{r_0}^{r} \frac{1}{\sqrt{\frac{2}{m}\left(E - U(r')\right)}}\, \mathrm{d}r', \tag{4.19}$$

die für ein konkretes Potential $V(r)$ berechnet werden muss, damit dann nach $r(t)$ aufgelöst werden kann. Das ist allerdings oft nur näherungsweise möglich.

4.5.2 Mögliche Bahnkurven

Von welcher Form kann die Bahn aber sein? Wenn die radiale Geschwindigkeit nicht verschwindet ($\dot{r} \neq 0$), kann die radiale Beschleunigung den Übergang von einem Lösungsast ($\pm$) in Gleichung (4.19) zum anderen erzwingen. Dies ist wie folgt zu verstehen: Durch Zeitableitung der Radialgleichung ergibt sich die radiale Beschleunigung zu

$$\ddot{r}(t) = \frac{\frac{1}{2}\frac{2}{m}\left(0 - \frac{\mathrm{d}U(r)}{\mathrm{d}t}\right)}{\pm\sqrt{\frac{2}{m}\left(E - U(r')\right)}} = \frac{-\frac{1}{m}\frac{\partial U}{\partial r}\dot{r}}{\dot{r}} = -\frac{1}{m}\frac{\partial U}{\partial r}.$$

Je nach Verlauf des effektiven Potentials in r und damit auch des Vorzeichens von $\frac{\partial U}{\partial r}$ schwankt der Abstand vom Kraftzentrum periodisch (**Ellipsenbahn**) oder er verringert sich erst und wächst dann ständig, sodass sich keine geschlossene Bahn ergibt (**Hyperbel- oder Parabelbahn**). Beide Fälle vertiefen wir in Aufgabe 5.5.

Stabile **Kreisbahnen** ($\dot{r} = 0$) kann es hingegen folglich nur für $E - U(r) = 0$ geben. Damit sich eine Kreisbahn ergibt, muss die aus dem anziehenden Zentralpotential $V(r)$ resultierende Kraft also die Zentrifugalkraft exakt ausgleichen.

Mit der Umkehrung der Lösung zu $r(t)$, die nicht in allen Fällen durch elementare Funktionen ausdrückbar, aber natürlich prinzipiell möglich ist, lässt sich die Azimutalgleichung leicht integrieren,

$$\varphi(t) = \varphi_0 + \frac{L}{m} \int_{t_0}^{t} \frac{1}{r^2(t')} dt',$$

sodass das konservative Zentralkraftsystem allgemein gelöst ist.

Die Lösung lässt sich gleichwertig durch die Parametrisierungen der Bewegungsvariablen über die Zeit $(\varphi(t), r(t))$ oder durch die **Bahngeometrie** $\varphi(r)$ ausdrücken, indem wir die Bewegungsgleichungen (4.16) und (4.18) durcheinander teilen und nach Trennung der Variablen integrieren:

$$\frac{\mathrm{d}\varphi}{\mathrm{d}r} = \frac{L}{\pm mr^2 \sqrt{\frac{2}{m}(E - U(r))}}$$

$$\Rightarrow \varphi(r) = \varphi_0 \pm \int_{r_0}^{r} \frac{L}{r'^2 \sqrt{2m(E - U(r'))}} \, \mathrm{d}r'. \qquad (4.20)$$

In dieser Form ist die **allgemeine Lösung** wenig anschaulich. Hilfreicher ist es, sich Eigenschaften des Systems anhand der **Erhaltungsgrößen** zu veranschaulichen. Dazu ist es wie immer instruktiv, die **Grenzfälle eines Modells** zu betrachten.

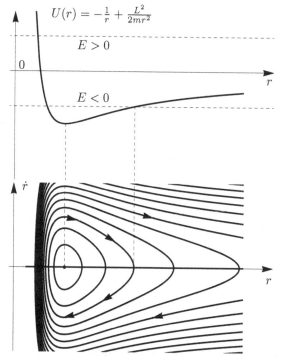

Abb. 4.11 Potentielle Energie (oben) und Phasenraumporträt (unten) für die Radialbewegung im Kepler-Problem, vergleiche Aufgabe 5.5

Im vorliegenden Zentralkraftproblem ergibt sich für $L = 0$ wegen $\dot{\varphi} = 0$ eine geradlinige Bewegung in r. Je nach Anfangsgeschwindigkeit $\dot{r}_0$ stürzt der Körper dann irgendwann ins Zentrum, oder entfernt sich unendlich weit von ihm. Die dafür nötige Geschwindigkeit wird auch **Fluchtgeschwindigkeit** genannt.

Gebundene Lösungen ergeben sich also nur, falls $U(r)$ ein lokales Minimum aufweist, denn unsere Diskussion des Potentials aus Abschnitt B 2.3.3 mit verbotenen und erlaubten Bereichen der Bewegung überträgt sich völlig analog von $V(r)$ auch auf $U(r)$. Für das spezielle Kepler-Potential ist die Situation in Abbildung 4.10 verdeutlicht.

> Die konservativen Zentralfelder werden in jedem Lehrbuch zur Mechanik behandelt. Zur vertiefenden Lektüre empfehlen wir REBHAN 1, Kapitel 4.1.5, und, noch etwas einstiegsfreundlicher, DREIZLER/LÜDDE 1, Kapitel 4.1, oder KIRCHGESSNER/SCHRECK 1, Kapitel 5.4. Eher knapp ist die Behandlung bei NOLTING 1, Kapitel 2.4.5 und folgende.
> Viele ausführlich durchgerechnete, teils aber eher anspruchsvolle Aufgaben rund um Zentralfelder bietet DELANGE/PIERRUS, Kapitel 8.

Die Reduktion der Freiheitsgrade in einem Zentralkraftproblem sieht man auch sehr schön bei einer Betrachtung des **Phasenraumporträts** (vergleiche Abschnitt C 3.1) für das Potential $V(r) \sim -\frac{1}{r}$ in Abbildung 4.11.

> Fortgeschrittenen Lesern sei dazu die Darstellung bei ARNOLD, Kapitel 2.5, nahegelegt. Gelungen ist auch die Darstellung bei JOSÉ/SALETAN, Kapitel 2.3, die allerdings bereits in der Lagrangeschen Sprache verfasst ist.

4.5.3 Spezialfälle

Ein wichtiger Spezialfall ist das **Kepler-Problem** mit dem Potential

$$V(r) \sim -\frac{1}{r},$$

das in Aufgabe 5.5 angegangen wird. Es beschreibt sowohl die Gravitation als auch die elektrostatischen Kräfte.

Tatsächlich lässt sich zeigen, dass es nur zwei Typen von Zentralpotentialen gibt, für die alle gebundenen Lösungen auch geschlossen sind. Diese Aussage ist als **Satz von Bertrand** bekannt.

Diese zwei Typen sind das Kepler-Potential und der mehrdimensionale, aber isotrope **harmonische Oszillator**

$$V(r) \sim \frac{1}{2}\, r^2.$$

Der mehrdimensionale harmonische Oszillator ist dann isotrop, wenn das Potential nur vom Abstand zum Nullpunkt, nicht aber von der Richtung abhängt. Das Besondere an diesen zwei Systemen ist, dass sie jeweils eine weitere Erhaltungsgröße haben, den Lenzschen Vektor im Fall des Kepler-Potentials (siehe Aufgabe 5.5.3) beziehungsweise dessen weitere Verallgemeinerung für den isotropen harmonischen Oszillator.

Der Satz von Bertrand wird bei REBHAN 1, Exkurs 4.1, und bei DeLANGE/PIERRUS, Kapitel 9.12, bewiesen.

Es gibt aber auch andere Zentralpotentiale, die für einzelne, diskrete Werte des Drehimpulses geschlossene Bahnen aufweisen, siehe Aufgabe 5.5.6.

Abstoßende Zentralpotentiale haben hingegen nur ungebundene Lösungen, die eine **Streuung** beschreiben, wie wir in Aufgabe 5.3 ausrechnen.

5 Aufgaben zur Newtonschen Mechanik

Übersicht

Die Literatur zur Newtonschen Mechanik bietet eine nahezu **unüberschaubare Fülle an Aufgaben** (und auch guten Lösungen!).

Da unser Ziel ist, Pfade durch diesen Dschungel zu schlagen und nicht Gutes zu ver(schlimm)bessern, haben wir nur eine Auswahl von wichtigen Themen getroffen und zu ihnen Aufgaben formuliert. Wir geben hier aber absichtlich nicht direkt vollständige Lösungen mit an, denn wir denken, dass man zunächst ernsthaft versuchen sollte, jede Aufgabe selbst zu lösen – zusammen mit den Kommilitonen oder auch alleine.

Wir wissen, wie schwierig es sein kann, den passenden **Einstieg in die Bearbeitung einer Aufgabe** zu finden. Damit dies besser gelingen kann, bieten wir hier viele Hilfestellungen, wie man Schritt für Schritt weiterkommt.

Viele dieser Tricks haben einen weiten Anwendungsbereich, und man kann sich so einen nützlichen Vorrat an Herangehensweisen und Lösungstechniken aufbauen. Neben dem theoretischen Verständnis der Konzepte sind es vor allem auch gute **Problemlösungsstrategien**, die eine Physikerin oder einen Physiker auszeichnen.

Am Ende vieler Aufgaben gibt es natürlich auch einige Hinweise, mit welchen gut verständlichen **Lösungen** man die eigene vergleichen kann – oder wo am besten nachzuschlagen ist, wenn die Übungszettelabgabe naht...

Auch das effiziente Beschaffen von Informationen aus geeigneten Quellen ist ein wichtiger Teil des Studiums sowie später des wissenschaftlichen Arbeitens und will gelernt sein.

Die Übungsaufgaben haben unterschiedliche **Schwierigkeitsgrade**, die durch Sterne gekennzeichnet sind:

$\qquad$ *   für Einsteiger,

$\qquad$ * *   für Fortgeschrittene,

$\qquad$ * * *   für Experten.

Checkliste für das Lösen von Übungsaufgaben

Bei der Bearbeitung einer Aufgabe ist es manchmal hilfreich, sich an einer Checkliste zu orientieren. Wir orientieren uns hier an jener aus dem TRÜMPER, Kapitel 9.1.

Die Punkte dieser Liste sind weder notwendig noch ausreichend zur Lösung einer ganz bestimmten Aufgabe, können aber oft von Nutzen sein. Das „innere Abfragen" der Liste wird nach einiger Übung automatisch ablaufen.

1. Verstehe die Aufgabe!

   a) Was sind Gegenstand und Zweck der Aufgabe?

   b) Welche vereinfachenden Annahmen können gemacht werden (zum Beispiel die Vernachlässigung irrelevanter Wechselwirkungen)?

   c) Welche Symmetrien liegen vor? Wie können sie ausgenutzt werden? Welches Koordinatensystem ist für die Aufgabe besonders geeignet?

   d) Gibt es Analogien zu anderen Aufgaben (zum Beispiel die Ähnlichkeit von sphärischem Pendel und Rotor im Gravitationsfeld)?

2. Löse die Aufgabe!

   a) Welche Vermutungen zur Lösung und ihren Eigenschaften könnte man bereits haben?

   b) Fertige eine kleine Zeichnung, Skizze oder ein Diagramm an!

   c) Benenne alle erforderlichen Größen!

   d) Wird die gesamte im Aufgabentext gegebene Information genutzt?

   e) Bei numerischen Rechnungen: Zahlen erst ganz am Schluss einsetzen!

3. Ist die Lösung korrekt?

   a) Passen die Dimensionen und Maßeinheiten?

   b) Ist die Lösung plausibel, und passt sie zu deiner Erwartung? Nutze den gesunden Menschenverstand!

   c) Prüfe die Plausibilität einfacher Grenz- und Sonderfälle!

4. Welche Form hat die Lösung?

   a) Ist die Lösung übersichtlich?

   b) Kann die Lösung vereinfacht werden?

   c) Sind Grenz- und Sonderfälle aus ihr erkennbar?

   d) Kann man mit vergleichbarem Aufwand ein allgemeineres Resultat erzielen?

5. Was ist der Anwendungsbereich (zeitlich, räumlich, konzeptionell) des Resultats? In welchen Fällen gilt es nicht?

Literaturüberblick zu Übungsaufgaben

Wir geben zunächst einen allgemeinen Überblick zu **Sammlungen von Aufgaben**. Die meisten der hier vorgestellten Bücher gibt es über deine Universitätsbibliothek auch als E-Book. Das ist besonders praktisch, wenn man nur nach einem bestimmten Problem sucht.

- NOLTING 1 bietet am Ende jedes Teilkapitels viele Aufgaben zur Newtonschen Mechanik und auch zur Grundlagenmathematik von unterschiedlicher Schwierigkeit. Es ist ein Lösungsteil von über 150 Seiten enthalten. Die Lösungen sind manchmal etwas kurz, aber immer verständlich. Sehr empfohlen zum Nachschlagen und Ergebnisvergleich.

- GREINER 1 beinhaltet weit über 100 kurze und lange Aufgaben mit Lösungen, die am Beginn des Buches übersichtlich dargestellt werden. Es ist bisher nicht als E-Book erschienen. Besonders empfohlen zum gezielten Suchen von mechanischen Systemen.

- KIRCHGESSNER/SCHRECK 1 bietet viele Aufgaben ausschließlich zur Newtonschen Mechanik und teils sehr ausführliche Lösungen. Die Aufgaben sind im Text eingestreut und daher leider in der gedruckten Ausgabe schwer zu finden. Empfohlen zum vertieften Lernen, besonders für alle, die Freude an Pfad A haben.

- BRANDT/DAHMEN 1 verwischt die Grenze zwischen theoretischer und Experimentalphysik. Dies gilt insbesondere auch für zahlreiche am Ende der Kapitel zu findende Aufgaben, zu denen auch kurze Lösungen gegeben werden. Empfohlen, wenn es um konkrete mechanische Systeme, gerne auch nah am Experiment, und nicht um konzeptionelle Aufgaben gehen soll.

- DREIZLER/LÜDDE 1 bietet seine eher wenigen, aber ausgedehnten Aufgaben nur auf einer der gedruckten Ausgabe beigefügten CD, dafür sind die Lösungen dort interaktiv aufbereitet, oft auch mit kleinen Animationen. Empfohlen zum vertieften Lernen, zum Beispiel vor Prüfungen, nicht für schnelles Nachschlagen.

- REBHAN 1 enthält eine Menge Aufgaben zur Newtonschen Mechanik mitsamt Lösungen. Dieses Buch gibt es bisher nicht als E-Book. Empfohlen zum Nachschlagen und Üben.

- Bei HEIL/KITZKA, Kapitel 6, finden sich gut 20 Seiten Aufgaben und Lösungen zur Newtonschen Mechanik, die sehr ausführlich und gut verständlich sind. Empfohlen eher für das Training von Lösungsmethoden als zum Nachschlagen.

- KUYPERS behandelt die Newtonsche Mechanik nur sehr knapp, bietet aber dennoch einige, auch ungewöhnliche Aufgaben mit sehr ausführlichen Lösungen. Zusätzlich ist eine CD mit vielen veranschaulichenden **Matlab**-Skripten und Videos enthalten. Dieses Buch gibt es bisher nicht als E-Book.

- TIEBEL ist eine Sammlung von Aufgaben mit Lösungen in **Maple**- und **Mathematica**-Code, was für Fortgeschrittene sehr reizvoll sein kann. Im Forscherleben eines Physikers spielt die Arbeit mit solchen Computeralgebrasystemen oft eine wichtige Rolle. Dieses Buch gibt es bisher nicht als E-Book.

■ REINEKER 1 enthält eher wenige Aufgaben, dafür auch eine CD mit **Maple**-Programmen. Dieses Buch gibt es bisher nicht als E-Book.

Gerade bei den Aufgabensammlungen lohnt sich auch ein Blick in **englischsprachige Lehrbücher**.

■ TAYLOR ist der typische Vertreter eines amerikanischen, sehr umfangreichen Lehrbuchs. Es enthält auch über 200 Seiten zur Newtonschen Mechanik und sehr viele Aufgaben, deren ausführliche Lösungen allerdings nur in einem zusätzlichen E-Book angeboten werden. Empfohlen für alle, die Freude an Pfad A haben.

■ Bei KAMAL sind auf 800 Seiten gelöste Aufgaben aus der klassischen Physik versammelt, davon auf fast 300 Seiten übersichtlich sortiert zur Newtonschen Mechanik. „Typische Tricks" zu einzelnen Teilgebieten sind den Aufgaben vorangestellt. Diese sind lehrreich strukturiert und gut bebildert, die Lösungen dafür meist eher auf das Wesentliche beschränkt. Sehr empfohlen zum gezielten Suchen von Aufgabentypen, aber auch zum Querlesen.

■ DELANGE/PIERRUS ist eine umfangreiche thematische Sammlung von gelösten Problemen zur Mechanik in Form von Aufgaben, Lösungen und Kommentaren dazu. Besonders nützlich ist auch der enthaltene **Mathematica**-Code, um selbst numerisch Systeme zu berechnen. Leider ist es eher schwer, gezielt nach physikalischen Problemen zu suchen, aber zum Üben sehr empfohlen.

■ MORIN enthält am Ende der Kapitel viele übersichtlich präsentierte und bebilderte Aufgaben verschiedener Schwierigkeitsgrade. Die Lösungen sind ebenso ausführlich. Empfohlen zum Nachschlagen und Lernen.

Weniger ergiebig bei Übungsaufgaben zur Newtonschen Mechanik, sonst aber empfehlenswert, sind die folgenden Bücher.

■ FLIESSBACH 1 hat die Lösungen seiner wenigen Aufgaben zur Newtonschen Mechanik in das Arbeitsbuch, FLIESSBACH (ARBEITSBUCH), ausgelagert, in dem sie nur die ersten 20 Seiten einnehmen. Die Lösungen sind aber sehr ausführlich.

■ SCHECK 1 enthält nur wenige Aufgaben, vornehmlich zum Zentralpotential, diese sind dafür detailliert gelöst.

■ STRAUMANN bietet nur wenige Aufgaben zu Newtonscher Mechanik. Diese werden aber ausführlich gelöst.

■ EMBACHER 1 enthält nur wenige Aufgaben zur Newtonschen Mechanik, diese sind teilweise nicht ganz einfach zu verstehen. Dafür gibt es Lösungstipps.

Gar keine Aufgaben enthalten die Lehrbücher FEYNMAN 1, FELDMEIER und WESS.

Für das Üben der **mathematischen Grundlagen** können wir folgende Werke empfehlen:

- HOEVER(VORKURS) ist ein moderner, gut verständlicher Vorkurs zur eindimensionalen Analysis und den Anfängen der Linearen Algebra, der eine Fülle an gelösten Aufgaben bietet.
- Die Lehrbücher von Weltner (WELTNER 1, WELTNER 2) zur Mathematik für Physiker enthalten zusammen weit über 2000 Übungsaufgaben mit Lösungen. Dazu gibt es auch ein sogenanntes auch online verfügbares „Leitprogramm" (WELTNER(LEITPROGRAMM 1), WELTNER(LEITPROGRAMM 2)). Wenn man sich auf dessen ungewöhnliche Frage-Antwort-Methode einlässt, kann man sehr gut mit ihm lernen.
- KORSCH enthält sehr gut ausgewählte physiknahe Mathematik mit vielen Aufgaben und ausführlichem Lösungsteil. Dieses Buch gibt es bisher nicht als E-Book.
- HERTEL(ARBEITSBUCH) bietet eine gut strukturierte Sammlung von physikrelevanten Mathe-Übungsaufgaben mit ausführlichen Lösungen und praktischen **Matlab**-Skripten.
- GOLDHORN/HEINZ 1 enthält viele Aufgaben, leider ohne Lösungen.
- OTTO enthält keine Übungsaufgaben im eigentlichen Sinne, aber viele eingestreute Beispiele. Der Stoffumfang passt sehr gut zum vorliegenden Buch.

Die meisten anderen der empfohlenen Mathematik-Bücher enthalten entweder gar keine, nur wenige oder bloß unsystematisch eingestreute Übungsaufgaben.

5.1 Koordinatensysteme

5.1.1 * Vektorfelder in verschiedenen Koordinaten

▶ Was ist die Darstellung des kartesischen Vektorfelds $\mathbf{A} := \begin{pmatrix} 3 \\ 2\,x \\ y\,z \end{pmatrix}$ in Kugelkoordinaten?

Eine gute Herangehensweise ist, mit $\mathbf{A} = A_r \mathbf{e}_r + A_\vartheta \mathbf{e}_\vartheta + A_\varphi \mathbf{e}_\varphi$ anzusetzen und $A_r, A_\vartheta, A_\varphi$ zu bestimmen, indem man die aus Abschnitt A 1.3 bekannten Zusammenhänge zwischen den Einheitsvektoren der verschiedenen Koordinatensysteme ausnutzt. Das Gleiche gilt natürlich analog für andere Koordinaten.

▶ Wie ist die Darstellung von $\mathbf{A}$ in Zylinderkoordinaten?

5.1.2 * Orthonormalität der Basisvektoren

▶ Zeige durch Nachrechnen explizit, dass die Basisvektoren der krummlinigen Koordinatensysteme aus Abschnitt A 1.3.2 orthonormal sind, also $\mathbf{e}_j \cdot \mathbf{e}_k = \delta_{jk}$ für alle j, k.

5.1.3 * Ableitungen in krummlinigen Koordinaten

Krummlinige Koordinatensysteme haben im Gegensatz zu den kartesischen Koordinaten orts- und damit implizit zeitabhängige Basisvektoren, wie wir in Abschnitt A 1.3.2 festgestellt haben.

▶ Berechne die ersten Zeitableitungen der Basisvektoren der Kugelkoordinaten aus Gleichung (A 1.5).

▶ Zeige damit die Beziehungen

$$\dot{\mathbf{e}}_r = \dot{\vartheta}\, \mathbf{e}_\vartheta + \sin(\vartheta)\, \dot{\varphi}\, \mathbf{e}_\varphi,$$

$$\dot{\mathbf{e}}_\vartheta = -\dot{\vartheta}\, \mathbf{e}_r + \cos(\vartheta)\, \dot{\varphi}\, \mathbf{e}_\varphi$$

$$\text{und } \dot{\mathbf{e}}_\varphi = -\sin(\vartheta)\, \dot{\varphi}\, \mathbf{e}_r - \cos(\vartheta)\, \dot{\varphi}\, \mathbf{e}_\vartheta.$$

▶ Sei nun eine Bahnkurve gegeben durch

$$\mathbf{r}(t) = r(t)\, \mathbf{e}_r.$$

Berechne die Geschwindigkeit in Kugelkoordinaten.

▶ Berechne die Beschleunigung in Kugelkoordinaten.

Wir werden in HENZ/LANGHANKE 2, dass die elegantere Lagrangesche Mechanik diese langwierigen Rechnungen überflüssig macht.

| Die Aufgabe wird bei FLIESSBACH (ARBEITSBUCH), Aufg. 1.1, kompakt gelöst.

5.1.4 ** Parabolische Zylinderkoordinaten

Als konkretes Beispiel für den Wechsel zwischen Koordinatensystemen betrachten wir parabolische Zylinderkoordinaten, gegeben durch

$$x = \frac{1}{2}\,(u^2 - v^2),$$

$$y = u\,v,$$

$$z = z,$$

wobei x, y und z die üblichen kartesischen Koordinaten bezeichnen. Dabei soll $v \geq 0$ vorausgesetzt sein.

▶ Erstelle eine Skizze der Koordinatenscharen, das heißt der sich ergebenen Kurven, wenn zwei der Parameter konstant gehalten werden.

▶ In welchen Teilen des $\mathbb{R}^3$ ist die gegebene Umrechnung zwischen den lokalen Koordinatensystemen umkehrbar?

▶ Berechne die Jacobi-Matrix des Koordinatenwechsels und ihre Determinante.

▶ Wie lauten die Basisvektoren des neuen Koordinatensystems? Sind sie orthogonal beziehungsweise orthonormal? Wie passen sie sich in die am Anfang erstellte Skizze ein?

Diese Aufgabe orientiert sich an NOLTING 1, Aufg. 1.7.3.

5.1.5 ∗∗ Angepasste kartesische Koordinaten

Es seien $\mathbf{e}_1$, $\mathbf{e}_2$ zwei orthonormale Vektoren, die die x-Achse und die y-Achse definieren. Ein Massepunkt m durchläuft für Konstanten a_1, a_2 und $\omega > 0$ die Bahnkurve

$$\mathbf{r}(t) = \frac{1}{\sqrt{2}} \left(a_1 \cos(\omega t) + a_2 \sin(\omega t) \right) \cdot \mathbf{e}_1 + \frac{1}{\sqrt{2}} \left(-a_1 \cos(\omega t) + a_2 \sin(\omega t) \right) \cdot \mathbf{e}_2.$$

▶ Wechsele mit neu definierten x'- und y'-Achsen von der Basis $\mathbf{e}_1, \mathbf{e}_2$ zu einer neuen Basis $\mathbf{e}_1', \mathbf{e}_2'$, in der die Darstellung der Bahnkurve besonders einfach wird. Fertige dazu am besten vorher eine Skizze an.

▶ Wie lautet die Parameterdarstellung der Raumkurve im x', y'-System mit ωt als Parameter?

▶ Welche geometrische Form hat die Bahnkurve dann?

▶ Bestimme die Winkel zwischen $\mathbf{e}_k'$ und $\mathbf{r}(t)$ für $k = 1, 2$.

▶ Berechne die Beträge von $\mathbf{r}(t)$, $\dot{\mathbf{r}}(t)$ und $\ddot{\mathbf{r}}(t)$. Welche einfache Beziehung besteht zwischen den Beträgen der Geschwindigkeit und der Beschleunigung?

▶ Zeige, dass für allgemeine Bahnkurven gilt:

$$\dot{r}(t) = \frac{\mathrm{d}}{\mathrm{d}t} |\mathbf{r}(t)| \neq |\dot{\mathbf{r}}(t)|.$$

Diese Aufgabe wird unter anderem bei NOLTING 1, Aufg. 1.4.1, gelöst.

5.1.6 ∗∗ Wechsel zwischen Koordinatensystemen

In Matheabschnitt 16 wurde die mehrdimensionale Integration und das Verhalten von Integralen unter Koordinatentransformation betrachtet.

▶ Berechne die Funktionaldeterminante des Wechsels von kartesischen auf Zylinderkoordinaten aus Gleichung (A 1.4).

▶ Nutze dein Ergebnis, um das Volumen eines Zylindersegments mit Höhe h, Außenradius R_2 und Innenradius R_1 zu berechnen.

▶ Wie lauten das Differential $\mathrm{d}\mathbf{r}$ des Ortsvektors und der Gradient ∇ in Zylinderkoordinaten?

| Eine Lösung gibt NOLTING 1, Aufg 1.7.3.

▶ Wie lautet der Gradient ∇ in Kugelkoordinaten?

▶ Zeige, dass für die Rotation eines beliebigen Vektorfelds $\mathbf{A}$ in Kugelkoordinaten gilt:

$$\nabla \times \mathbf{A} = \frac{1}{r \sin \vartheta} \left(\frac{\partial}{\partial \vartheta} (A_\varphi \sin \vartheta) - \frac{\partial A_\vartheta}{\partial \varphi} \right) \mathbf{e}_r$$
$$+ \frac{1}{r} \left(\frac{1}{\sin \vartheta} \frac{\partial A_r}{\partial \varphi} - \frac{\partial}{\partial r} (r A_\varphi) \right) \mathbf{e}_\vartheta + \frac{1}{r} \left(\frac{\partial}{\partial r} (r A_\vartheta) - \frac{\partial A_r}{\partial \vartheta} \right) \mathbf{e}_\varphi.$$

Tipp: Beachte, dass ∇ nicht nur auf die Koeffizienten A_r, A_ϑ und A_φ wirkt, sondern auch auf die in $\mathbf{A}$ implizit enthaltenen Basisvektoren.

5.1.7 *** Begleitendes Dreibein

Wir betrachten die folgende Zerlegung des begleitenden Dreibeins (vergleiche Abschnitt B 1.3.1) einer Bahnkurve $\mathbf{r}(s)$:

$$\mathbf{r}(s) := \alpha \, \mathbf{T}(s) + \beta \, \mathbf{N}(s) + \gamma \mathbf{B}(s).$$

▶ Bestimme die Koeffizienten α, β und γ für den Fall $\mathbf{r}(s) = \frac{\mathrm{d}\mathbf{T}}{\mathrm{d}s} = \mathbf{T}'$.

▶ Wie lauten sie für $\mathbf{r}(s) = \frac{\mathrm{d}\mathbf{N}}{\mathrm{d}s} = \mathbf{N}'$ beziehungsweise $\mathbf{r}(s) = \frac{\mathrm{d}\mathbf{B}}{\mathrm{d}s} = \mathbf{B}'$?

Tipp: Nutze die Orthonormalitätsrelationen der Vektoren des Dreibeins. Die Ergebnisse schreiben sich außerdem übersichtlicher, wenn die üblichen Definitionen der **Krümmung** $\kappa := \mathbf{N} \cdot \frac{\mathrm{d}\mathbf{T}}{\mathrm{d}s}$ und der **Torsion** $\tau := \mathbf{B} \cdot \frac{\mathrm{d}\mathbf{N}}{\mathrm{d}s}$ verwendet werden.

▶ Fasse das Ergebnis in einer übersichtlichen Matrixschreibweise zusammen:

$$\begin{pmatrix} \mathbf{T}' \\ \mathbf{N}' \\ \mathbf{B}' \end{pmatrix} = M \begin{pmatrix} \mathbf{T} \\ \mathbf{N} \\ \mathbf{B} \end{pmatrix}.$$

Wie lautet die Matrix M?

Das Ergebnis ist als **Frenetsche Formel** bekannt.

▶ Anhand einer Skizze kann man sich klarmachen, dass je größer die Torsion ist, desto schneller der Binormalenvektor $\mathbf{B}(s)$ in Abhängigkeit von s seine Richtung ändert, und je größer die Krümmung ist, desto schneller der Tangentialvektor $\mathbf{T}(s)$.

▶ Zeige, dass wenn die Torsion überall verschwindet, alle Punkte der Kurve auf einer gemeinsamen Ebene liegen.

▶ Zeige, dass die Bahnkurve eine Gerade ist, wenn in allen Punkten der Raumkurve die Krümmung verschwindet.

| Diese Aufgabe ist REBHAN 1, Aufg. 2.17, entnommen.

5.1.8 *** Gruppe der Galilei-Transformationen

In Abschnitt C 3.2 wurden die Galilei-Transformationen als die Menge von Transformationen eingeführt, die die affine Struktur der physikalischen Raumzeit und damit die kinematischen Axiome respektieren. Dort wurde erläutert, dass sie mit der Hintereinanderausführung ∘ als Verknüpfung eine Gruppe (vergleiche Matheabschnitt 25) bilden.

▶ Zeige, dass die Galilei-Transformationen eine Gruppe bilden. Dazu weist man die einzelnen Gruppenaxiome für die Transformationen nach.

| Eine vollständige Lösung findet sich zum Beispiel bei KUYPERS, Aufg. 7.2.

5.2 Bahnkurven einfacher physikalischer Systeme

5.2.1 * Gleichmäßig beschleunigte Bewegung

■ Wie lautet die Trajektorie eines gleichmäßig beschleunigten Massepunkts?
▶ Zeige, dass sie sich aus der Superposition einer geradlinig gleichförmigen Bewegung in Richtung der Anfangsgeschwindigkeit $\mathbf{v}(t_0)$ und einer geradlinig beschleunigten Bewegung in Richtung $\mathbf{a}_0$ ergibt.

| Für die Lösung kann man beispielsweise bei NOLTING 1, Kapitel 2.1.2c, nachsehen.

5.2.2 * Gekrümmte Spiralen im Raum

▶ Welche Kurve im Raum durchläuft ein Massepunkt mit Ortsvektor

$$\mathbf{r}(t) = \begin{pmatrix} t\cos(t) \\ t\sin(t) \\ t \end{pmatrix} \text{ für Zeiten } 0 < t < 2\pi?$$

▶ Welche Geschwindigkeit und Beschleunigung hat der Massepunkt zum Zeitpunkt t?
▶ Wie verhalten sich die Beträge der kinematischen Größen auf lange Sicht, also für $t \gg 1$?

| Eine gute Lösung findet sich bei GREINER 1, Aufgabe 7.3.

▶ Welche Kurve durchläuft ein Massepunkt mit Ortsvektor

$$\mathbf{r}(t) = R \begin{pmatrix} \sin(\Omega t)\cos(\omega t) \\ \sin(\Omega t)\sin(\omega t) \\ \cos(\Omega t) \end{pmatrix} \text{ für Zeiten } 0 < t < 2\pi/\Omega?$$

Dabei sind $R, \Omega, \omega > 0$.

▶ Welches Koordinatensystem eignet sich gut zur Beschreibung?

▶ Welche Geschwindigkeit und Beschleunigung hat der Massepunkt zum Zeitpunkt t?

▶ Welche Bedeutung haben die Konstanten R, Ω, ω?

Eine empfehlenswerte Lösung ist bei KIRCHGESSNER/SCHRECK 1, Aufgabe 2.10, zu finden.

5.2.3 ∗ Fall und Wurf im Schwerefeld

▶ Wie lautet die Bewegungsgleichung eines Massepunkts m im homogenen Schwerefeld der Erde $\mathbf{F} = m\mathbf{g}$? Fertige auch eine Skizze an!

▶ Löse die Bewegungsgleichung. Nimm dazu als Startbedingungen $\mathbf{r}(0) = (0, 0, h)^T$ und $\dot{\mathbf{r}}(0) = \mathbf{0}$ an.

▶ Wie lange fällt die Masse, bis sie die Erdoberfläche erreicht ($x_3 = 0$)?

▶ Wie schnell ist die Masse beim Aufprall?

▶ Welche Anfangsbedingungen müssen gewählt werden, um die Bahn beim senkrechten Wurf zu berechnen?

▶ ∗∗ Was ist die maximal erreichbare Höhe?

▶ ∗∗ Wie sieht es bei einem schrägen Wurf aus?

▶ ∗∗ Für welches φ kann ein Ball bei fester Abwurfgeschwindigkeit am weitesten geworfen werden – und wie weit?

Der freie Fall und der schräge Wurf als einfachste Beispiele einer Bewegung im Schwerefeld der Erde werden beispielsweise bei NOLTING 1, Kapitel 2.3.1, und bei GREINER 1, Kapitel 19, gut und ausführlich besprochen. Für den freien Fall mit Reibung sei auch auf FLIESSBACH (ARBEITSBUCH), Aufgabe 1.8, hingewiesen.

5.2.4 ∗ Überlagerung von Bewegungen

Es soll ein Fluss der Breite d durchquert und der am anderen Ufer genau gegenüberliegende Punkt in möglichst kurzer Zeit erreicht werden. Das Wasser im Fluss strömt mit einer konstanten Geschwindigkeit v_0. Nimm an, dass der Schwimmer mit der Geschwindigkeit $v_S < v_0$ schwimmen und mit v_L laufen kann.

▶ Welchen Winkel muss die Richtung deiner Schwimmbewegung mit der Fließrichtung des Flusses einschließen, damit die benötigte Gesamtzeit minimal wird?

▶ Wie groß ist diese Zeit?

Diese Aufgabe ist BRANDT/DAHMEN 1, Aufgabe 1.5, entnommen. Dort gibt es noch einige ähnlich gelagerte Aufgaben, welche die Konzepte der Mechanik gut auf den Alltag abbilden.

5.2.5 ** Fadenpendel

Diese Aufgabe schließt an den Abschnitt 4.4 zu Schwingungen an.

Unter einem Fadenpendel verstehen wir eine Masse m, die an einem masselosen Faden der Länge l fest aufgehängt ist und unter dem Einfluss der Schwerkraft steht:

$$\mathbf{F} = m\mathbf{g} = m(0, 0, g).$$

Nach dem Erstellen einer Skizze wie in Abbildung 5.1 helfen die folgenden Fragen der Reihe nach bei der Aufstellung der Bewegungsgleichung und ihrer Lösung. Einen Fragenkatalog wie diesen aufzustellen und abzuarbeiten, ist für viele konkrete Rechenaufgaben sehr empfehlenswert, um den Überblick zu behalten und einen guten Einstieg in die Aufgabe zu finden.

▶ Wie viele Freiheitsgrade hat das System? In welchen Dimensionen spielt sich die Bewegung effektiv ab?
▶ Welches Koordinatensystem eignet sich gut zur Beschreibung?
▶ Wie sind die Komponenten der Schwerkraft in den gewählten Koordinaten?

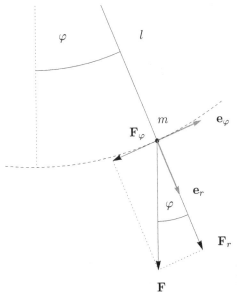

Abb. 5.1
Fadenpendel im Schwerefeld der Erde

▶ Welchem Zwang unterliegt die Masse, der ihre Bewegungsfreiheit einschränkt, und inwiefern vereinfacht er das Problem?

▶ Wie lautet dann die Bewegungsgleichung für das Fadenpendel?

▶ Ist sie für die verbleibende Koordinate einfach zu lösen?

▶ In welchem Fall lässt sie sich deutlich vereinfachen und auf ein bekanntes Modellsystem zurückführen?

> Weitere empfehlenswerte Hilfe (und natürlich auch die Lösung) findet sich bei KIRCHGESSNER/SCHRECK 1, Aufgabe 5.6, und bei NOLTING 1, Kapitel 2.3.4, sowie auch bei DREIZLER/LÜDDE 1, Kapitel 4.2.1.

Übrigens lässt sich die Bewegungsgleichung deutlich schneller mithilfe der Lagrangeschen Mechanik aufstellen. Wir werden daher viele weitere Schwingungsprobleme im zweiten Band (HENZ/LANGHANKE 2) betrachten.

5.2.6 ∗∗∗ Freier Fall bei Erddrehung

Die Erde ist aufgrund ihrer Drehung um sich selbst kein Inertialsystem, wie in Aufgabe 5.2.3 angenommen. Im Folgenden berechnen wir daher als Ergänzung den Effekt, den eine Vernachlässigung der Trägheitskräfte hat.

▶ Löse die in Gleichung (4.6) hergeleiteten Bewegungsgleichungen mit den Anfangsbedingungen aus Aufgabe 5.2.3.
Tipp: Nimm an, dass $\dot{x}$ und $\dot{y}$ während der Fallzeit vernachlässigbar klein bleiben.

▶ Wie lange ist die Fallzeit jetzt?

▶ Wie groß ist die Abweichung des Auftreffpunkts?

▶ Ist das Auftreffen nach Westen oder nach Osten verschoben?

> Diese Aufgabe wird zum Beispiel in NOLTING 1, Aufgabe 2.2.3, und bei DREIZLER/LÜDDE 1, Aufgabe 6.2.311, oder auch bei DELANGE/PIERRUS, Kapitel 14.28, gelöst.
> Für Experten findet sich eine ausführliche Lösung der vollen, durchaus komplizierten Bewegungsgleichung bei GREINER 2, Kapitel 2.4c.

5.3 Zweikörperstoß

Aufbauend auf und mit der Notation von Abschnitt A 3.3 untersuchen wir einfache Eigenschaften des **Stoßes** zweier Teilchen, oft auch als **Streuung** bezeichnet. Folgende Annahmen treffen auf viele Gegebenheiten zu:

Es seien m_1, m_2 zwei Massen in einem abgeschlossenen System. Das Wechselwirkungspotential $V(r)$ zwischen ihnen hängt nur von ihrem Abstand r ab und hat nur eine kurze Reichweite s ($V(r) \to 0$ für $r > s$).

Ohne das konkrete Potential zu kennen, lassen sich eine ganze Reihe von Beobachtungen machen. Wir nehmen dazu an, dass wir die (initialen) Anfangsimpulse $\mathbf{p}_{1i}, \mathbf{p}_{2i}$ kennen, und sind entsprechend an den finalen Impulsen $\mathbf{p}_{1f}, \mathbf{p}_{2f}$ nach dem Stoß interessiert.

Im Allgemeinen kann ein Stoß zur Umwandlung von mechanischer Energie in andere Energieformen Q führen. Dabei handelt es sich entweder um Wärme oder um innere Energieformen, wenn ein Teilchen zerfällt oder mit einem anderen fusioniert. Da die genaue Form des Potentials unbekannt ist, formulieren wir die Energieerhaltung vereinfacht als

$$E = T_i = T_f + Q \quad \text{und} \quad E = T_i' = T_f' + Q'.$$

Die gestrichenen Größen bezeichnen die im Schwerpunktsystem gemessenen, im Unterschied zu den ungestrichenen, im Laborsystem gemessenen Größen.

Man unterscheidet zwischen dem **elastischen Stoß**, mit $Q = 0$, und dem **inelastischen Stoß**, wenn $Q \neq 0$.

5.3.1 ∗∗ Allgemeiner Stoß

Durch Ausnutzung der vier Erhaltungssätze für Energie und Impulse aus Abschnitt B 3.3.2 lässt sich bereits Einiges über Stoßprozesse aussagen. Wegen der reinen Abstandsabhängigkeit des Potentials ist ein Streuproblem immer kugelsymmetrisch, die Anwendung der entsprechenden Koordinaten ist daher naheliegend.

▶ Zeige mit der Definition der Schwerpunktkoordinaten, dass $Q = Q'$ gilt.
▶ Nutze die Impulserhaltung, um zu zeigen, dass $\mathbf{p}_{1i}'^2 = \mathbf{p}_{2i}'^2$ und $\mathbf{p}_{1f}'^2 = \mathbf{p}_{2f}'^2$.
▶ Zeige damit, dass die Energieerhaltung den Betrag der Endimpulse festlegt,
$|\mathbf{p}_{js}'| = \sqrt{\mathbf{p}_{js}^2 - 2\mu Q}, \; j \in \{1, 2\}$.

Es bleiben also nur die Winkel zwischen den Impulsen als freie Bewegungsgrößen. Sie werden konkret erst durch die Kenntnis von $V(r)$ festlegbar.

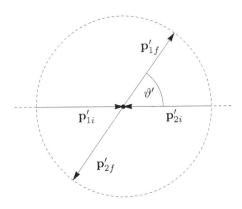

Abb. 5.2
Streuwinkel in der Streuebene beim elastischen Stoß, $Q = 0$. Im Schwerpunktsystem liegen alle Anfangs- und Endimpulse aufgrund der Energie- und Impulserhaltung auf einem Kreis

In Abbildung 5.2 bezeichnet $0 \leq \vartheta' \leq \pi$ den **Streuwinkel** $\sphericalangle(\mathbf{p}'_{1i}, \mathbf{p}'_{1f})$ im Schwerpunktsystem sowie φ' den **Azimutalwinkel**, den Winkel zwischen den **Streuebenen** ($\mathbf{p}_{1i}, \mathbf{p}_{2i}$ beziehungsweise $\mathbf{p}_{1f}, \mathbf{p}_{2f}$) der zwei Teilchen. Der Streuwinkel ist die wesentliche Größe bei allen Untersuchungen dieser Art.

Für Literaturhinweise siehe Aufgabe 5.3.3.

5.3.2 ** Elastischer Stoß

Wir betrachten als Nächstes den elastischen Stoß, im Folgenden sei also $Q = 0$. In diesem Fall können wir aufgrund der Galilei-Invarianz des Problems (siehe Abschnitt B 3.3.2) das Bezugssystem so transformieren, dass Teilchen 2, auch **Target** genannt, ruht. Dieser gerne angewandte Trick führt dazu, dass alle Impulse in einer Streuebene liegen, $\varphi' = \varphi = 0$. Wegen der Gesamtimpulserhaltung kann es keine Bewegung geben, die aus einer festgelegten Ebene herausführt, in der die Bahn von Teilchen 1 und den Ort des Targets liegt.

Wir nutzen wieder Erhaltungssätze, um die Bewegungsmöglichkeiten zu analysieren. Es ist – wie immer – sehr sinnvoll, sich dazu eine Skizze ähnlich zu der in Abbildung 5.2 anzufertigen.

▶ Zeige, dass die Endimpulse von der Form $\mathbf{p}_{1f} = \frac{m_1}{M}\mathbf{p}_{1i} + \mathbf{p}'_{1f}$ und $\mathbf{p}_{2f} = \frac{m_2}{M}\mathbf{p}_{1i} - \mathbf{p}'_{1f}$ sind.

▶ Zeige weiter, dass auch der Betrag des Endimpulses des Targets festgelegt ist durch $|\mathbf{p}'_{1f}| = \frac{m_2}{M}|\mathbf{p}_{1i}|$.

▶ Damit ist nur die Richtung von $\mathbf{p}_{1f}$, also ϑ', unbekannt. Finde einen Ausdruck für ϑ, abhängig von ϑ' und den Massen.

▶ Die weitere Analyse hängt vom Verhältnis der Massen ab. Finde für ein leichtes Target, $m_1 > m_2$, den maximalen Streuwinkel.

▶ Gibt es einen solchen maximalen Streuwinkel auch bei einem schweren Target, $m_1 < m_2$?

▶ Wie ist es bei exakt gleich schweren Massen?

▶ Leite folgende Formel für den **Energietransfer** $\eta := \frac{T_{2s}}{T_1}$ vom Projektil auf das Target her:

$$\eta = 2\frac{\mu}{M}(1 - \cos\vartheta').$$

Wann ist der Energietransfer maximal?

Für Literaturhinweise siehe Aufgabe 5.3.3.

5.3.3 ** Inelastischer Stoß

Beim inelastischen Stoß kann sich ein Teil der kinetischen Energie des Projektils in Wärme wandeln, noch bedeutsamer allerdings sind die Einfangreaktion und der Teilchenzerfall.

Der inelastische Stoß ist der allgemeinere Fall, da sich der elastische aus ihm durch $Q \to 0$ gewinnen lässt.

▶ Wiederhole die Schritte aus Aufgabe 5.3.2 jetzt für den inelastischen Fall.

▶ Betrachte die **Einfangreaktion**, bei der beide Teilchen zu einem verschmelzen, sodass Q gerade die relative kinetische Energie nach dem Stoß ist. Zeige, dass $\mathbf{p}_{jf} = \frac{\mu}{m_j}\mathbf{p}_{ji}$ und $\vartheta = 0$ gilt, denn aufgrund der Impulserhaltung kann es bei der Einfangreaktion keine Richtungsänderung geben.

▶ Beim **Teilchenzerfall** ruhen zunächst beide Teilchen in einem gebundenen Zustand, $\dot{\mathbf{r}}_1 = \dot{\mathbf{r}}_2 = 0$, und fliegen zu einem Zeitpunkt auseinander, wie dies beispielsweise bei einem radioaktiven Kernzerfall geschieht. Was lässt sich zu den möglichen Richtungen und zum Verhältnis der Geschwindigkeiten der beiden Zerfallsteile sagen?

Die eigenen Lösungen zu diesen drei Aufgaben können mit denen bei NOLTING 1, Kapitel 3.2.4, verglichen werden. Alternativ sind auch die Darstellungen zu Stößen bei BARTELMANN, Kapitel 3.4, bei DEMTRÖDER 1, Kapitel 4.2, und bei KAMAL, Kapitel 2.2.4 empfehlenswert.

5.3.4 ** Erhaltung im Stoßprozess

Ein Teilchen mit Masse m stößt mit Impuls $\mathbf{p}$ auf ein im Laborsystem ruhendes Teilchen gleicher Masse.

▶ Fertige eine Skizze an und identifiziere die zwei relevanten Streuwinkel α, β.

▶ Wie ist die Beziehung zwischen $|\mathbf{p}|$ und den Winkeln? Nutze zur Bestimmung die Erhaltungssätze.

▶ Wie groß ist der Streuwinkel im symmetrischen Fall ($\alpha = \beta$) beim elastischen Stoß ($Q = 0$)?

▶ Welcher Anteil Q der anfänglichen kinetischen Energie kann maximal beim inelastischen Stoß in Wärme umgewandelt werden?

Diese Aufgabe haben wir NOLTING 1, Aufg. 3.3.6, entnommen.

5.4   Schwingungen

5.4.1 ✱✱ Gedämpfter harmonischer Oszillator 1

In Abschnitt 4.4 haben wir den freien harmonischen Oszillator behandelt, in der realen Welt sind Schwingungsvorgänge aber immer mehr oder weniger stark durch Reibungskräfte gedämpft.

Reibung an der umgebenden Luft ist dabei der wichtigste Anwendungsfall, wobei sich der Luftwiderstand erfahrungsgemäß am einfachsten durch die linear geschwindigkeitsabhängige **Stokessche Reibung** beschreiben lässt,

$$\mathbf{F}_R = -\beta \dot{\mathbf{r}},$$

mit einer experimentell zu bestimmenden Dämpfungskonstante $\beta > 0$.

Wir wollen im Folgenden die Bewegungsgleichung des gedämpften Oszillators,

$$m\ddot{\mathbf{r}} = -k\mathbf{r} - \beta \dot{\mathbf{r}},$$

im eindimensionalen Fall, x statt $\dot{\mathbf{r}}$, lösen. Man kann dazu am besten wieder eine Exponentialfunktion $x(t) = e^{\lambda t}$ ansetzen. Außerdem ist es wie immer nützlich, die Gleichung in Normalform zu bringen, also mit $\gamma := \beta/m$ und $\omega := \sqrt{k/m}$ zu schreiben:

$$\ddot{x} + \gamma \dot{x} + \omega^2 x = 0. \tag{5.1}$$

▶ Es handelt sich um eine lineare, homogene Differentialgleichung zweiter Ordnung. Woran erkennt man das?

▶ Zeige mithilfe des Exponentialansatzes die **charakteristische Gleichung** für λ:

$$\lambda_{1,2} = -\frac{\gamma}{2} \pm \sqrt{\frac{\gamma^2}{4} - \omega^2}.$$

▶ Die Lösung lässt sich leicht auf drei qualitativ unterschiedliche Fälle reduzieren. Welche?

▶ Wie verhält sich das System für $\frac{\gamma^2}{4} < \omega^2$?

▶ Warum wird dieser Fall als **schwache Dämpfung** bezeichnet? Stelle dein Ergebnis auch graphisch dar, um eine Vorstellung zu gewinnen.

Tipp: Man kann dabei ähnlich vorgehen wie beim ungedämpften harmonischen Oszillator, es bietet sich an, die Abkürzung $\Omega^2 := \omega^2 - \frac{\gamma^2}{4}$ zu benutzen.

▶ Leite das **logarithmische Dekrement** $\ln\left(\frac{x_n}{x_{n+1}}\right)$ her, das den logarithmischen Abstand zwischen den Ausschlägen angibt. Wozu ist diese Größe von Nutzen?

Der gedämpfte harmonische Oszillator ist ein häufig behandeltes Standardproblem, wir empfehlen zur vertiefenden Lektüre vor allem GREINER 1, Kapitel 23, oder auch DELANGE/PIERRUS, Kapitel 4.5, REINEKER 1, Kapitel 4.2.3, und natürlich auch NOLTING 1, Kapitel 2.3.7.

5.4.2 ∗∗∗ Gedämpfter harmonischer Oszillator 2

▶ Wie lautet die Lösung der Bewegungsgleichung (5.1) für $\frac{\gamma^2}{4} = \omega^2$?

▶ Neben der naheliegenden Lösung $x_1(t) = e^{-\gamma/2t}$ gibt es noch eine weitere – sie lässt sich finden, indem zunächst eine etwas stärkere Dämpfung angenommen wird, $\frac{\gamma^2}{4} = \omega^2 + \epsilon^2, \epsilon > 0$. Später betrachtet man dann den Grenzwert $\epsilon \to 0$, um zum ursprünglichen Problem zurückzukehren.
  Tipp: Nutze die Taylor-Entwicklung der Exponentialfunktion.

▶ Wie lautet dann die allgemeine Lösung in diesem Fall?

▶ Warum wird er **aperiodischer Grenzfall** genannt? Bei welcher Anwendung von Oszillatoren ist dieser Fall sehr erwünscht und weshalb? Stelle dein Ergebnis wieder graphisch dar.

▶ Was geschieht bei einer starken Dämpfung, $\frac{\gamma^2}{4} > \omega^2$? Man spricht häufig von **Überdämpfung** oder **Kriechfall**.

▶ Zeige, dass durch die Dämpfung die Energie des Systems nicht erhalten ist.
  Tipp: Multipliziere dazu Gleichung (5.1) mit $\dot{x}$.

Die Literaturhinweise sind die gleichen wie für Aufgabe 5.5.2.

5.4.3 ∗∗∗ Erzwungene Schwingung

Häufig sind Oszillatoren keine abgeschlossenen Systeme, sondern werden von außen harmonisch angetrieben:

$$F_{\text{Ant}} = F_0 \cos(\omega t).$$

▶ Stelle die Bewegungsgleichung eines leicht gedämpften, aber von außen harmonisch angetriebenen harmonischen Oszillators auf.

▶ Zeige, dass es sich um eine inhomogene Differentialgleichung zweiter Ordnung mit konstanten Koeffizienten handelt.

▶ Finde eine spezielle Lösung der inhomogenen Gleichung.
  Tipp: Betrachte stattdessen die komplexwertige Differentialgleichung

$$\ddot{z} + \gamma\dot{z} + \omega_0^2 z = \frac{F_0}{m}e^{i\omega t}$$

und schränke später auf den Realteil von $z(t)$ ein. Als Ansatz bietet sich dann $z(t) = Ae^{i(\omega t - \varphi)}$ an, vergleiche Matheabschnitte 8 und 28. Dieser Trick erleichtert oftmals die Rechnung. In dieser Form des Exponentialansatzes wird als Verallgemeinerung noch eine Phase φ berücksichtigt.

▶ Wie lautet nach Bestimmung der Amplitude A und der Phase φ die allgemeine Lösung des Problems?

▶ Gib eine graphische Veranschaulichung der Frequenzabhängigkeit der Amplitude für verschieden starke Dämpfungen. Was passiert bei der Resonanzfrequenz $\omega_r = \sqrt{\omega_0^2 - \gamma^2/2}$, und wie lautet die Amplitude in dem Fall?

▶ Wie verhält sich ein stark gedämpftes System, $\gamma^2/2 > \omega_0^2$?

Diese Aufgabe wird ausführlich besprochen bei REINEKER 1, Kapitel 4.2.4, und bei
FLIESSBACH (ARBEITSBUCH), Kapitel 1.6, und mit mehr mathematischem Hintergrund (Greensche Funktionen) bei WESS, Kapitel 15 und folgende.

5.4.4 ∗∗∗ Anharmonischer Oszillator

Der harmonische Oszillator ist manchmal als Näherung der Wirklichkeit nicht ausreichend. Ein noch gut handhabbarer Fall für eine **anharmonische Schwingung**
ist durch ein Potential mit x^4-Term gegeben:

$$V(x) = \frac{1}{2}kx^2 + \alpha x^4.$$

▶ Was ist die Periode T der Schwingung im nur leicht anharmonischen Fall,
$\alpha \cdot E \ll k^2$, wobei E die Gesamtenergie ist?
Tipp: Mit der Substitution $\sin(2\phi) = V(x)/E$ lassen sich x und dx als abhängig
von ϕ ausdrücken, wenn man geschickt eine Taylor-Entwicklung der Wurzel-
funktion ausnutzt. In der linearen Näherung lässt sich dann auch das Integral
berechnen.

▶ Ergibt sich für $\alpha = 0$ wieder das bekannte Resultat für die Schwingungsdauer
des harmonischen Oszillators aus Abschnitt 4.4?

▶ Wie beeinflusst das Vorzeichen von α die Periode der Schwingung?

▶ Wende die gewonnenen Erkenntnisse auf das Fadenpendel aus Aufgabe 5.2.5
an und zeige, dass dessen Periode durch

$$T = 2\pi\sqrt{\frac{l}{g}}\left(1 - \frac{3\tilde{x}^2}{16l^2}\right)$$

gegeben ist, wenn $\tilde{x}$ die maximale Auslenkung bezeichnet.

Gut gelöst wird dies Problem bei FLIESSBACH (ARBEITSBUCH), Kapitel 1.4, und bei
NOLTING 1, Aufg. 2.3.19.

5.5 Kepler-Problem

Aufbauend auf Abschnitt 4.5 zur Analyse allgemeiner Zentralkräfte wird in dieser
Aufgabe das sogenannte **Kepler-Potential**

$$V(r) = -\frac{\alpha}{r},\ \alpha > 0,$$

behandelt, das den wichtigsten Spezialfall eines Zentralpotentials in der Physik
darstellt, da es die Bewegung der Himmelskörper und auch die der Elektronen im
klassischen Atommodell beschreibt.

5.5.1 * Allgemeine Lösung des Kepler-Problems

Betrachtet man das durch die Gravitationskraft zwischen zwei Massen hervorgerufene Kelper-Potential, so ist $\alpha = Gm_1m_2$. Aufgrund der speziellen Form des Potentials lässt sich die mathematische Behandlung deutlich vorantreiben, der entscheidende Trick ist eine Variablentransformation

$$s = \frac{1}{r},$$

die ein direktes Integrieren der Gleichungen erlaubt. Um die Bewegungsgleichung in s zu finden und zu lösen, gehen wir in den folgenden Schritten vor:

▶ Zeige zunächst den Zusammenhang der Differentiale

$$\mathrm{d}s = \frac{1}{r^2}\,\mathrm{d}r.$$

▶ Zeige, dass damit aus der Definition von s und der Azimutalgleichung (4.16) diese Beziehung folgt:

$$\dot{\mathbf{r}} = -\frac{L}{m_1}\frac{\mathrm{d}s}{\mathrm{d}\varphi}.$$

▶ Leite damit und aus Gleichung (4.17) die Bewegungsgleichung für s und φ her:

$$\frac{\mathrm{d}^2 s}{\mathrm{d}\varphi^2} + s = Gm_1^2 m_2/L^2. \qquad (5.2)$$

Beachte, dass die Bewegungsgleichung nicht symmetrisch in m_1 und m_2 ist – wir betrachten die Bewegung von m_1 im Feld von m_2. Die Benennungen sind aber natürlich austauschbar.

▶ Löse diese inhomogene Differentialgleichung zweiter Ordnung. Die allgemeine Lösung der homogenen Gleichung ist vom harmonischen Oszillator bekannt:

$$s_0(\varphi) = A\sin\varphi + B\cos\varphi.$$

Eine spezielle Lösung der inhomogenen Gleichung ist leicht zu erraten, vergleiche Matheabschnitt 27.

Für Literaturhinweise siehe Aufgabe 5.5.2.

5.5.2 ** Bahnkurven im Kepler-Problem

Zur Angabe von konkreten Bahnkurven $r(\varphi)$ ist die Wahl von Anfangsbedingungen notwendig. Der Bahnpunkt, der dem Zentrum am nächsten kommt, wird **Perihel** genannt. Wir wählen, dass das Perihel bei $\varphi = 0$ liegt, sodass

$$\left.\frac{\mathrm{d}s}{\mathrm{d}\varphi}\right|_{\varphi=0} \overset{!}{=} 0$$

$$\left.\frac{\mathrm{d}^2 s}{\mathrm{d}\varphi^2}\right|_{\varphi=0} = -B \overset{!}{\leq} 0.$$

Daraus ergibt sich die Bahnkurve

$$s = \frac{1}{r} = B\cos\varphi + G\frac{m_1^2 m_2}{L}.$$

Es ist gebräuchlich, folgende Konstanten einzuführen, um die Bahngeometrie in Form von Kegelschnitten darzustellen:

$$k := \frac{L^2}{Gm_1^2 m_2} \quad \text{und} \quad \epsilon := Bk \geq 0.$$

▶ Zeige, dass dies zur kompakten Form eines **Kegelschnitts** in Polarkoordinaten führt:

$$r(\varphi) = \frac{k}{1 + \epsilon\cos(\varphi)}. \tag{5.3}$$

Die Konstante ϵ ist bis auf Konstanten gleich der Integrationskonstanten B, ihr Wert bestimmt, ob eine Bahnkurve geschlossen oder offen ist. Im Einzelnen folgen

für $\epsilon < 1$ Ellipsenbahnen,

für $\epsilon = 1$ Parabelbahnen und

für $\epsilon > 1$ Hyperbelbahnen.

Welcher Bahntyp sich für ein konkretes System ergibt, wird allein durch die physikalischen Konstanten L und E bestimmt.

Wir behandeln im Folgenden nur die geschlossenen Bahnen, wie sie Planeten um die Sonne aufweisen. Ziel ist es, aus der angenommenen Ellipsenform der Bahnkurve auf Bedingungen für die physikalischen Parameter Drehimpuls und Energie zu schließen. Dieses gewissermaßen umgekehrte Vorgehen ist deutlich einfacher, als alle möglichen Fälle für verschiedene L und E durchzuspielen. Es ist bei der Lösung von Problemen häufig einfacher, eine intuitive Vermutung auf ihre Konsequenzen hin zu untersuchen, als aus ersten Prinzipien rigoros auf Lösungen zu schließen.

Eine **Ellipse** ist eine Kurve, für deren Punkte die Summe der Abstände von zwei sogenannten **Brennpunkten** konstant ist. Diese Summe der zwei Abstände bezeichnen wir mit $2a$. Aus einfachen geometrischen Überlegungen, siehe Abbildung 5.3, folgt, dass a gerade die große Halbachse der Ellipse ist. Der Satz des Pythagoras liefert außerdem für die kleine Halbachse

$$b^2 = a^2 - e^2.$$

Für das **Perihel** ergibt sich also mit Gleichung (5.3)

$$r(\varphi = 0) = a - e = \frac{k}{1 + \epsilon}$$

und für den zentrumsfernsten Punkt, **Aphel** genannt,

$$r(\varphi = \pi) = a + e = \frac{k}{1 - \epsilon}.$$

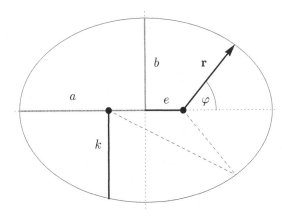

Abb. 5.3
Ellipse mit Brennpunkten, großen und kleinen Halbachsen a und b (grau) sowie linearer Exzentrizität e (schwarz). Der Gesamtabstand eines Punkts auf der Ellipse zu den beiden Brennpunkten (gestrichelte Linien) beträgt immer $2a$

Die Kombination der beiden Gleichungen gibt

$$\epsilon = \frac{e}{a}.$$

Dieses Verhältnis aus halbem Brennpunktabstand und kleiner Halbachse wird auch als **numerische Exzentrizität** bezeichnet.

▶ Leite mit den obigen Formeln den folgenden Zusammenhang her:

$$\frac{b^2}{a} = k = \frac{L^2}{Gm_1^2 m_2}.$$

Der Wert des Drehimpulses bestimmt also maßgeblich das Verhältnis der Halbachsen und damit die Form der Ellipse.

▶ Zeige unter Anwendung des obigen Ergebnisses, $\dot{\mathbf{r}} = -\frac{L}{m}\frac{\mathrm{d}s}{\mathrm{d}\varphi}$, auf das Perihel, dass die Energie E direkt mit der großen Halbachse a verknüpft ist über

$$a = -\frac{Gm_1 m_2}{2E}.$$

Die große Halbachse ist also ausschließlich durch die Energie und die Massen bestimmt. Außerdem ist die Existenz einer geschlossenen Bahnkurve unmittelbar mit einer negativen Energie verbunden, was gut zu unseren Überlegungen in Abschnitt B 2.3.3 passt.

▶ Zeige weiter, dass damit unmittelbar

$$b = \frac{L}{\sqrt{-2mE}}$$

für die kleine Halbachse folgt.

Die Zwischenschritte finden sich beispielsweise bei NOLTING 1, Kapitel 2.5. Sehr ausführlich und gut verständlich ist die Behandlung des Kepler-Problems bei GREINER 1, Kapitel 26.
Der Fall hyperbolischer Bahnen, für $E > 0$, wird in der angegebenen Literatur ebenfalls behandelt. Er ist unter anderem bei der Steuerung von Satelliten bedeutsam. Der GREINER deckt dabei auch die Parabelbahnen ab, auf denen zum Beispiel Kometen laufen.

5.5.3 ✳✳ Lenzscher Vektor

Der Lenzsche Vektor ist eine weitere Erhaltungsgröße im Kepler-Problem, deren Kenntnis die Rechnungen deutlich vereinfacht. Er ist ein gutes Beispiel für die große Bedeutung von Erhaltungseigenschaften.

▶ Zeige, dass der **Lenzsche Vektor**

$$\mathbf{A} := \mathbf{p} \times \mathbf{L} - m\alpha\mathbf{e}_r,$$

auch Runge-Lenz-Vektor genannt, für das Kepler-Potential eine Erhaltungsgröße ist.
Tipp: Verwende die Graßmann-Identität,

$$\mathbf{a} \times (\mathbf{b} \times \mathbf{c}) = \mathbf{b}\,(\mathbf{a} \cdot \mathbf{c}) - \mathbf{c}\,(\mathbf{a} \cdot \mathbf{b}),$$

die in der Physik auch als „bac-cab-Regel" bekannt ist.
▶ Zeige, dass **A** in der Bahnebene liegt.
▶ Nutze den Lenzschen Vektor, um die Bahnkurve (5.3) herzuleiten.
Tipp: Multipliziere dazu **A** und **r**.
▶ Erläutere die Lage des Lenzschen Vektors.

Der Lenzsche Vektor wird am ausführlichsten bei KIRCHGESSNER/SCHRECK 1, Aufg. 6.4, behandelt, aber die Darstellungen bei FLIESSBACH (ARBEITSBUCH), Kapitel 4.4, NOLTING 1, Aufg. 2.5.3, und GREINER 1, Aufg. 26.10 sind gleichsam empfehlenswert.

5.5.4 ✳✳ Die Keplerschen Gesetze

Die historisch bedeutsamen Keplerschen Gesetze beschreiben die Bewegung von Planeten der Masse m um einen Stern der Masse M. Man kann sie mit dem oben gewonnenen Wissen gut selbst herleiten. Historisch war es allerdings umgekehrt – Kepler hat die Gesetze aus Beobachtungen der Planeten geschlossen, lange bevor die Newtonsche Mechanik entwickelt war.

▶ Man mache sich klar, wie das **erste Keplersche Gesetz** aus den obigen Überlegungen zu geschlossenen Bahnen folgt: Himmelskörper bewegen sich auf elliptischen Bahnen. In einem der Brennpunkte liegt der anziehende Zentralkörper.
▶ Es sei $dA := \frac{1}{2}r^2 d\varphi$ die Fläche, die der Ortsvektor $\mathbf{r}(t)$ in der Zeit dt überstreicht. Leite aus der Azimutalgleichung (4.16) das **zweite Keplersche Gesetz** her:

$$\frac{dA}{dt} = \frac{L}{2m}.$$

Was ist die Bedeutung dieser Gleichung?.

▶ Zeige das **dritte Keplersche Gesetz**,

$$\frac{\tau^2}{a^3} = \frac{4\pi^2}{GM} = const.,$$

durch Inbeziehungssetzung der Fläche einer Ellipse mittels des Flächensatzes (4.5.1) mit der **Umlaufzeit** τ.

Die Quadrate der Umlaufzeiten zweier Himmelskörper sind also proportional zu den dritten Potenzen ihrer großen Bahnhalbachse a.

Die Keplerschen Gesetze werden sehr schlüssig bei REBHAN 1, Kapitel 4.1.5–6, behandelt. Kurz und knapp sind die Herleitungen bei SCHECK 1, Kapitel 1.7. Konkrete Bahnen anhand der Keplerschen Gesetze werden bei DELANGE/PIERRUS, Kapitel 10.7, berechnet.

5.5.5 *** Geometrische Form der Kepler-Bahn

▶ Zeige die geometrische Form der Kepler-Bahn durch Auswertung des Integrals in Gleichung (4.20) für das Kepler-Potential. Nutze dazu wieder die Variablensubstitution $r = 1/s$.

Das Endergebnis lautet:

$$r(\varphi) = \frac{L^2}{m\,\alpha - \gamma\cos(\varphi - \varphi_0)}, \text{ mit } \gamma := \sqrt{m^2\alpha^2 + 2m\,E\,L^2}. \quad (5.4)$$

Tipp: Dieses Integral wird sich dabei als nützlich erweisen:

$$\int \frac{1}{A\,x^2 + B\,x + C}\,\mathrm{d}x = \frac{1}{\sqrt{-A}}\cos^{-1}\left(\frac{2A\,x + B}{\sqrt{B^2 - 4A\,C}}\right), \text{ für } A < 0. \quad (5.5)$$

▶ Zeige damit, dass die Bahnen für $E = -\frac{m\alpha^2}{2L^2}$ Kreisbahnen mit Radius $R_0 = \frac{L^2}{m\alpha}$ sind.

Diese Aufgabe wird gut erklärend bei DELANGE/PIERRUS, Kapitel 8.9, und bei GREINER 1, Kapitel 26, gelöst.

5.5.6 *** Gestörtes Kepler-Potential

Wir betrachten das gestörte oder modifizierte Kepler-Potential

$$V_{mod}(r) = -\frac{\alpha}{r} - \frac{k}{r^2}, \text{ mit Konstanten } \alpha > 0 \text{ und } k \in \mathbb{R}.$$

Wir definieren

$$\beta := \sqrt{1 - \frac{2\,m\,k}{L^2}}.$$

▶ Zeige, dass für das effektive Potential in diesem Fall gilt:

$$U_{mod}(r) = -\frac{\alpha}{r} + \frac{\beta^2 L^2}{2mr^2}.$$

Es ergibt sich also aus dem ungestörten effektiven Potential durch die Transformation $L \to \beta L$.

▶ Zeige, dass aus der Azimutalgleichung (4.16) für die Periode der Winkelbewegung folgt:

$$T_\varphi = \frac{m}{L} \int_0^{2\pi} r^2(\varphi)\,\mathrm{d}r.$$

Berechne dann mittels der Trajektorie aus Gleichung (5.4) diese Winkelperiode. Tipp: Nutze das bestimmte Integral:

$$\int_0^{2\pi} \frac{1}{(1 - x\cos u)^2}\,\mathrm{d}u = \frac{2\pi}{(1 - x^2)^{3/2}}. \tag{5.6}$$

▶ Zeige, dass für die Periode der Radialbewegung, also die Periode zwischen den Umkehrpunkten r_1 und r_2, folgt:

$$T_r = \int_{r_1}^{r_2} \sqrt{\frac{2m}{(E - U(r))}}\,\mathrm{d}r = \pi\alpha\sqrt{\frac{-m}{2E^3}}.$$

Die Umkehrpunkte ergeben sich aus den Nullstellen von $(E - U(r))$ und lauten:

$$r_1 = -\frac{\alpha}{2E}\left(1 - \sqrt{1 + \frac{2EL^2}{m\alpha^2}}\right) \tag{5.7}$$

$$r_2 = -\frac{\alpha}{2E}\left(1 + \sqrt{1 + \frac{2EL^2}{m\alpha^2}}\right). \tag{5.8}$$

Tipp: Dieses Integral wird sich dabei als nützlich erweisen:

$$\int \frac{x}{\sqrt{Ax^2 + Bx + C}}\,\mathrm{d}x$$
$$= \frac{\sqrt{Ax^2 + Bx + C}}{A} + \frac{B}{2A\sqrt{-A}}\sin^{-1}\left(\frac{2Ax + B}{\sqrt{B^2 - 4AC}}\right),\ \text{für } A < 0.$$

▶ Warum ist T_r unabhängig davon, ob das Potential gestört ist oder nicht?
▶ Zeige nun schließlich, dass wenn β eine rationale Zahl ist (das heißt sich als Bruch $\beta = \frac{p}{q}$, mit $p, q \in \mathbb{N}$, darstellen lässt), auch für das Verhältnis der Winkelperiode und der radialen Periode gilt:

$$\frac{T_\varphi}{T_r} = \beta.$$

Die Störung des Kepler-Potentials zerstört also seine spezielle Eigenschaft, dass alle gebundenen Bahnen auch geschlossen sind. Mit der **Störung** sind nur noch Bahnen mit rationalem β geschlossen, diese haben dann Drehimpulse

$$L = \sqrt{\frac{2mk}{1 - (p/q)^2}}.$$

Der Störungsterm $-\frac{k}{r^2}$ ist ein Beispiel für eine **Symmetriebrechung**, die hier zur Auszeichnung der rationalen Drehimpulse vor anderen führt. Dieser Begriff spielt in der modernen Physik eine wichtige Rolle.

Diese Aufgabe ist DeLange/Pierrus, Kapitel 8.12 und folgende, entnommen.

Eine in der Himmelsmechanik auftretende und gut beobachtbare Störung des Kepler-Potentials verursacht die sogenannte **Periheldrehung**. Dabei führen die Gravitationskräfte der Planeten und ihrer Monde untereinander zu Abweichungen vom reinen Gravitationspotential der Sonne. Der sonnennächste Punkt der Bahnen (das Perihel) befindet sich daher nach einem Umlauf an einer leicht anderen Stelle. Außerdem modifiziert die Allgemeine Relativitätstheorie das klassische Kepler-Potential. Die genaue Vorhersage der Periheldrehung des Merkurs gilt als eine der großen, direkt beobachtbaren Erfolge der Allgemeinen Relativitätstheorie.

Die Grundlagen und Auswirkungen der Periheldrehung behandelt besonders gut verständlich Greiner 1, Aufg. 28.2, oder auch Fliessbach (Arbeitsbuch), Aufg. 4.7.

Liste der Matheabschnitte

Literaturverzeichnis

V. I. Arnold. *Mathematische Methoden der klassischen Mechanik.* Birkhäuser, Basel, 1988. ISBN 978-3-7643-1878-9. www.dx.doi.org/10.1007/978-3-0348-6669-9.

M. Bartelmann, B. Feuerbacher, T. Krüger, D. Lüst, A. Rebhan, und A. Wipf. *Theoretische Physik.* Springer Spektrum, Heidelberg, 2015. ISBN 978-3-642-54617-4. www.dx. doi.org/10.1007/978-3-642-54618-1.

S. Brandt und H. D. Dahmen. *Mechanik – Eine Einführung in Experiment und Theorie.* Springer, Heidelberg, 4. Auflage, 2005. ISBN 978-3-540-21666-7. www.dx.doi.org/10. 1007/b138040.

O. L. DeLange und J. Pierrus. *Solved problems in classical mechanics.* Oxford University Press, Oxford, 2010. ISBN 978-0-19-958252-5. http://ukcatalogue.oup.com/ product/9780199582525.do.

W. Demtröder. *Experimentalphysik 1 – Mechanik und Wärme.* Springer Spektrum, Heidelberg, 6. Auflage, 2013. ISBN 978-3-642-25465-9. www.dx.doi.org/10.1007/978-3-642-25466-6.

R. M. Dreizler und C. S. Lüdde. *Theoretische Physik 1 – Theoretische Mechanik.* Springer, Heidelberg, 2. Auflage, 2008. ISBN 978-3-540-70557-4. www.dx.doi.org/10.1007/978-3-540-70558-1.

F. Embacher. *Elemente der theoretischen Physik 1 – Klassische Mechanik und Spezielle Relativitätstheorie.* Vieweg + Teubner, Wiesbaden, 2010. ISBN 978-3-8348-0920-9. www.dx.doi.org/10.1007/978-3-8348-9782-4.

G. Falk und W. Ruppel. *Mechanik, Relativität, Gravitation.* Springer, Heidelberg, 3. Auflage, 1989. ISBN 978-3-540-12086-5. www.dx.doi.org/10.1007/978-3-642-68880-5.

A. Feldmeier. *Theoretische Mechanik – Analysis der Bewegung, eine physikalisch-mathematische Einführung.* Springer Spektrum, Heidelberg, 2013. ISBN 978-3-642-37717-4. www.dx.doi.org/10.1007/978-3-642-37718-1.

R. P. Feynman, R. B. Leighton, und M. Sands. *Feynman-Vorlesungen über Physik 1 – Mechanik.* De Gruyter Oldenbourg, Berlin, 6. Auflage, 2015. ISBN 978-3-11-044460-5. www.degruyter.com/view/product/462168.

H. Fischer und H. Kaul. *Mathematik für Physiker 1 – Grundkurs.* Vieweg + Teubner, Wiesbaden, 7. Auflage, 2011. ISBN 978-3-8348-1220-9. www.dx.doi.org/10.1007/978-3-8348-9863-0.

T. Fließbach. *Mechanik, Lehrbuch zur Theoretischen Physik 1.* Springer Spektrum, Heidelberg, 7. Auflage, 2015. ISBN 978-3-642-55431-5. www.dx.doi.org/10.1007/978-3-642-55432-2.

T. Fließbach und H. Walliser. *Arbeitsbuch zur theoretischen Physik – Repetitorium und Übungsbuch.* Spektrum, Heidelberg, 3. Auflage, 2012. ISBN 978-3-8274-2832-5. www. dx.doi.org/10.1007/978-3-8274-2833-2.

K. Goldhorn und H.-P. Heinz. *Mathematik für Physiker 1 – Grundlagen aus Analysis und Linearer Algebra.* Springer, Heidelberg, 2007. ISBN 978-3-540-48767-8. www.dx.doi. org/10.1007/978-3-540-48768-5.

K. Goldhorn und H.-P. Heinz. *Mathematik für Physiker 2 – Funktionentheorie, Dynamik, Mannigfaltigkeiten, Variationsrechnung.* Springer, Heidelberg, 2007. ISBN 978-3-540-72251-9. www.dx.doi.org/10.1007/978-3-540-72252-6.

K. Goldhorn, H.-P. Heinz, und M. Kraus. *Moderne mathematische Methoden der Physik 1.* Springer, Heidelberg, 2009. ISBN 978-3-540-88543-6. www.dx.doi.org/10.1007/978-3-540-88544-3.

W. Greiner. *Theoretische Physik 1 – Kinematik und Dynamik der Punktteilchen, Relativität.* Deutsch, Frankfurt am Main, 8. Auflage, 2007. ISBN 978-3-8085-5564-4. www.europa-lehrmittel.de/titel-529-529/klassische_mechanik_i-1635/.

W. Greiner. *Theoretische Physik 2 – Teilchensysteme, Lagrange-Hamiltonsche Dynamik, nichtlineare Phänomene.* Deutsch, Frankfurt am Main, 8. Auflage, 2008. ISBN 978-3-8085-5566-8. www.europa-lehrmittel.de/titel-529-529/klassische_mechanik_ii-1636/.

S. Großmann. *Mathematischer Einführungskurs für die Physik.* Springer Vieweg, Wiesbaden, 10. Auflage, 2012. ISBN 978-3-8351-0254-5. www.dx.doi.org/10.1007/978-3-8348-8347-6.

P. Gummert und K.-A. Reckling. *Mechanik.* Vieweg, Braunschweig, 2. Auflage, 1987. ISBN 978-3-528-18904-4. www.dx.doi.org/10.1007/978-3-322-87610-2.

K. Hefft. *Mathematischer Vorkurs zum Studium der Physik.* Spektrum, Heidelberg, 2006. ISBN 978-3-8274-1638-4. www.thphys.uni-heidelberg.de/~hefft/vk1.

M. Heil und F. Kitzka. *Grundkurs theoretische Mechanik.* Teubner, Stuttgart, 1984. ISBN 978-3-519-03062-1. www.dx.doi.org/10.1007/978-3-322-96697-1.

T. Henz und G. Langhanke. *Pfade durch die Theoretische Mechanik 2 – Die Analytische Mechanik und ihre mathematischen Grundlagen: anschaulich, axiomatisch, abstrakt.* Springer Spektrum, Heidelberg, erscheint 2016/17.

N. Herrmann. *Mathematik für Naturwissenschaftler – Was Sie im Bachelor wirklich brauchen und in der Schule nicht lernen.* Spektrum, Heidelberg, 2012. ISBN 978-3-8274-2866-0. www.dx.doi.org/10.1007/978-3-8274-2867-7.

P. Hertel. *Arbeitsbuch Mathematik zur Physik.* Springer, Heidelberg, 2011. ISBN 978-3-642-17788-0. www.dx.doi.org/10.1007/978-3-642-17789-7.

G. Hoever. *Vorkurs Mathematik – Theorie und Aufgaben mit vollständig durchgerechneten Lösungen.* Springer Spektrum, Heidelberg, 2014. ISBN 978-3-642-54870-3. www.dx.doi.org/10.1007/978-3-642-54871-0.

K. Jänich. *Mathematik 1 – geschrieben für Physiker.* Springer, Heidelberg, 2. Auflage, 2005. ISBN 978-3-540-21392-5. www.dx.doi.org/10.1007/b137863.

J. V. José und E. J. Saletan. *Classical dynamics – A contemporary approach.* Cambridge University Press, Cambridge, 1998. ISBN 978-0-521-63636-0.

A. A. Kamal. *1000 Solved Problems in Classical Physics.* Springer, Heidelberg, 2011. ISBN 978-3-642-11942-2. www.dx.doi.org/10.1007/978-3-642-11943-9.

H. Kerner und W. v. Wahl. *Mathematik für Physiker.* Springer Spektrum, Heidelberg, 3. Auflage, 2013. ISBN 3642376541. www.dx.doi.org/10.1007/978-3-642-37654-2.

K. Kirchgessner und M. Schreck. *Lern- und Übungsbuch zur Theoretischen Physik 1 – Klassische Mechanik.* Oldenbourg, München, 2014. ISBN 978-3-486-75461-2. www.dx.doi.org/10.1524/9783486858426.

H. J. Korsch. *Mathematische Ergänzungen zur Einführung in die Physik.* Binomi, Barsinghausen, 4. Auflage, 2007. ISBN 978-3-923923-61-8.

H. J. Korsch. *Mathematik-Vorkurs – mathematisches Handwerkszeug für Studienanfänger Physik, Mathematik, Ingenieurwissenschaften.* Binomi, Barsinghausen, 2. Auflage, 2010. ISBN 978-3-9239-2363-2.

F. Kuypers. *Klassische Mechanik.* Wiley-VCH, Weinheim, 9. Auflage, 2010. ISBN 978-3-527-40989-1. www.wiley-vch.de/publish/dt/books/ISBN3-527-40989-0.

C. B. Lang und N. Pucker. *Mathematische Methoden in der Physik.* Spektrum, Heidelberg, 2. Auflage, 2005. ISBN 978-3-8274-1558-5. www.springer.com/de/book/9783827431240.

H. J. Leisi. *Klassische Physik 1 – Mechanik.* Birkhäuser, Basel, 1996. ISBN 978-3-7643-5489-3. www.dx.doi.org/10.1007/978-3-0348-9212-4.

D. Morin. *Introduction to classical mechanics.* Cambridge University Press, Cambridge, 2013. ISBN 978-0-521-87622-3.

I. Newton. *Mathematische Principien der Naturlehre.* Oppenheim, Berlin, 1872. www.de.wikisource.org/wiki/Mathematische_Principien_der_Naturlehre/Gesetze.

W. Nolting. *Grundkurs Theoretische Physik 1 – Klassische Mechanik.* Springer Spektrum, Heidelberg, 10. Auflage, 2013. ISBN 978-3-642-29936-0. www.dx.doi.org/10.1007/978-3-642-29937-7.

M. Otto. *Rechenmethoden für Studierende der Physik im ersten Jahr.* Spektrum, Heidelberg, 2011. ISBN 978-3-8274-2455-6. www.dx.doi.org/10.1007/978-3-8274-2456-3.

E. Rebhan. *Theoretische Physik – Mechanik.* Spektrum, Heidelberg, 2006. ISBN 978-3-8274-1716-9. www.springer.com/de/book/9783662452950.

P. Reineker, M. Schulz, und B. M. Schulz. *Theoretische Physik I – Mechanik.* Wiley-VCH, Weinheim, 2006. ISBN 978-3-527-40635-7. www.wiley-vch.de/publish/dt/books/ISBN3-527-40635-2.

F. Scheck. *Theoretische Physik 1 – Mechanik, von den Newton'schen Gesetzen zum deterministischen Chaos.* Springer, Heidelberg, 8. Auflage, 2007. ISBN 978-3-540-71377-7. www.dx.doi.org/10.1007/978-3-540-71379-1.

N. Straumann. *Theoretische Mechanik – Ein Grundkurs über klassische Mechanik endlich vieler Freiheitsgrade.* Springer Spektrum, Heidelberg, 2. Auflage, 2015. ISBN 978-3-662-43690-5. www.dx.doi.org/10.1007/978-3-662-43691-2.

J. R. Taylor. *Klassische Mechanik – Ein Lehr- und Übungsbuch.* Pearson, Hallbergmoos, 2014. ISBN 978-3-8689-4186-9. http://ebooks.pearson-studium.de/klassische-mechanik.html.

R. Tiebel. *Theoretische Mechanik in Aufgaben.* Wiley-VCH, Weinheim, 2006. ISBN 978-3-527-40603-6. www.wiley-vch.de/publish/dt/books/ISBN3-527-40603-4.

M. Trümper. *Grundkurs Physik 2 – Mechanik – Eine Einführung in Grundvorstellungen der Physik.* Steinkopff, Darmstadt, 1980. ISBN 978-3-7985-0566-7. www.dx.doi.org/10.1007/978-3-642-95972-1.

K. Weltner. *Leitprogramm Mathematik für Physiker 1.* Springer Spektrum, Heidelberg, 2012. ISBN 978-3-642-23484-2. www.dx.doi.org/10.1007/978-3-642-23485-9.

K. Weltner. *Leitprogramm Mathematik für Physiker 2.* Springer Spektrum, Heidelberg, 2012. ISBN 978-3-642-25162-7. www.dx.doi.org/10.1007/978-3-642-25163-4.

K. Weltner. *Mathematik für Physiker und Ingenieure 1*. Springer Spektrum, Heidelberg, 17. Auflage, 2013. ISBN 978-3-642-30084-4. www.dx.doi.org/10.1007/978-3-642-30085-1.

K. Weltner. *Mathematik für Physiker und Ingenieure 2*. Springer Spektrum, Heidelberg, 16. Auflage, 2013. ISBN 978-3-642-25518-2. www.dx.doi.org/10.1007/978-3-642-25519-9.

J. Wess. *Theoretische Mechanik*. Springer, Heidelberg, 2. Auflage, 2009. ISBN 978-3-540-88574-0. www.dx.doi.org/10.1007/978-3-540-88575-7.

R. Wüst. *Mathematik für Physiker und Mathematiker 1 – Reelle Analysis und Lineare Algebra*. Wiley-VCH, Weinheim, 3. Auflage, 2009. ISBN 978-3-527-40877-1. www.onlinelibrary.wiley.com/book/10.1002/9783527617920.

Index

Printed in the United States
By Bookmasters